JN093449

Shuwasystem Visual Text Book

図解入門

現場で役立つ フライス盤の基本と実技［第2版］

石田 正治 著

秀和システム

はじめに

主として金属を刃物で切削して目的の形状に加工する機械を工作機械といいます。

工作機械は、機械の部品を加工する機械ですから、英語では「マザーマシン（母なる機械）」とも呼ばれています。工作機械のうち、工作物の平面や溝などを加工する機械がフライス盤です。円筒形状の加工をする旋盤と並び、工作機械の中で最も基本となる機械の１つです。

ものづくりの世界で、材料から製品へとつくり上げていくとき、大切なことはその段取りと加工手順を組むことです。そのためには、切削工具と測定器の専門知識と取り扱い、そして機械の基本操作に習熟している必要があります。フライス盤で使う切削工具は、数千種類にもおよぶ多種多様なものです。それゆえに、ほかの機械では加工できないような複雑な形を削り出すことが可能なのです。工具に関する専門知識と機械操作の基本を理解したうえで、図面を見て段取りと加工手順が組み立てられなくては、実際の加工はできません。フライス盤加工の基本は、段取りと加工手順がすべてです。

本書は、フライス盤加工に関する専門的な基礎知識と現場における実技を的確に習得していただくことを目的としています。基本操作や加工手順の組み方、切削加工と測定の勘どころを習得していただくために、その技のポイントや留意点について、豊富なイラスト図と実技の写真により解説しています。

本書第２版では、フライス盤加工の基本作業、六面体の加工の技に習熟するための演習課題を入れました。フライス盤加工は、正確な六面体の加工が基本ですので、この技に習熟しましょう。

鋼（はがね）を刃物で削るということはすごいことです。ものづくりの楽しさ、醍醐味（だいごみ）を味わいつつ、フライス盤加工の技を身に付けて、「技能検定１級」にチャレンジしてみてはいかがでしょう。

2020年8月　　　　　　　　　　　　　　　　　石田　正治

本書の特長

本書では、フライス盤加工の基礎知識と現場における実技の的確な習得を目的としています。また、生産現場で活躍している技術者、これから技能士資格の取得を目指している方々の手引きとなるような内容になっています。

本書の特長を活かして、フライス盤工の確かな技能を身に付けましょう。

◉フライス盤加工に必要な基礎知識が理解できる

フライス盤加工の特徴や役割、切削工具・測定器の扱い、フライス盤の基本操作など、フライス盤工に求められる基礎知識が理解できます。

◉フライス盤加工の基本操作と作業手順が理解できる

フライス盤加工における基本操作と各種の作業手順が実践的に理解できます。
作業の段取りや留意事項、注意点を的確に理解できます。

◉切削工具の役割が理解できる

切削工具の取り扱いは、フライス盤工の重要な仕事です。工作物の加工の形状や材質から適切なフライスを選択する方法が具体的に理解できます。

◉測定器の取り扱いが理解できる

フライス盤加工で使用する測定器は、加工や製品の良し悪しを左右します。
測定器の使い方や測定方法が具体的に理解できます。

◉加工作業の詳細が写真からも理解できる

フライス盤加工の詳細をリアルに理解できる写真を多数収録しています。

◉必読！「名工からのアドバイス」

フライス盤工には、多くの知見が財産になり、仕事に役立ちます。なかなか知ることができない名工（著者）からの貴重なワンポイント・アドバイスを多数紹介します。

◉フライス盤に関係するコラムを満載

フライス盤の歴史的な位置付けをキーワードとして、フライス盤にまつわる興味深いエピソード、意外な事柄などを紹介しています。

本書の構成と使い方

本書は、第1章から第3章がフライス盤の基本編、第4章から第9章が実技応用編という2編から構成されています。基本編では、フライス盤の役割や構造、切削工具・測定器の種類、機能、取り扱いなど、フライス盤加工の基礎知識を説明します。実技応用編では、フライス盤の基本操作、段取りと加工手順など、実技に直結する内容を説明します。また、国家検定制度「技能検定」に出題される課題(図面・加工手順)を取り上げています。受検される方にも役立てていただけます。

◉効果的な学習方法

本書は、読者の知識や技術のレベルに応じた、目的指向型の構成になっています。本書を活用した様々な学習法を以下に紹介します。

[学習法❶]　ともかくフライス盤の基礎を知りたい

第1章(フライス盤の構造と役割)、第2章(切削工具の種類と機能)、第3章(測定器の種類と取り扱い)を読んでみましょう。フライス盤の基礎を正しく理解することは、ステップアップを実現するうえで大切です。ここでしっかり学習しましょう。

[学習法❷]　フライス盤加工の基礎を知りたい

第4章(フライス盤の基本操作と作業)を読んでみましょう。フライス盤を扱うための基本的な知識を習得してください。フライス盤作業の安全、保守・点検、各種のハンドルやレバー操作などを習得しましょう。

[学習法❸]　フライス盤の加工の切削条件と基本作業を知りたい

第5章(フライス盤加工の切削条件と基本切削作業)を読んでみましょう。フライスの切削条件を踏まえて、正面フライス、エンドミル加工、ねじれ溝削りなどの基本切削作業を理解しましょう。

[学習法❹]　フライス盤の基本「六面体加工」の作業を知りたい

第6章(六面体加工)、第7章(六面体加工演習)を読んでみましょう。六面体加工は、フライス盤加工の基本作業として重要です。切削工具の選定、切削速度や送り速度の決め方、工作物の取り付け方などを身に付けましょう。

[学習法❺]　技能検定の実技をより実践的に知りたい

第8章（段取りと加工手順〈技能検定2級実技課題〉）や第9章（技能検定1級にチャレンジ!）を読んでみましょう。各部品における設計の要点、加工上の留意点、加工手順を説明しています。

◉フライス盤加工技術のステップアップ

本書による段階的な学習によって、徐々にステップアップしましょう。

フライス盤の基礎がわかる

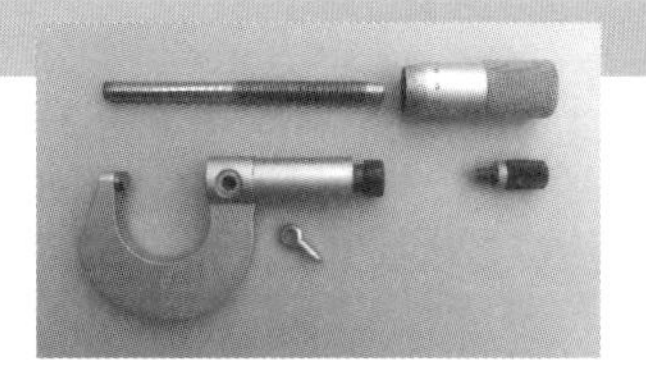

- 第1章(フライス盤の基礎)
- 第2章(切削工具の種類と機能)
- 第3章(測定器の種類と取り扱い)

フライス盤の操作がわかる

- 第4章(フライス盤の基本操作と作業)
- 第5章(フライス盤加工の切削条件と基本切削作業)

「六面体加工」がわかる

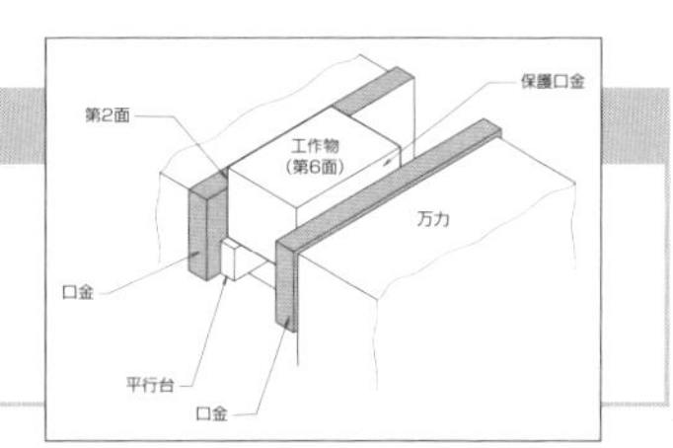

- 第6章(六面体加工)
- 第7章(六面体加工演習)

フライス盤加工技術を磨く

- 第8章(段取りと加工手順〈技能検定2級実技課題〉)
- 第9章(技能検定1級にチャレンジ！)

「技能検定」で技能士にチャレンジ！

◉技能検定とは

技能検定とは、労働者の技能と専門的知識の程度を一定の基準で検定し、これを公に認定する日本の国家検定制度です。働く人々の技能と地位の向上を図ることを目的として、職業能力開発促進法（旧職業訓練法）に基づき、1959（昭和34）年度より実施されています。技能検定に合格すると、合格証書が交付され、**技能士**と称することができます。

技能検定は1959年に実施されて以来、130職種について実施されています（2019年4月時点）。技能検定の合格者は2019年度までに累計697万人を超え、確かな技能の証（あかし）として各職場において高く評価されています。

◉技能検定の職種と等級

技能検定には、職種によって、特級（管理/監督）、1級（上級技能）、2級（中級技能）、3級（初級技能）に区分するもの、単一等級（上級技能）として等級を区分しないものがあります。多くの職種では、1つの職種につき複数の作業と業務に細分化され、実施される等級区分も異なる場合があります。本書に関係する機械加工では、次の24作業職種に細分化されて技能検定が実施されています。

▼機械加工分野の作業職種

- **旋盤作業**
- **数値制御旋盤作業**
- 立旋盤作業
- **フライス盤作業**
- 数値制御フライス盤作業
- ブローチ盤作業
- ボール盤作業
- 数値制御ボール盤作業
- 横中ぐり盤作業
- ジグ中ぐり盤作業
- **平面研削盤作業**
- 数値制御平面研削盤作業
- 円筒研削盤作業
- 数値制御円筒研削盤作業
- 心なし研削盤作業
- ホブ盤作業
- 数値制御ホブ盤作業
- 歯車形削り盤作業
- かさ歯車歯切り盤作業
- ラップ盤作業
- ホーニング盤作業
- **マシニングセンタ作業**
- 精密器具製作作業
- **けがき作業**

全作業職種について、特級・1級・2級があります。表中の太字は3級がある職種です。各等級の試験の程度は次のとおりです。

特級：管理者または監督者が通常有すべき技能の程度
1級および単一等級：上級技能者が通常有すべき技能の程度
2級：中級技能者が通常有すべき技能の程度
3級：初級技能者が通常有すべき技能の程度

◉称号の授与

特級、1級、単一等級の技能検定の合格者には、厚生労働大臣名の合格証書が交付されます。2級、3級の技能検定の合格者には、都道府県知事名の合格証書が交付されます。等級と職種により「1級機械加工技能士」のように称することができます。

◉技能検定の実施機関

技能検定は、国（厚生労働省）が定めた実施計画に基づいて、試験問題などの作成については中央職業能力開発協会が行い、受検申請書の受付、試験実施などの業務は各都道府県職業能力開発協会が行っています。

技能検定2級におけるフライス盤作業の技能の内容は、①各種の切削工具の取り付けおよび加工の段取りができること、②通常の平面、曲面、および溝の切削ができること、③割出し台による高度な割出しができること、④作業中発生した各種の支障の調整ができること、⑤切削工具の寿命の判定ができること、⑥切削作業の種類、工作物の材質および切削工具の材質に応じた切削条件の決定ができること、が規定されています。

試験時間
3時間30分で
この2つの部品
を完成させる。

▲機械加工（フライス盤作業）1級の実技試験課題

技能検定1級におけるフライス盤作業の技能の内容は、①各種の切削工具の取り付けおよび加工の段取りができること、②複雑かつ高精度な平面、曲面、および溝の切削ができること、③割出し台による高度な割出しができること、④作業中発生した各種の支障の調整ができること、⑤切削工具の寿命の判定ができること、⑥切削作業の種類、工作物の材質および切削工具の材質に応じた切削条件の決定ができること、⑦部品の製作における作業時間の見積もりができること、が規定されています。

ものづくり技能を競う「技能五輪」

◉技能五輪全国大会

技能五輪全国大会は、技能検定を実施している中央職業能力開発協会と大会開催地との共催で開催される、ものづくり技能の日本一を競う競技会です。

技能五輪全国大会の目的は、次代を担う青年技能者に努力目標を与えるとともに、大会開催地域の若年者に優れた技能を身近に触れる機会を提供するなど、技能の重要性、必要性をアピールし、技能を尊重する機運の醸成を図ることです。

原則、毎年11月に開催されています。国際大会である「ワールドスキルズ・コンペティション（国際技能競技大会）」が開催される前年の大会は、国際大会への派遣選手の選考会を兼ねて行われます。

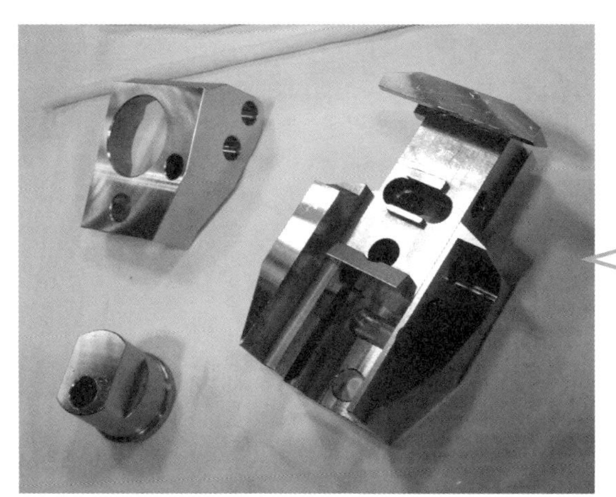

競技時間は5時間。4つの部品を製作し組み立てられなければならない。

▲技能五輪全国大会（2014年）「フライス盤」職種競技課題

1963（昭和38）年5月に東京都で初めて開催され、1991（平成3）年の第29回大会以降は日本全国の会場で開催されるようになりました。原則的には、中央職業能力開発協会と開催都道府県との共催による実施となっています。

技能五輪全国大会の競技職種は45職種ですが、機械加工分野では、旋盤とフライス盤が競技職種です。参加資格は、満23歳以下の青年で、技能五輪地方予選大会で優秀な成績を収めた者です。それとは別に、熟練技能者が技能の日本一を競い合う技能グランプリという大会もあります。出場する選手は当該職種について、特級、1級および単一等級の技能検定に合格した技能士です。

ワールドスキルズ・コンペティション

技能の世界一を競う国際競技大会は、「**ワールドスキルズ・コンペティション**」と呼ばれています。日本では、「国際技能競技大会」が正式名称で、「**技能五輪国際大会**」とも呼ばれています。ワールドスキルズ・コンペティションは、ワールドスキルズ・インターナショナルの主催で、2年に1回、各国持ち回りで開催されています。

▲国際技能競技大会（2007年 沼津）フライス盤の競技会場

1950年にスペインで第1回大会が開かれました。1953年には、ドイツ、イギリス、フランス、モロッコ、スイスが参加しています。1954年に大会を主催する国際職業訓練協議会が設立、1966年には、国際職業訓練機構が設立されました。2000年から競技大会用の組織名称として「WorldSkills」が使われています。

競技種目は、2013年のドイツ・ライプツィヒ大会では公式45職種と開催国の1職種でしたが、開催年、開催国によって職種が変わることがあります。

参加資格は、大会開催年に満22歳以下の者で、過去に同一職種で参加していない者に限られています。参加選手は各国1職種につき1名または1組です。日本で代表選手になるには、国際大会の前年の技能五輪全国大会で優勝していなければなりません。日本での国際技能競技大会は1985年に大阪、2007年に静岡・沼津で開催されました。

本書に関連するWebサイト

●技能検定、技能五輪全国大会：中央職業能力開発協会

https://www.javada.or.jp/

●工作機械（フライス盤）：日本工作機械工業会

https://www.jmtba.or.jp/

●切削工具：日本機械工具工業会

/http://www.jta-tool.jp

●技能について（旋盤工の技）

http://www.tcp-ip.or.jp/~ishida96/education/senbanko_no_waza.html

※Webサイトアドレスは、予告なく変更されることがあります。

目次

Chapter 2　切削工具の種類と機能

Chapter 3　測定器の種類と取り扱い

Chapter 4　フライス盤の基本操作と作業

Chapter 5　フライス盤加工の切削条件と基本切削作業

Chapter 6　六面体加工

Chapter 7　六面体加工演習（6本組木パズルの製作）

Chapter 8　段取りと加工手順（技能検定２級実技課題）

Chapter 9　技能検定１級にチャレンジ！

Chapter 1

フライス盤の構造と役割

　主として金属を刃物で切削して目的の形状に加工する機械を工作機械といいます。

　切削加工のうち、平面切削は、機械加工の基本作業の1つです。平面切削を行う工作機械には、平削り盤、形削り盤、フライス盤があり、その中でもフライス盤は多種多様なフライス工具と付属装置や取り付け工具などにより、正面削り、側面削り、溝削り、すりわりなどの標準的なフライス加工のほかに、キー溝削り、カムなどの曲面削り、ドリルのねじれ溝削り、歯切り、ねじ切り、穴あけ、中ぐりなどの各種の加工ができる、万能の工作機械です。

　本章では、フライス盤の構造と機能、フライス盤作業でできることを解説します。

1-1 フライス盤とは

フライス盤は、多数の刃をもつ切削工具であるフライスを回転させて、工作物に送りを与えて平面や段、溝（みぞ）を加工する工作機械です。旋盤が円筒状の工作物を加工する機械であるのに対して、フライス盤は、四角い形状の工作物を加工する機械です。

フライス盤の特徴

フライス盤の特徴は、切削（せっさく）工具のフライスが主軸頭（しゅじくとう）の主軸に付けられて回転し、切削のための送りは、工作物の側で行われることです。多数の切れ刃をもったフライスによる切削は、単一の切れ刃のバイト*による切削と比較して、単位時間当たりの切削量が大きく、能率的です。

フライスには、平フライスのように円筒外周に切れ刃をもつもの、端面に切れ刃もつ正面フライス、円筒外周と端面に切れ刃をもつエンドミル（2-3節参照）や側（がわ）フライスがあります。それぞれ多種多様な形状のフライスがあり、下の写真に示すような複雑な形状の機械部品を加工できます。

フライス盤加工の例

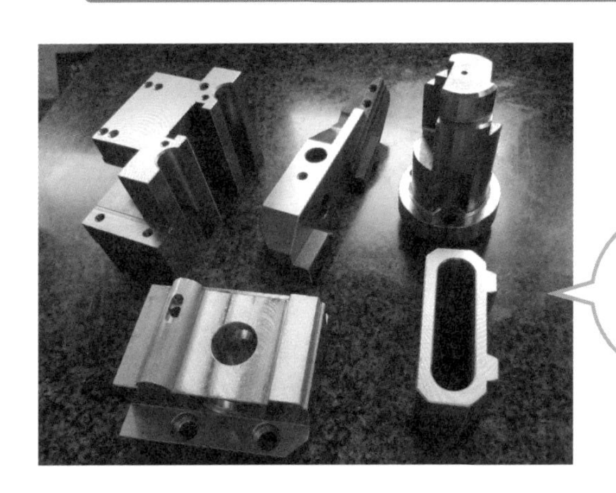

立てフライス盤で加工された様々な加工品。

*＊***バイト**　工作機械で加工などに使われる単一切れ刃の切削工具。

特に、エンドミルと超硬チップの正面フライス用スローアウェイ（2-2節参照）の発達により、立てフライス盤によるフライス加工が主流です。

また、万能フライス盤では、割出し台を用いて、歯切りやスプライン溝削り、ねじれ溝削りなどのフライス加工ができます。

しかし、フライスはバイトと比較すると高価な切削工具であり、刃先の摩耗（まもう）による再研削にも多額の費用がかかります。

本章では、工業高等学校や職業能力開発校の実習設備機械でもあり、「技能検定」1・2級の機械加工（フライス盤作業）や技能五輪全国大会の公式機械として広く使われている、株式会社エツキの「2MF-V型立てフライス盤」を実例として、フライス盤の構造と各部の役割、操作方法などについて解説します。同機種の2MF-V BS型は、送り軸にボールねじが採用されています。

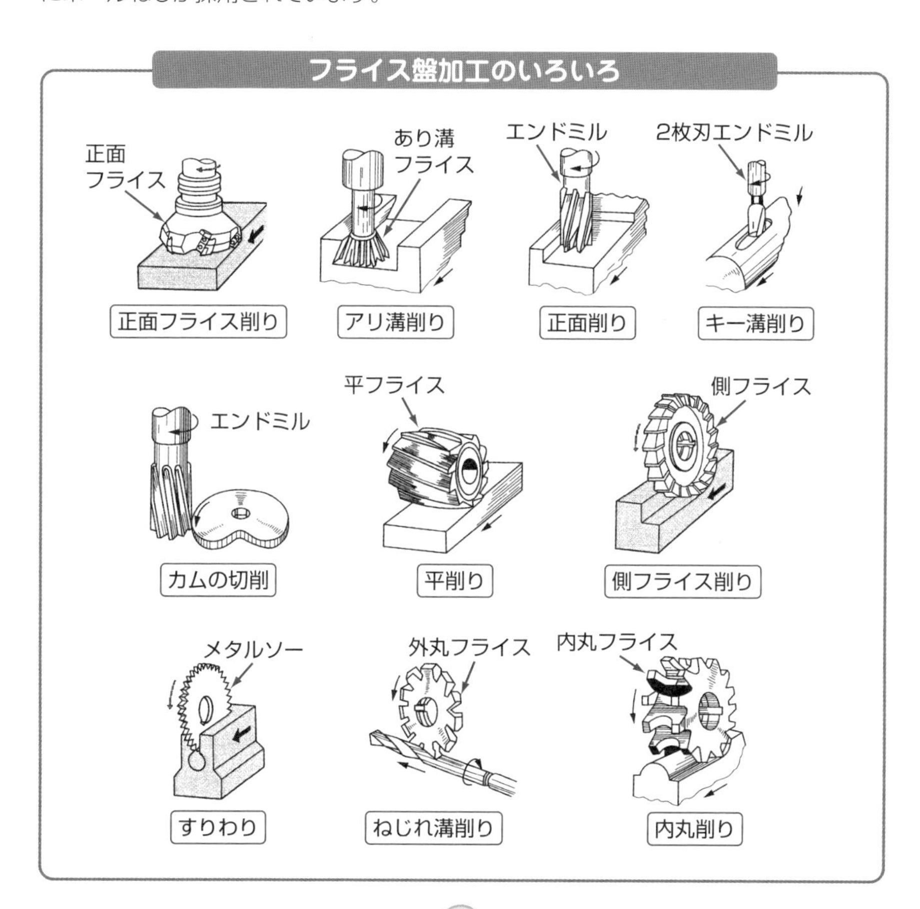

1-2 フライス盤の形式と構造

日本工業規格の「工作機械-名称に関する用語」(JIS B 0105)には、14種類のフライス盤が挙げられています。

汎用フライス盤

汎用として広く使われているものは、**ベッド形フライス盤**、**ひざ形フライス盤**、**万能フライス盤**の3種類です。このほかに、卓上フライス盤、倣い（ならい）フライス盤、プラノミラー*、ロータリテーブル形フライス盤、ねじ切りフライス盤、スプラインフライス盤、キー溝フライス盤、カムフライス盤など、特定の作業に特化したフライス盤があります。

また、数値制御によって運転するものは、**数値制御フライス盤**（NC*フライス盤）といいます。生産現場では数値制御フライス盤や、それに自動工具交換装置を付けたマシニングセンタが普及しています。それに伴って、倣いフライス盤やカムフライス盤、ねじ切りフライス盤は今日では使われなくなってきています。

ベッド形フライス盤

テーブルを直接ベッドに載せ、切込み運動をコラムまたは主軸頭で行う構造のフライス盤です。特に、機能を単純化し、主軸頭を多頭化したものは**生産フライス盤**と呼ばれています。

主軸が垂直のものを**ベッド形立てフライス盤**、主軸が水平のものを**ベッド形横フライス盤**といいます。

＊**プラノミラー**　**平削り形フライス盤**ともいう。クロスレールまたはコラムに沿って移動する主軸頭をもち、ベッド上を長手方向に移動するテーブルの上に工作物を取り付けて加工する大形のフライス盤。

＊**NC**　Numerically Controlled（数値制御）の略。

ベッド形フライス盤

ひざ形フライス盤

コラムに沿って上下するニー（ひざ）の上に、サドルを介して載せたテーブルが前後、左右に運動する構造のフライス盤です。汎用フライス盤の代表的な形式で、主軸が垂直のものを**ひざ形立てフライス盤**、主軸が水平のものを**ひざ形横フライス盤**といいます。ひざ形立てフライス盤には、主軸頭が旋回、または上下運動できるものがあります。

また、ラム*に取り付けた主軸頭が前後運動するものは、**ラム形フライス盤**といいます。

＊**ラム**　英語では「ram」。主軸を支持し、主軸頭内を主軸方向に移動する角形棒状の送り台。

ひざ形立てフライス盤

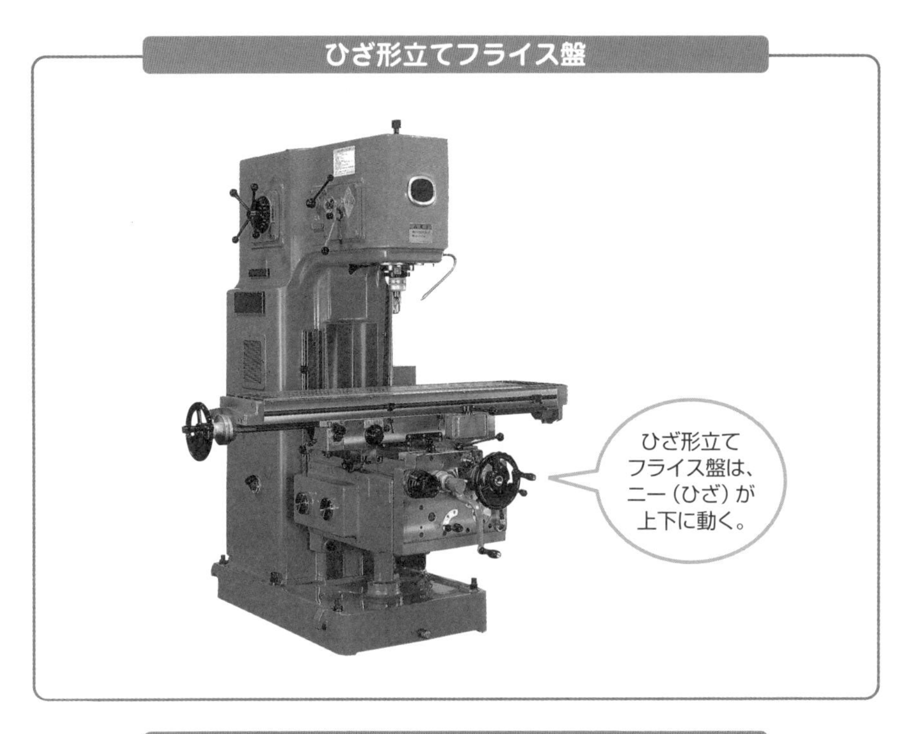

ひざ形横フライス盤

ひざ形横フライス盤
は、主軸が横（水平）
になっている。

ラム形立てフライス盤

ラム形フライス盤は、主軸頭のラムが前後あるいは水平に回転できる。

万能フライス盤

テーブルの水平面内での旋回を可能にした旋回台をもつフライス盤を**万能フライス盤**といいます。ひざ形横フライス盤に旋回台を取り付けたものが一般的です。ねじれ溝削りができるのが万能フライス盤です。

テーブルは旋回できなくても、主軸頭を旋回可能にしたものも「万能フライス盤」と呼ばれます。

万能フライス盤

万能フライス盤（主軸頭が旋回するタイプ）

1-3 立てフライス盤各部の構造と機能

フライス盤は、加工の目的に適した各種の構造がありますが、最も広く使われているひざ形フライス盤では、ベースの上に、ニーまたはベッド、コラム、テーブル、サドル、主軸と主軸頭が配置されています。これに、回転数変換レバーや送りハンドル、起動・停止レバーなどが取り付けられています。

ひざ形フライス盤の大きさ

フライス盤の大きさはJISには規定されていませんが、一般に**呼び番号**で言い表されています。呼び番号によって、テーブルの左右（X軸）・前後（Y軸）・上下（Z軸）の移動距離が決まっていて、これにより、加工できる工作物の最大の大きさがわかります。移動距離は、メーカーや型式によって異なり、呼び番号のテーブルの移動距離は目安です。

本章で例として取り上げている2MF-V型立てフライス盤は、テーブルの移動量が上下400mm、左右710mm、前後280mmですから、呼び番号２番のフライス盤となります。工業高校や職業能力開発校で実習用として使われているフライス盤は、呼び番号２番のものが大部分です。

▼フライス盤の座標系

呼び番号	テーブルの移動距離　単位：mm								
	立て形			横形			万能形		
	X（左右）	Y（前後）	Z（上下）	X（左右）	Y（前後）	Z（上下）	X（左右）	Y（前後）	Z（上下）
0	450	150	300	450	150	300	450	150	300
1	550	200	300	550	200	400	550	175	400
2	700	250	300	700	250	400	700	225	400
3	850	300	350	850	300	450	850	275	450
4	1050	350	400	1050	325	450	1050	300	450

日本機械学会編『機械工学便覧　改訂第６版』より作成

フライス盤の座標系

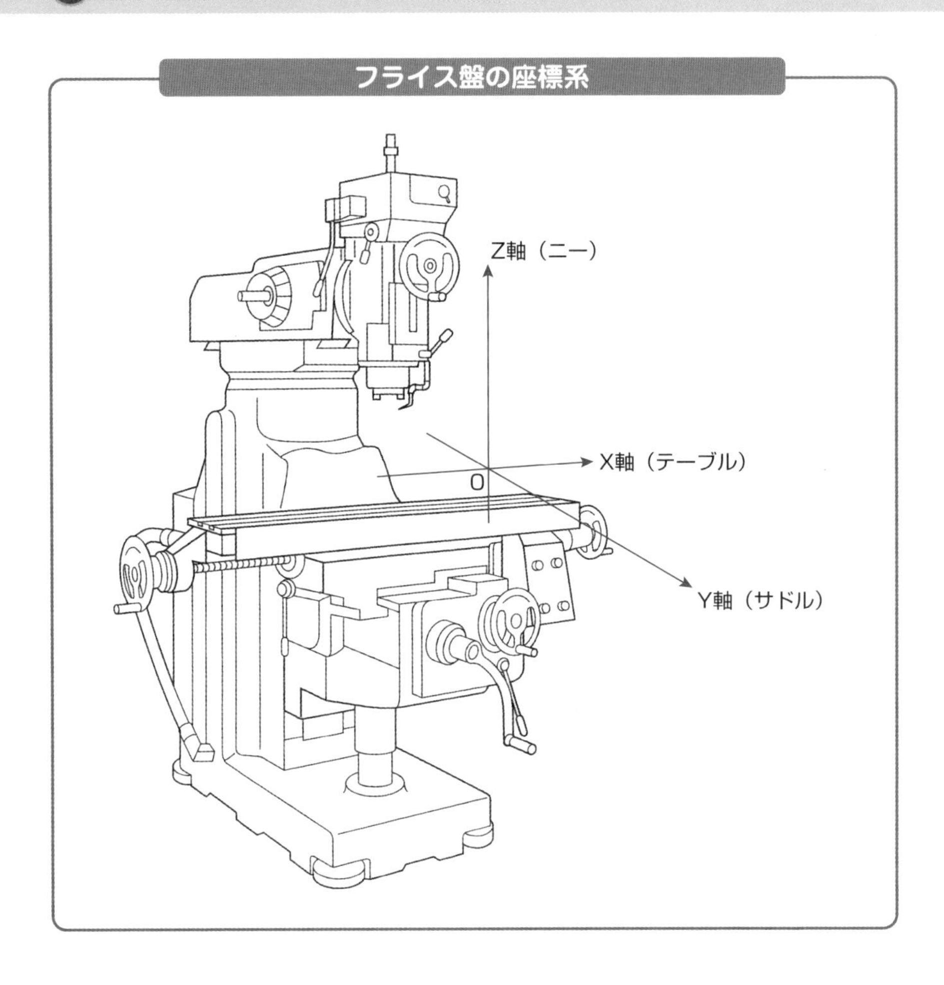

COLUMN 切削（Cut）

切削加工の「**切削**」には、「切る」と「削る」という2つの意味があります。切るも削るも英語ではcutです。

「切る」は、切断すること、つまり、1つのものを2つにする作業です。これに対し、「削る」は工作物の不要な部分を除去する（削り取る）作業です。

りんごにたとえれば、皮むきは「削る」作業ですが、芯を抜くために2つにするのは「切る」作業です。

ひざ形立てフライス盤の各部の名称と機能

立てフライス盤は、主軸頭と主軸、コラム、ニー、サドル、テーブル、ベースで構成されています。ひざ形立てフライス盤の各部の名称を示します。

2MF-V BS型ひざ形立てフライス盤の構造と各部の名称

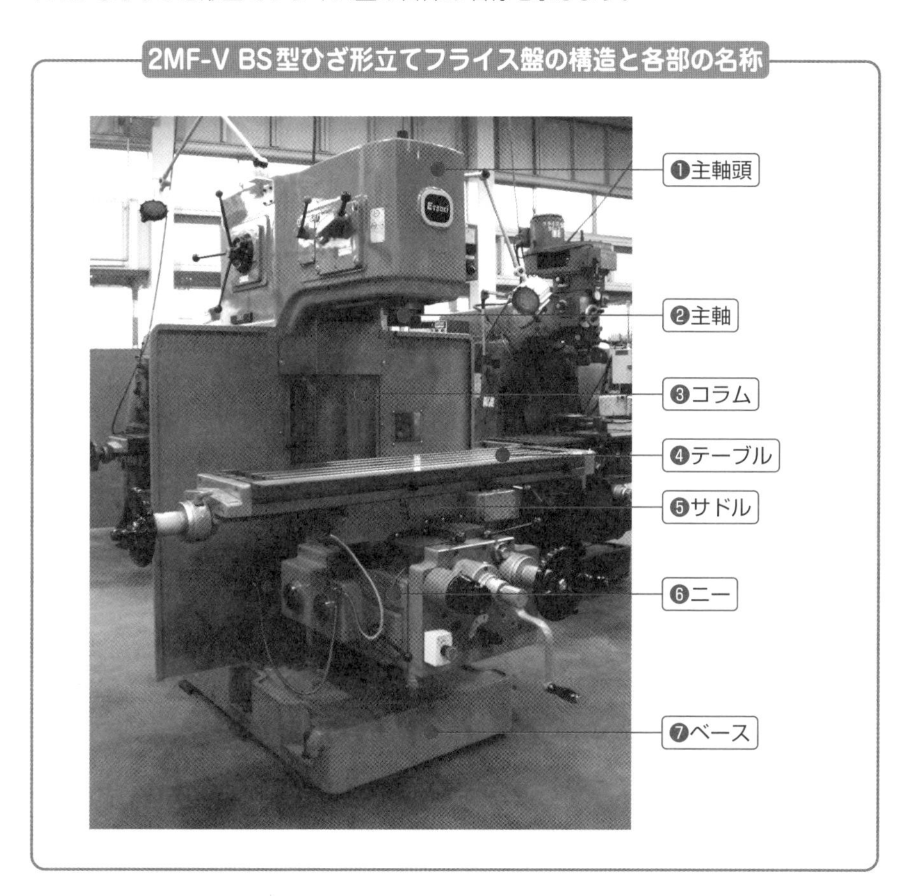

❶主軸頭：主軸を備え、電動機から変速装置を介して、主軸に動力を伝える部分です。主軸頭には、主軸変速レバーが付けられていて、レバー操作により主軸回転数を切り替えることができます。

❷主軸　：切削工具（フライス）を取り付ける軸です。

❸コラム：コラムは箱形で、その内部には主軸駆動用電動機、主軸速度変速装置、切削油剤供給ポンプなどが内蔵されています。コラムの前面にはニーしゅう動（摺動：滑らせながら動かすこと）面があります。

❹**テーブル**：テーブルは、サドルの案内面に沿って、左右にしゅう動する部分です。上面にはT溝があり、工作物や万力などを取り付けます。

❺**サドル**：サドルは、テーブルを保持する部分です。ニー上面のしゅう動面に沿って、保持するテーブルを前後に移動させる部分です。

❻**ニー**　：ニーは、コラム前面の垂直なしゅう動面に取り付けられて、上下に移動します。ニーの内部には、自動送り速度変換装置が組み込まれています。ニーの前面には、前後動のサドル手送りハンドル、上下動のニー手送りクランクハンドル、自動送り無段変速ダイヤルおよび高低速切り替えレバー、早送りレバーが取り付けられています。機種によっては、テーブルの手送りハンドルが取り付けられています。

❼**ベース**：コラムなどの機械全体を支える、土台となる部分です。ベースの内部には、切削油タンクがあります。

下の写真は立てフライス盤のコラム上部および主軸頭です。この左側面には、主軸回転数切り替えハンドル（主軸変速ハンドル）、主軸回転数高速低速切り替えレバー（主軸変速レバー）、起動・停止レバー（主軸起動レバー）があり、反対の右側面には、電源スイッチ、起動・停止ボタンがあります。

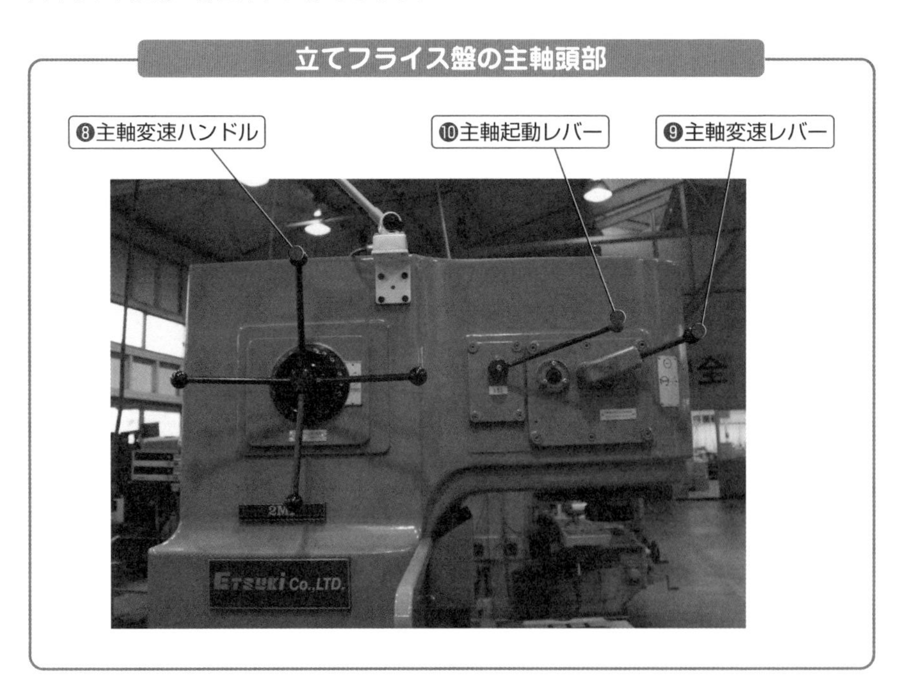

❽**主軸変速ハンドル**：主軸の回転数は、高速6段、低速6段です。主軸変速レバーにより高速・低速を切り替えます。

▼主軸回転数

高速側	1800	1330	980	720	530	390
低速側	290	210	155	115	85	60

❾**主軸変速レバー**：主軸回転数の高速・低速を切り替えます。

❿**主軸起動レバー**：主軸の起動・停止レバーです。レバーを上げて起動、下げて停止です。主軸を起動させるには、事前にコラムの右横にある電源スイッチ、自動送り用電動機のスイッチを入れておかなければなりません。

写真は、テーブル操作関係のレバーとハンドルです。

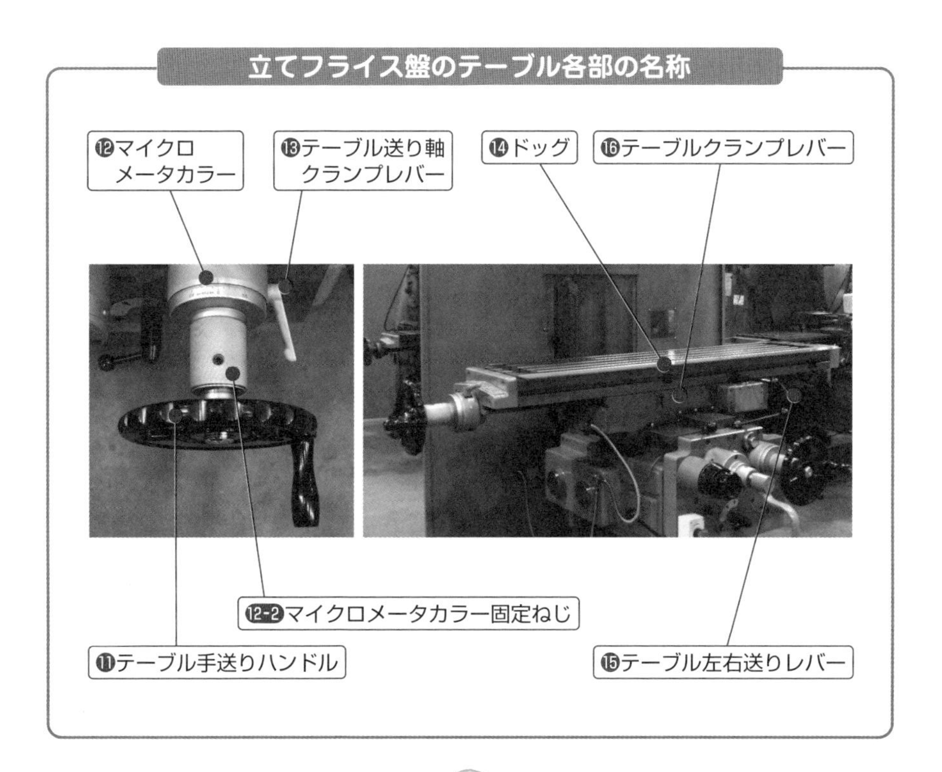

⑪**テーブル手送りハンドル**：テーブルを手動で左右に移動させるハンドルです。送り軸とはクラッチでつながるようになっているので、手送りで動かす場合は、クラッチがつながった状態（ハンドルをテーブル側に押し込む）にして動かします。テーブルの送りねじはピッチ6mmの右ねじ、ハンドル1回転でテーブルは6mm移動します。テーブルは右回転で右に、左回転で左に移動します。

⑫**手送りハンドルのマイクロメータカラー**：マイクロメータカラーの最小目盛は0.02mmです。マイクロメータ固定ねじが付けられていて、任意の位置で0にリセットできます。

⑬**テーブル送り軸クランプレバー**：2MF-V BS型フライス盤は、送り軸がボールねじになっているため、その回転を固定するときに使うレバーです。

⑭**ドッグ**：ドッグは、テーブル、コラム、ニーを所定の位置で停止させるものです。このテーブルのドッグは、自動送りの際の左右の移動限度を設定します。ドックの位置まで送られると、ドッグにより自動送りレバーが解除になります。

⑮**テーブル左右送りレバー**：テーブルの自動送りレバーで、ドッグレバーとも呼ばれています。レバーを右に動かすと、テーブルは右に移動します。逆に左にレバーを動かすと、左に移動します。レバーが中央にあるときは、自動送り解除の状態です。

⑯**テーブルクランプレバー**：前後送りでフライス削りをする場合、テーブルが振動などで動かないように固定するレバーです。

⑰**ニー上下送りレバー**：ニーを上下に自動送りさせるレバーです。レバーを手前に動かす（反時計回り）と、ニーは上昇し、反対に後ろに動かす（時計回り）とニーは下降します。コラムのしゅう動面のところに、ドッグがあり上下の移動限度を設定できます。

⑱**サドル前後送りレバー**：サドルとその上のテーブルを前後に自動送りさせるレバーです。レバーを手前に動かす（時計回り）と、サドルは前に動き、反対に後ろに動かす（反時計回り）とサドルは後ろに動きます。ニーのしゅう動面の横に、ドッグがあり前後の移動限度を設定できます。

次ページの写真は立てフライス盤のニー前面部です。このニー前面部および、左右側面には、次のハンドルやレバーが付けられています。

立てフライス盤のニー・サドル各部の名称

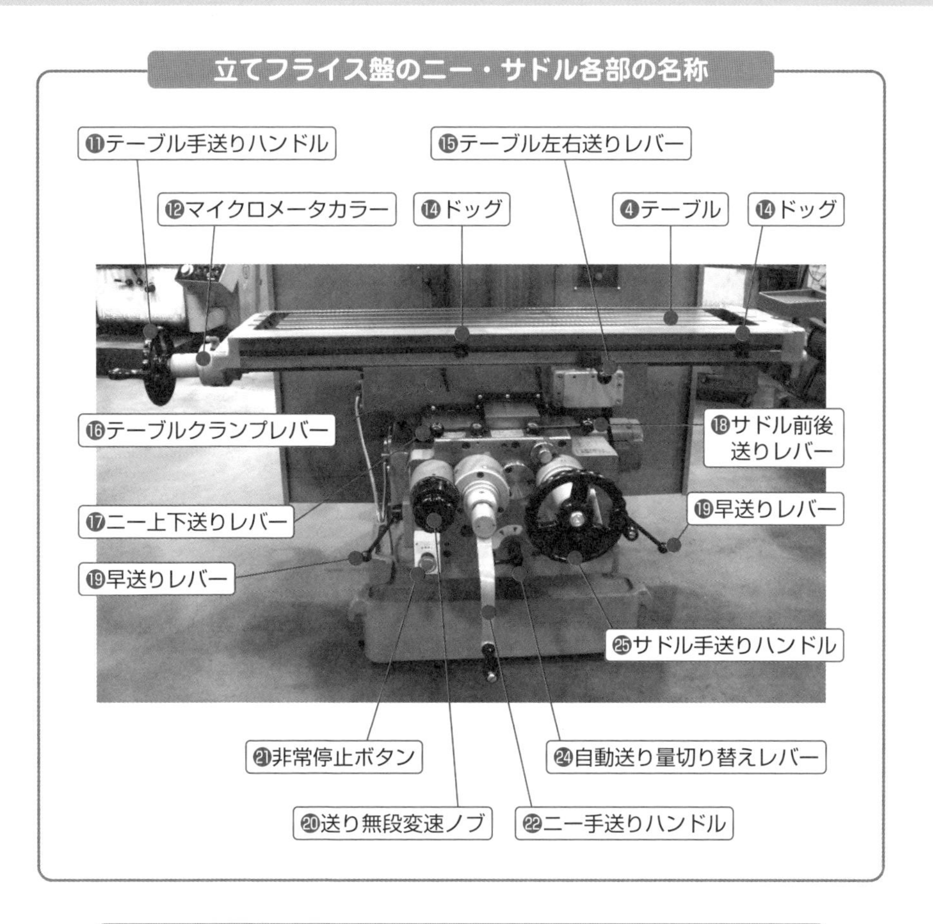

送り無段変速ノブとニー手送りハンドル

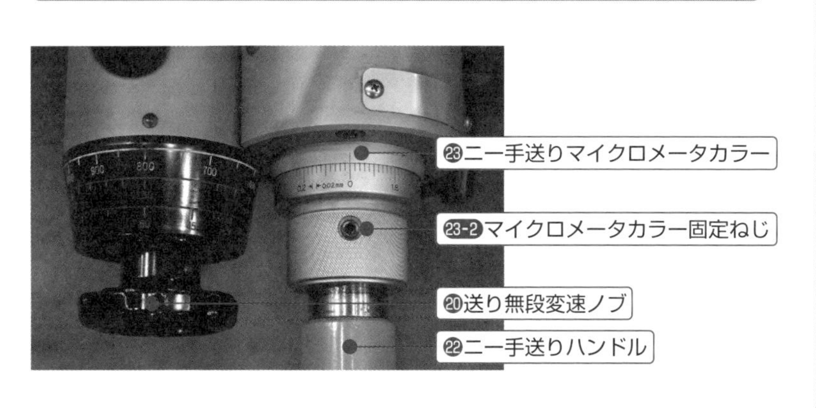

⑲**早送りレバー**：上下、前後、左右の自動送りが作動しているとき、このレバーを下から上に持ち上げるように操作すると、自動送りが早送りに切り替わります。早送りレバーは、手を離すと解除になり、通常の自動送りになります。

⑳**送り無段変速ノブ**：自動送り量を無段階で変速します。高速・中速・低速の自動送り量切り替えレバーと併用して、自動送り量を設定します。

㉑**非常停止ボタン**：主軸用電動機、自動送り用電動機など、すべてが停止します。復帰は、安全を確かめたうえで、通常の手順で行います。

㉒**ニー手送りハンドル**：クランク状になっているので、**手送りクランクハンドル**とも呼ばれます。ニーを上下に移動させるハンドルで、送り軸とはクラッチでつながるようになっているので、手送りで動かす場合は、クラッチがつながった状態（ハンドルをコラム側に押し込む）にして動かします。ニーの送りねじはピッチ5mmの左ねじで、ハンドル右回転で上昇し、左回転で下降します。

㉓**ニー手送りハンドルのマイクロメータカラー**：マイクロメータカラーの最小目盛は0.02mmです。マイクロメータ固定ねじが付けられていて、任意の位置で0にリセットできます。

㉔**自動送り量切り替えレバー**：自動送り無段変速を3段階に切り替えます。自動送り量は、テーブル左右送りとサドル前後送りを1とすると、ニー上下送りは1／4です。

㉕**サドル手送りハンドル**：サドルを前後に移動させるハンドルで、送り軸とはクラッチでつながるようになっているので、手送りで動かす場合は、クラッチがつながった状態（ハンドルをコラム側に押し込む）にして動かします。ハンドル右回転で前進し、左回転で手前に移動します。サドルの上にテーブルがありますから、テーブルを前後に動かすことになります。

㉖**サドル手送りハンドルのマイクロメータカラー**：マイクロメータカラーの最小目盛は0.02mmです。マイクロメータカラー固定ねじが付けられていて、任意の位置で0にリセットできます。

㉗**サドル送り軸クランプレバー**：テーブルの送り軸と同様に、サドルの送り軸がボールねじになっているため、その回転を固定するときに使うレバーです。

㉘**サドルクランプレバー**：サドルをニーに固定するには、ニーの右側面のしゅう動面のところにあるサドルクランプレバーを用います。テーブルを左右送りでフライス加工をする場合には、サドルが振動などで前後に動かないように固定します。

COLUMN ボールねじ

ボールねじは、1874年に米国でプレス機用の直線送り機構として特許となったのが始まりとされています。1950年代には、自動車のステアリング用として普及するようになり、NC工作機械の送り軸として、高速・高精度のものがつくられています。

ボールねじは、回転運動を直線運動に変換する機械要素で、ねじ軸とナットの間にボール（鋼球）を挿入し、ボールベアリングのようにしたものです。ねじ軸とナットはボールによりころがり接触となるため、極めて滑らかに、しかも精密に動かすことができるため、NC工作機械の送り軸はすべてボールねじが採用されています。ボールは無限循環運動する必要があるため、循環させる部品が必要となります。

ボールの循環方式には、リターンチューブ方式、エンドデフレクタ方式、エンドキャップ方式、こま方式、リターンプレート方式、ガイドプレート方式があります。2MF-V BS型立てフライス盤の送り軸には、X軸とZ軸はリターンチューブ方式、Y軸はこま方式のボールねじが使われています。

（1）エンドキャップ方式

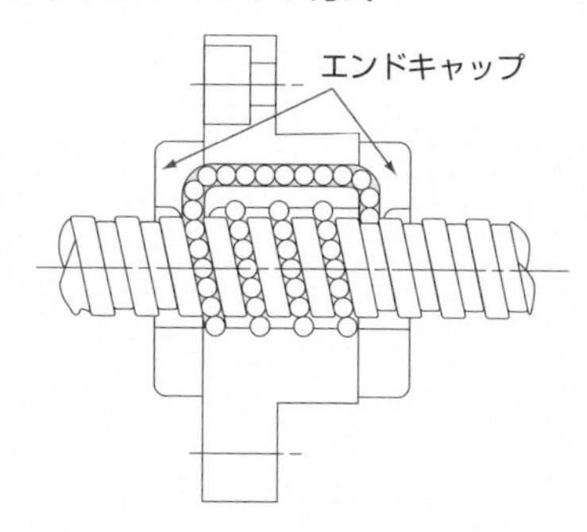

（2）こま方式

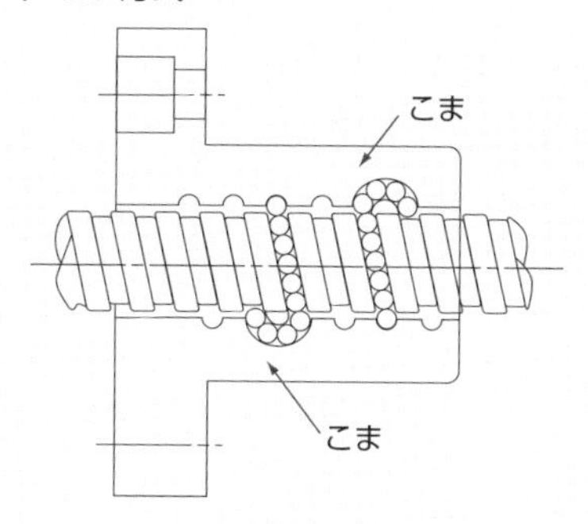

（3）リターンチューブ方式

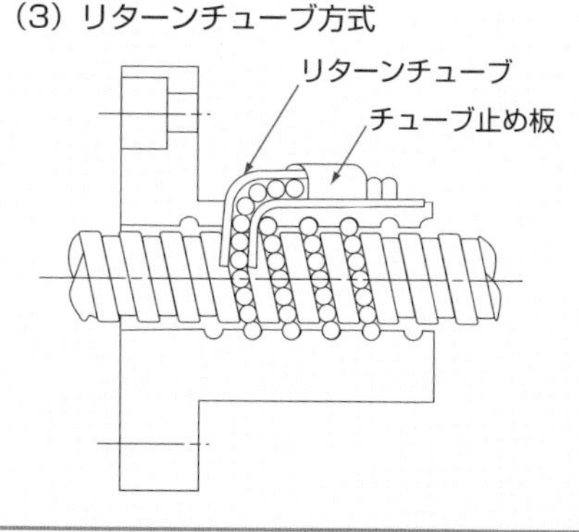

（4）ガイドプレート方式

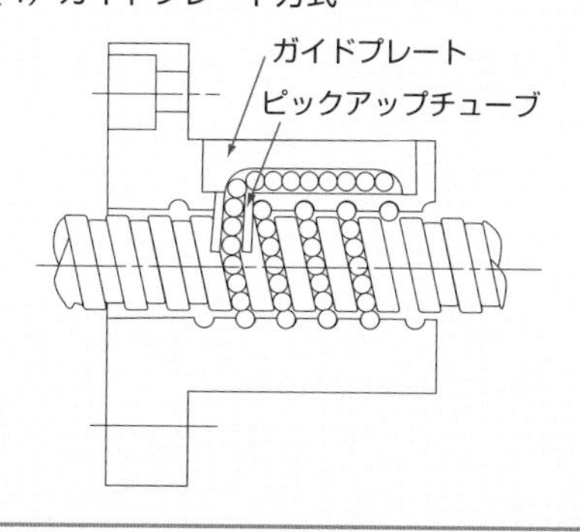

1-4 横フライス盤、万能フライス盤の各部の名称と機能

横フライス盤と万能フライス盤は、主軸がコラムの上部に水平に組み込まれています。主軸には、ロングアーバ（単にアーバともいう）が取り付けられており、このアーバを支えるためにコラムの上にオーバアームとアーバ支え（アーバサポート）があります。

ひざ形横フライス盤の各部の名称と機能

万能フライス盤は、横フライス盤と構造は同じで、サドルの上に旋回台があり、テーブルを一定の角度に傾けることができるものです。

横フライス盤の作業は立てフライス盤でできるようになったため、今日ではほとんど使われなくなった機械ですが、万能フライス盤は、割出し装置により、ねじれ溝削りなどができるため、ドリルやエンドミルの加工になくてはならない工作機械です。

ひざ形横フライス盤の各部の名称を図に示します。名称と機能は、立てフライス盤と基本的に同じですので、ここでは、立てフライス盤と異なる部分のみ、解説します。

❶**主軸**：主軸はコラムの上部に内蔵されています。横フライス盤では、ボアタイプのフライスを使うために主軸端にはアーバを取り付けます。

❷**オーバアーム**：オーバアームは、アーバ支えを取り付けて、アーバが切削抵抗でたわむことを防ぎます。

❸**アーバ支え**：工具軸のアーバを支えます。

❹**バックラッシ除去装置掛け外しレバー**：送り軸のおねじとめねじのバックラッシ（背隙〈はいげき〉ともいい、すきまのこと）を除去するためのレバーです。工作物の送り方向とフライスの回転方向とが同一方向になるとき、つまり下向き削りをするときに、送りねじとめねじの間にすきまが生じます。この現象をバックラッシといいます。バックラッシが生じるとフライスの刃先に余分な食い込みを与えるために、切削ができなくなります。この影響を取り除くのがバックラッシ除去装置です。送りねじにボールねじが使われている場合は、送りねじとめねじにすきまがないため、バックラッシ除去装置は不要であり、付いていません。

ひざ形横フライス盤の構造と各部の名称

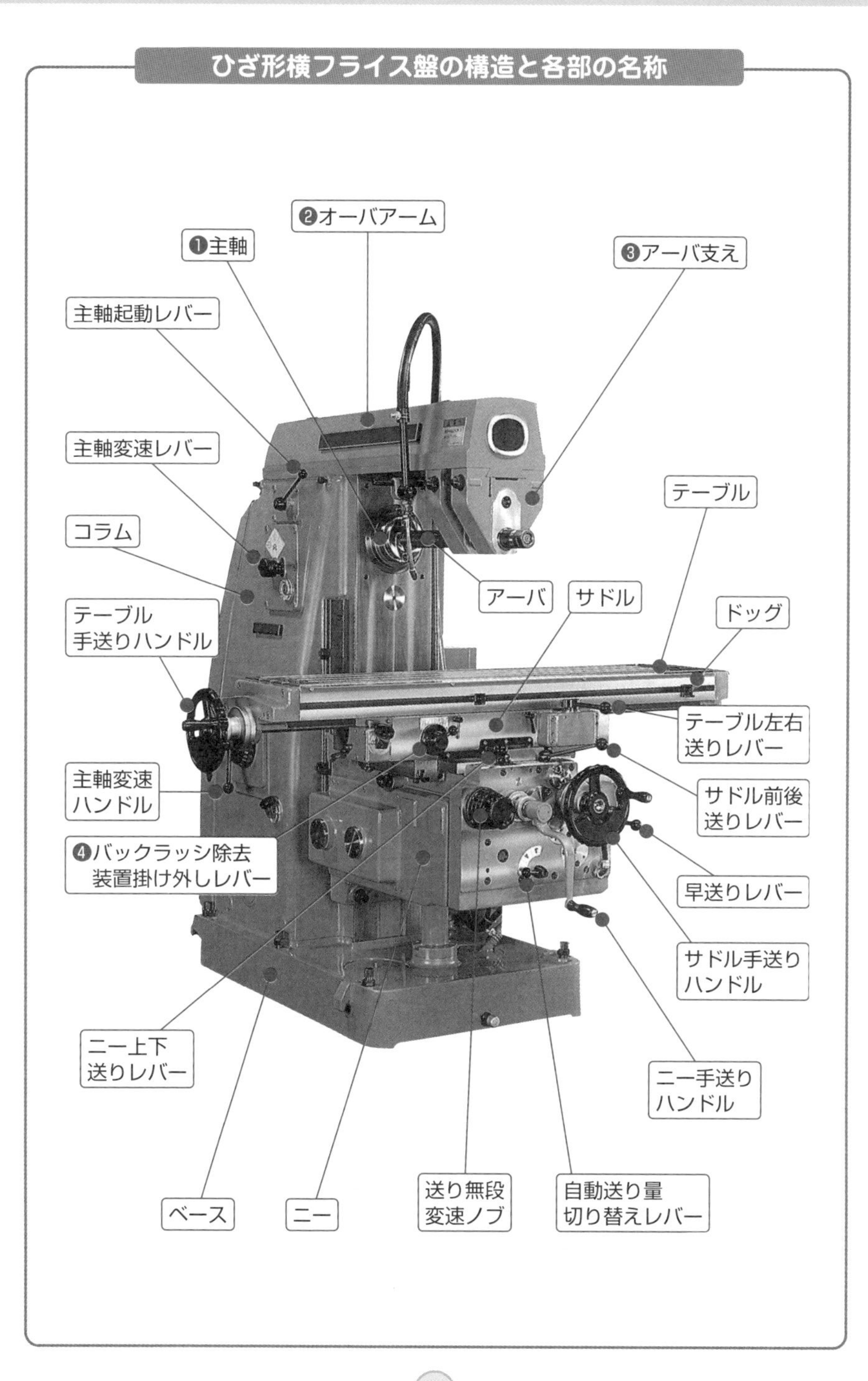

バックラッシ除去装置

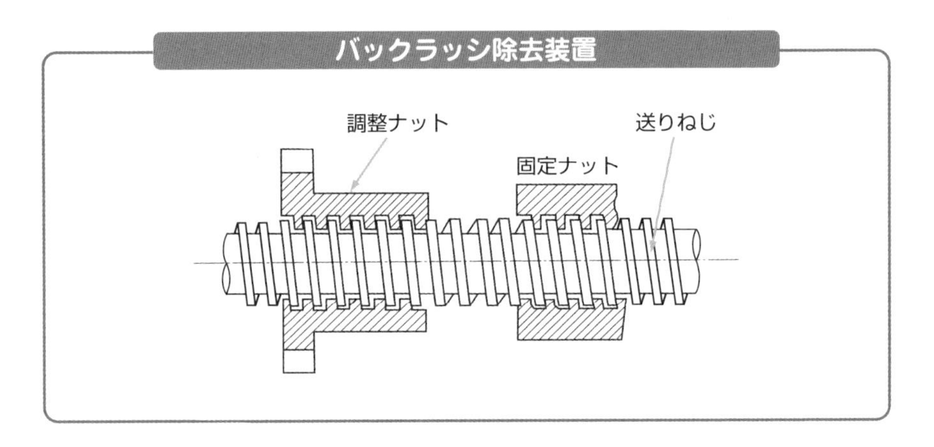

COLUMN スミートンの中ぐり盤<フライス盤の歴史1>

フライスのような回転する多刃工具（たじんこうぐ）を使った工作機械のルーツといえるものは、**中ぐり盤**（なかぐりばん）です。図は、1769年にイギリスのジョン・スミートン（J. Smeaton）が製作したキャロン鉄工所の中ぐり盤です。

水車で回転する主軸の先端に回転する円盤状の工具が取り付けられ、工作物の蒸気機関のシリンダは、レール上の台車に固定されて、ウインチのロープで移動できるようになっています。

この回転切削工具は、片持ちになっているため、軸心が振れないように、シリンダ内部に設置した移動可能な軸受装置で支える構造になっています。

1776年、ウィルキンソンは、スミートンのものとは異なり、シリンダは固定し、中ぐり棒の切削工具（バイト）が移動して加工する中ぐり盤を製作しました。これによって、断面が真円で軸方向に真に平行な穴を加工することができたのです。

ワットの最初の蒸気機関2台には、このウィルキンソンの中ぐり盤で加工したシリンダが使われました。

▼スミートンの中ぐり盤（1769年）

出典：Karl Allwang, *Werkzeugmaschinen -Bohren Drehen Fräsen-*, 1989

ひざ形万能フライス盤の構造

万能フライス盤の「万能」の意味は、普通の立てフライス盤や横フライス盤ではできない加工ができることです。切削工具のドリルやエンドミルのねじれ溝（みぞ）、はすば歯車の歯切り、円筒カムなどは、立てフライス盤や横フライス盤では加工できません。ねじれ溝やはすば歯車の角度にフライスを傾けることが必要です。

したがって、テーブルではなく、主軸を傾けることができればよいので、主軸頭やオーバアームが水平に旋回するものも万能フライス盤です。

万能フライス盤の基本的な構造は、横フライス盤と同じです。違いは、写真に示すように、テーブルが水平面で時計回り、反時計回りに最大45度旋回できるように、旋回台がサドルとテーブルの間にあることです。

万能フライス盤

1-5 フライス盤の付属装置

フライス盤では、切削工具のフライスを直接主軸に取り付けて加工することはなく、各種のアダプタやツールホルダを使用して、主軸にフライスを取り付けます。

立てフライス盤の主軸に取り付ける工具

フライス盤加工では、加工内容によっては数十種類ものフライスや芯出し工具を順次、主軸に取り付けて作業をします。そのために切削工具や芯出し工具をすばやく交換できる必要があります。

立てフライス盤の場合は、写真に示すように、主軸には**クイックチェンジアダプタ**を**締付けボルト**（**ドローイングボルト**ともいう）と**止めナット**で取り付けます。そのクイックチェンジアダプタに各種の様々なアーバやツールホルダを取り付けて、それにフライスやエンドミル、芯出しバーなどを取り付けます。

締付けボルトとクイックチェンジアダプタ

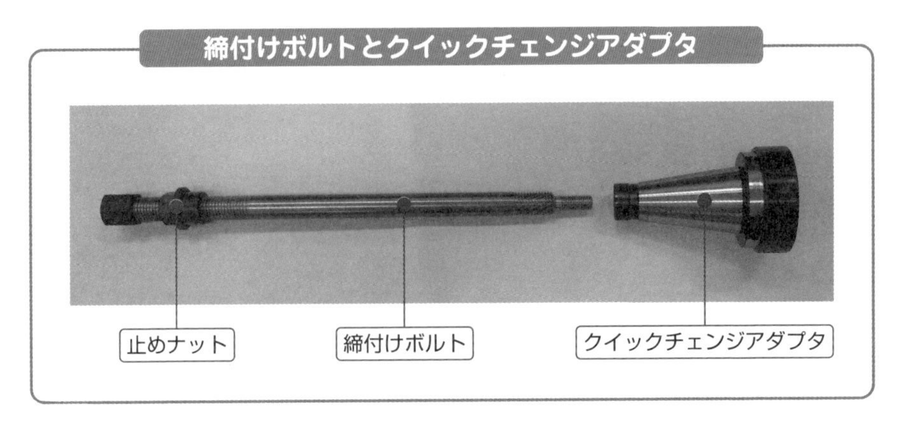

横フライス盤のロングアーバ

ロングアーバは、横フライス盤や万能フライス盤に平フライスやメタルソーなどボアタイプのフライスを取り付ける場合に使われます。

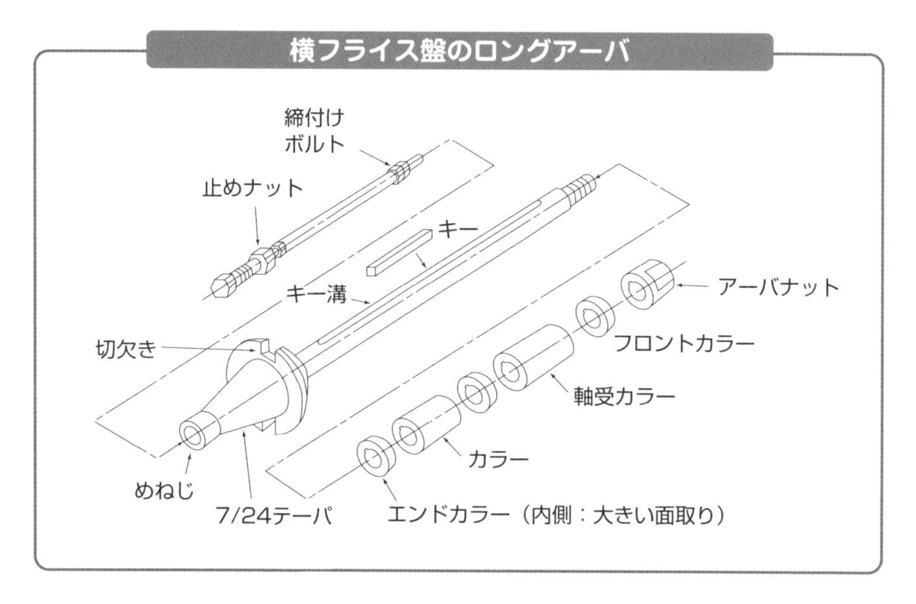

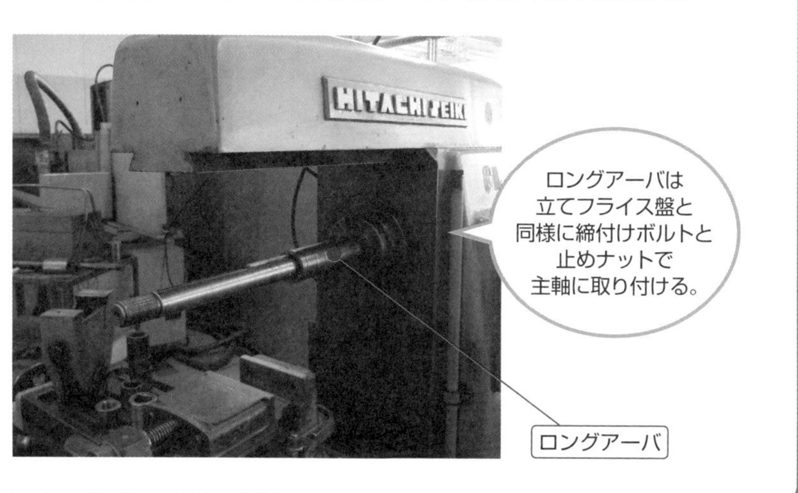

バーチカル・ミーリング装置

バーチカル・ミーリング装置は、横フライス盤や万能フライス盤のコラムに取り付けて、立てフライス盤として使う装置です。

横フライス盤のバーチカル・ミーリング装置

主軸のテーパ穴が小さいため、大きなツールボタンは取り付けられない。

横フライス盤のロングアーバを外して取り付けたバーチカル・ミーリング装置。

万能割出し台と換え歯車装置

万能割出し台は、スプライン溝や歯車の歯切りなど工作物を等分割に加工する場合に使われます。また、テーブルの右端に取り付ける換え歯車装置により、デーブル送りを連動させて、ねじれ溝加工ができます。

万能割出し台と換え歯車装置

COLUMN フライス盤の語源

フライス盤は、英語では「ミーリング・マシン(milling machine)」ですが、ドイツ語では「Fräsmaschine(フレースマシーネ)」、フランス語では「fraiseuse(フレジーズ)」です。ドイツ語あるいはフランス語が日本語のフライス盤の語源になっています。

では、工具のフライスのもともとはどのような意味なのでしょうか。フライスは、フランス語で「la fraise(ラ・フレーズ)」です。フランス語の「la fraise」は、衣服の「襞襟(ひだえり)」という別の意味があります。

写真は、ドイツ、フランクフルトにあるシュテーデル美術館が所蔵するレンブラントの名画「マルガレータ・ファン・ビルデルベークの肖像」です。この婦人の首回りの襟(えり)が襞襟です。こうしてみると側(がわ)フライスや溝フライスの形が襞襟に似ているようにも見えます。

▼マルガレータ・ファン・ビルデルベークの肖像

出典:Rembrandt Harmensz. van Rijn作 "Bildnis Margaretha van Bilderbeecq", Städelsches Kunstinstitut, Frankfurt

1-6 工作物の取り付けに使用する工具

フライス盤に工作物を取り付けるには、一般に機械万力を使用します。

 平万力

平万力（ひらまんりき）はフライス盤作業で使われる機械万力で、**マシンバイス**とも呼ばれています。フライス盤で単に「バイス」といえば、平万力のことを指します。平万力は、工作物を固定する口金と底面が高精度につくられています。平万力の取り扱い方法と工作物のつかみ方については、4-4節で説明します。

平万力（マシンバイス）

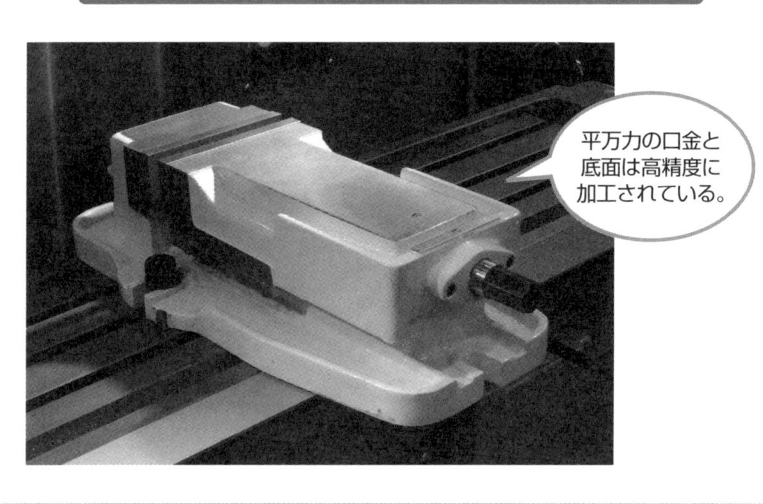

旋回万力

旋回万力は、平万力の下に旋回台を取り付けた万力です。水平面内で万力を360度旋回させることができます。工作物に、角度をもった溝や段を加工するときに使う万力です。旋回台が付いていると万力の剛性が弱くなるため、旋回台を必要としない加工では、平万力で固定するほうがよいです。

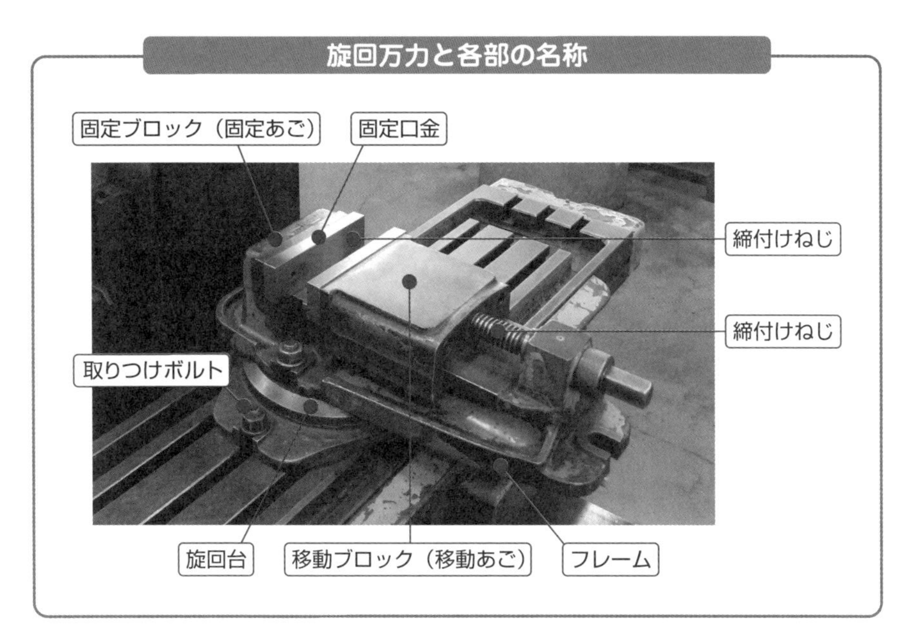

傾斜万力

傾斜万力は、平万力を一定の角度に傾斜させることができる万力です。旋回台と併用して使われるタイプの傾斜万力もあり、3次元の傾斜面の加工ができます。

マグネットチャック

マグネットチャックは、電磁石により工作物を固定します。平万力で固定できない薄い板状の工作物の加工に使われます。また、六面体の加工にも使われ、平万力よりも高精度の平行度の六面体を加工できます。

マグネットチャック

円テーブル

円テーブルは、工作物を取り付けたテーブルが、ハンドル操作により水平に旋回するものです。その外周には角度目盛があり、バーニヤ（副尺）が付いていますので、微細な角度調整や割出しができます。

円テーブルでは、工作物を旋回させながら切削加工ができるので、円筒状の工作物の加工ができます。また、イケールや傾斜台と組み合わせた円テーブルもあり、垂直面や自在な傾斜角で旋回ができる円テーブルもあります。

イケールとは正確な90°の定盤です。工作物を垂直面に取り付ける場合に使われる治具（じぐ）です。

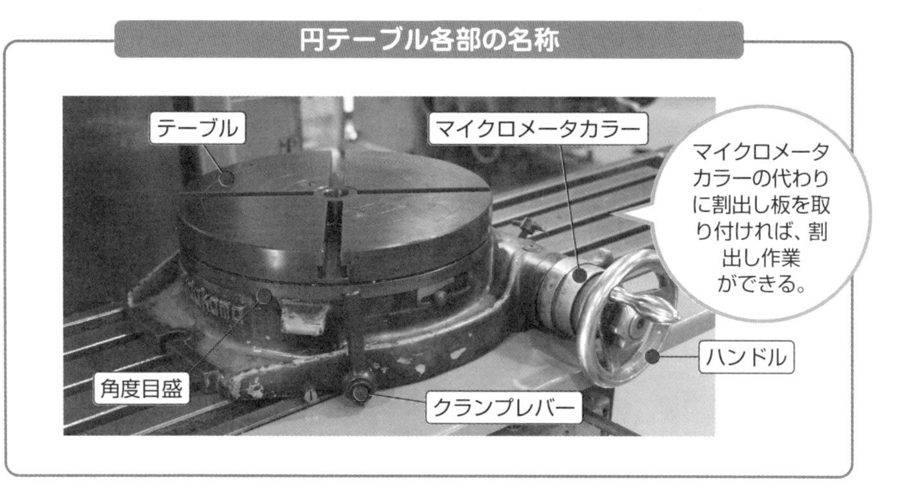

フリーバイスとイケール

フリーバイスは、**プルダウンバイス**とも呼ばれ、通常、2個1組で使われます。平万力は口の開きが小さく、その口の開き以上のサイズの工作物は固定できません。フリーバイスは、工作物の長さに合わせてテーブル上にセットして使います。

加工物を下に引き（プルダウン）ながら締め付けます。口金がくさびのように働き、工作物の浮き上がりが防止できます。写真のようにイケールを固定口金として使うこともできます。

Tスロットナット、Tスロットボルト、スタッドボルト、フランジナット

テーブルに万力や円テーブル、割出し台などを固定する工具です。**Tスロットナット、Tスロットボルト**は、テーブルのＴ溝に挿入し、**フランジナット**で万力などをテーブルに固定します。工作物の固定には、次のクランプ類と組み合わせて使います。

Tスロットナット、スタッドボルト、フランジナット

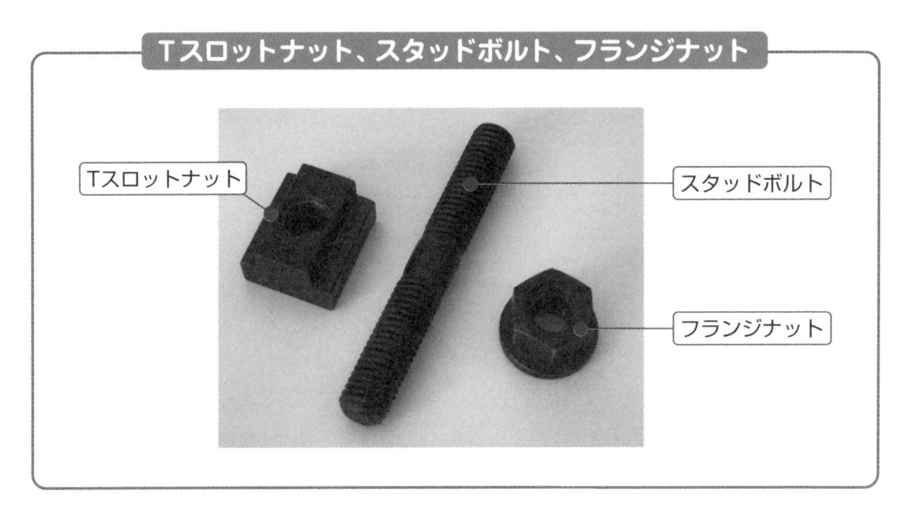

プレーンクランプ

プレーンクランプは、テーブルに工作物や万力を固定する工具です。工作物をテーブルに固定するには工作物の高さと同じブロックを準備します。工作物の高さが30mm以上ある場合には、ブロックの代わりに高さを自在に設定できるスクリュージャッキを用いると便利です。

プレーンクランプ

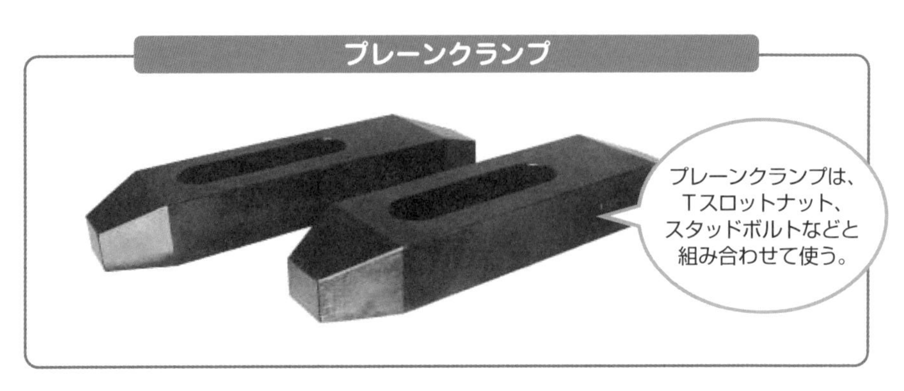

ユニクランプ

ユニクランプは、テーブルに工作物や万力を固定する工具です。

あひる型と自在型があり、自在型は、本体が最大30°まで傾斜しても取り付けができる機構になっています。

自在型ユニクランプとTスロットボルト・ナット

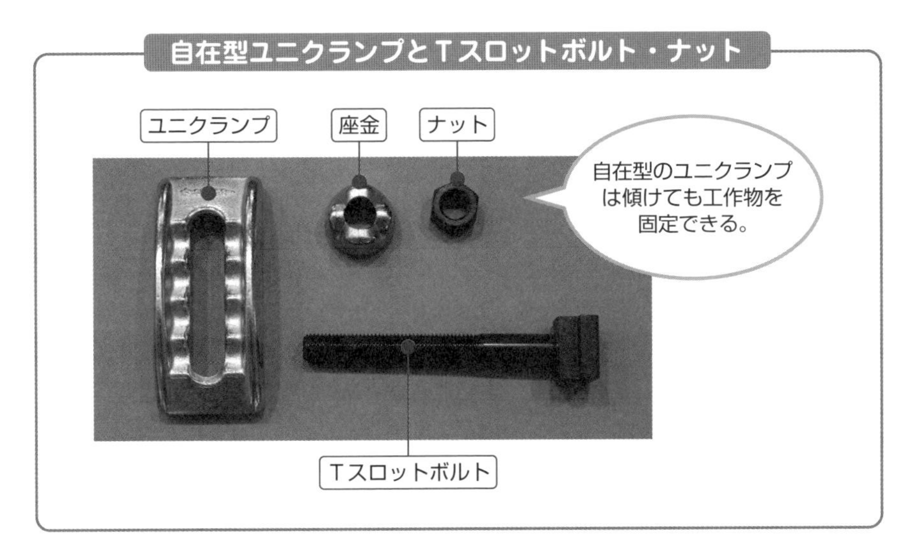

ユニクランプの使用例

ステップクランプとステップブロック

ステップクランプは、工作物や万力などをテーブルに固定する工具で、**高さ自由クランプ**とも呼ばれています。ステップクランプは、プレーンクランプの片側を階段状の斜面にし、これに**ステップブロック**を組み合わせて使います。組み合わせる斜面が階段状になっているので、固定する工作物の高さに応じて、任意の高さに設定できるクランプです。

ステップブロック

ステップブロック
2つを組み合わる
とプレーンクラン
プを支えるブロッ
クになる。

Chapter 2

切削工具の種類と機能

工作機械は、切削工具を用いて工作物を加工します。本章では、フライス盤加工で使われる切削工具について紹介します。

立てフライス盤で使われる主なフライスには、平面削り用の正面フライス、および工具の側面と底面に切れ刃をもつエンドミルがあります。

横フライス盤や万能フライス盤では、工具主軸にロングアーバを用いるため、工具の中心に穴のあいたボアタイプのフライスが使われます。

正面フライス、エンドミル、ボアタイプフライスは、刃先の材質や形状により多種多様で、それぞれJISに定められています。加工する形状や材質により適切に選択できるよう、工具の特徴と機能を理解しておきましょう。

2-1 フライス盤加工に用いる切削工具の種類

フライス盤加工の大きな特徴は、平面削り、溝削り、曲面削り、ねじれ溝削り、穴あけ、中ぐりなど広範囲の切削作業ができることです。したがって、これに使用する切削工具も多種多様のものがあります。

フライス盤加工に用いる切削工具の分類方法

フライス盤加工に用いる切削工具の種類について、「JIS B 0172」では次の4つの方法で分類しています。

❶刃部材料および表面処理法による分類
❷構造による分類
❸取り付け方法による分類
❹機能または用途による分類

刃部材料および表面処理法による分類

フライスの刃部の材料は、高速度工具鋼（通称、ハイス）と超硬合金が代表的なものです。これ以外にも超硬合金よりもさらに硬い、**サーメット**＊、セラミック、**cBN焼結体**＊、ダイヤモンド焼結体などがあります。

立てフライス盤で使用する正面フライスは、スローアウェイ式の超硬合金チップやサーメットを使うものが主流です。エンドミルは、工具として加工しやすい高速度鋼工具鋼製のものが主流ですが、刃先の耐摩耗性に優れる超硬合金製のものもよく使われるようになってきています。また、スローアウェイ式のエンドミルも各種のものが開発されています。

＊サーメット　炭化チタニウム（TiC）や窒化チタニウム（TiN）をニッケルやコバルトで結合したもの。セラミックと金属の複合材料。
＊cBN焼結体　cBNはcubic Boron Nitrideの略で、立方晶窒化ホウ素のこと。ダイヤモンドに次ぐ硬さと熱伝導率をもち、鉄系材料との反応性が小さく、ダイヤモンドではできない鉄系材料の加工が可能。

ハイスのエンドミルでは、刃先の耐摩耗性を高めるためにコーティング被膜（表面処理）を施しているものがあります。コーティングは、真空中で金属を溶融、蒸発させ、それに反応ガスを導入し、硬質化合物（TiC、TiN）として蒸着させるPVD法で行われます。また、コーティング被膜を単層で用いるのではなく、複数重ね合わせて多層構造にする技術も開発されています。

正面フライスやエンドミルに使われる超硬合金は、その被削材の切りくずの形状と被削材の材質によって、連続形切りくずの出る一般の鋼材用（P種）、連続形切りくずの出るマンガン鋼、ステンレス鋼など特殊鋼用（M種）、非連続形切りくずの出る鋳鉄・非鉄金属用（K種）、の３種類に分類されています。工作物の材質と作業条件に合った超硬合金製工具（超硬工具）を選択しましょう。

構造による分類

●むくフライス

刃部とボデーまたはシャンク（柄）が同一材料からつくられているフライスです。**ソリッドカッター**ともいいます。

むくフライスの工具材料は、ハイスのものが多く、小径のエンドミルでは超硬合金のものもあります。

ハイスでできている平フライス（JIS B 0172）

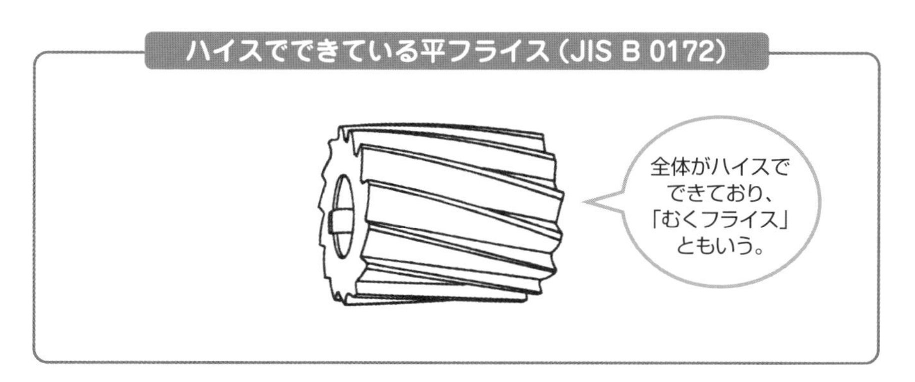

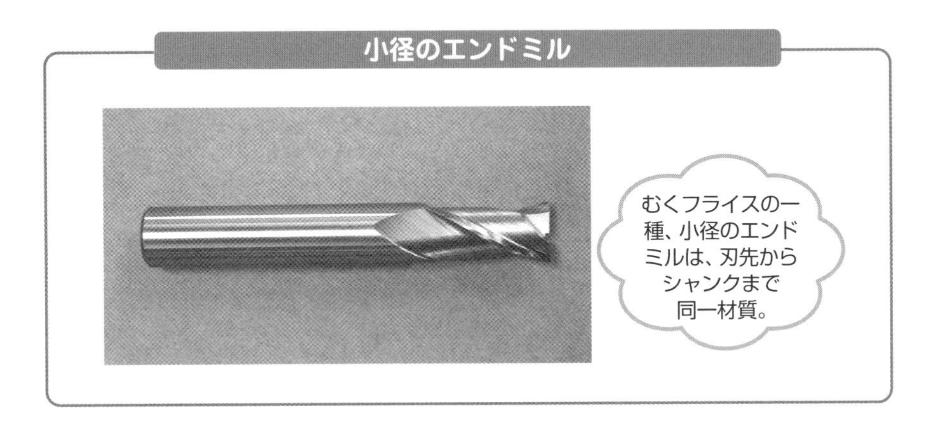

●溶接フライス

ボデーとシャンクを溶接したフライスです。工具材料の経済性から、刃先部はハイス、シャンク部は炭素鋼または炭素工具鋼として、この両者を溶接したフライスです。

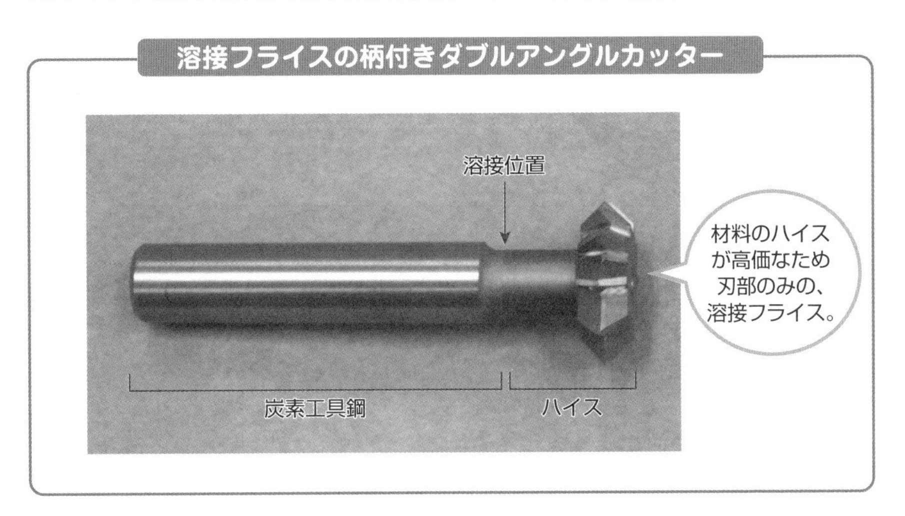

●ろう付けフライス

切削性能のよいハイスまたは超硬合金の切れ刃を本体にろう付けしたフライスです。付け刃フライスともいいます。

ろう付け2枚刃エンドミル

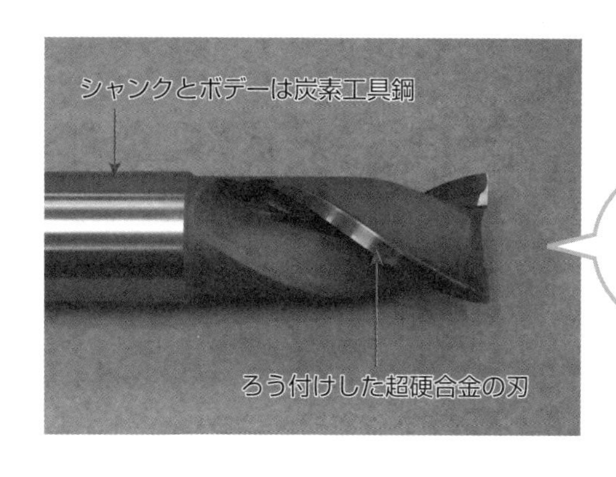

刃部の超硬合金が高価なため、大きな径のエンドミルはろう付けしている。

●植刃フライス

ハイスまたは超硬合金の植刃（超硬ブレード）を、本体の周辺を等分割した溝に機械的に取り付けたフライスです。この方式は正面フライスに最も多く用いられています。超硬ブレードは、再研削して何度か使用できる利点があります。しかしながら、スローアウェイ式のものが普及し、植刃フライスは使われなくなってきています。

植刃フライス

超硬ブレードを再研削して使う。

ろう付けした超硬合金チップ

超硬ブレード

●スローアウェイフライス

切れ刃である**スローアウェイチップ**を機械的に本体に取り付けたフライスです。正面フライスをはじめ、エンドミルや側フライスに用いられています。スローアウェイチップは、超硬合金やサーメットが一般的なものですが、写真に示すようなハイスの丸駒を使用したフライスもあります。

このスローアウェイ方式は、工具研削を省略し、工具管理を簡素化できるなど多くの利点があるため、今日、正面フライスはすべてといってよいほどこの方式になっています。エンドミルにおいても、その利便性のために各種のスローアウェイエンドミルがつくられています。

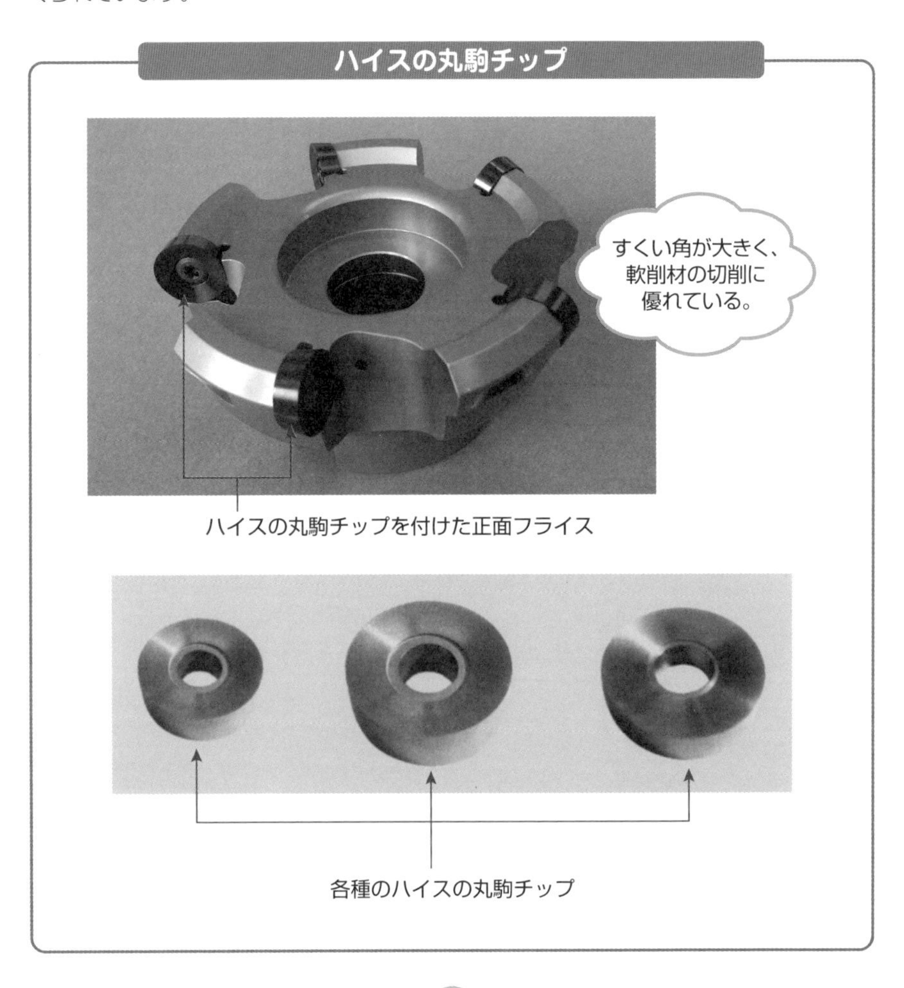

取り付け方法による分類

フライスをアーバに取り付ける方式には、**ボアタイプ方式**と、シャンクをミーリングチャック、または機械に直接取り付けて使用する**シャンクタイプ方式**があります。

ボアタイプフライスは、主に横フライス盤や万能フライス盤のロングアーバに取り付けて使うフライスです。**アーバタイプフライス**とも呼ばれています。

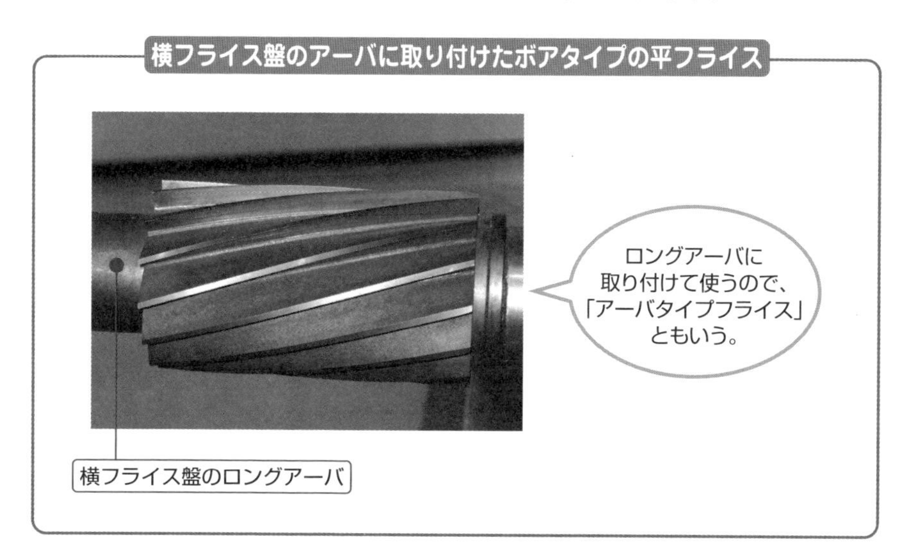

シャンクタイプフライスは、シャンク（柄）をもつフライスの総称で、シャンクの形状は、ストレートシャンクとテーパシャンクの２種類です。

ストレートシャンクには図に示すように、プレーンストレートシャンク、フラット付きストレートシャンク、コンビネーションストレートシャンク、ねじ付きストレートシャンクがあります。

テーパシャンクには、モールステーパ*シャンク、ブラウンシャープテーパ*シャンク、7/24テーパ*シャンクがあります。

＊モールステーパ　テーパ値は約1/20、No.0～No.7まで8種類。
＊ブラウンシャープテーパ　テーパ値は約1/24、No.1～No.18まで18種類。
＊7/24テーパ（ナショナルテーパ）　テーパ値7/24、12種類。

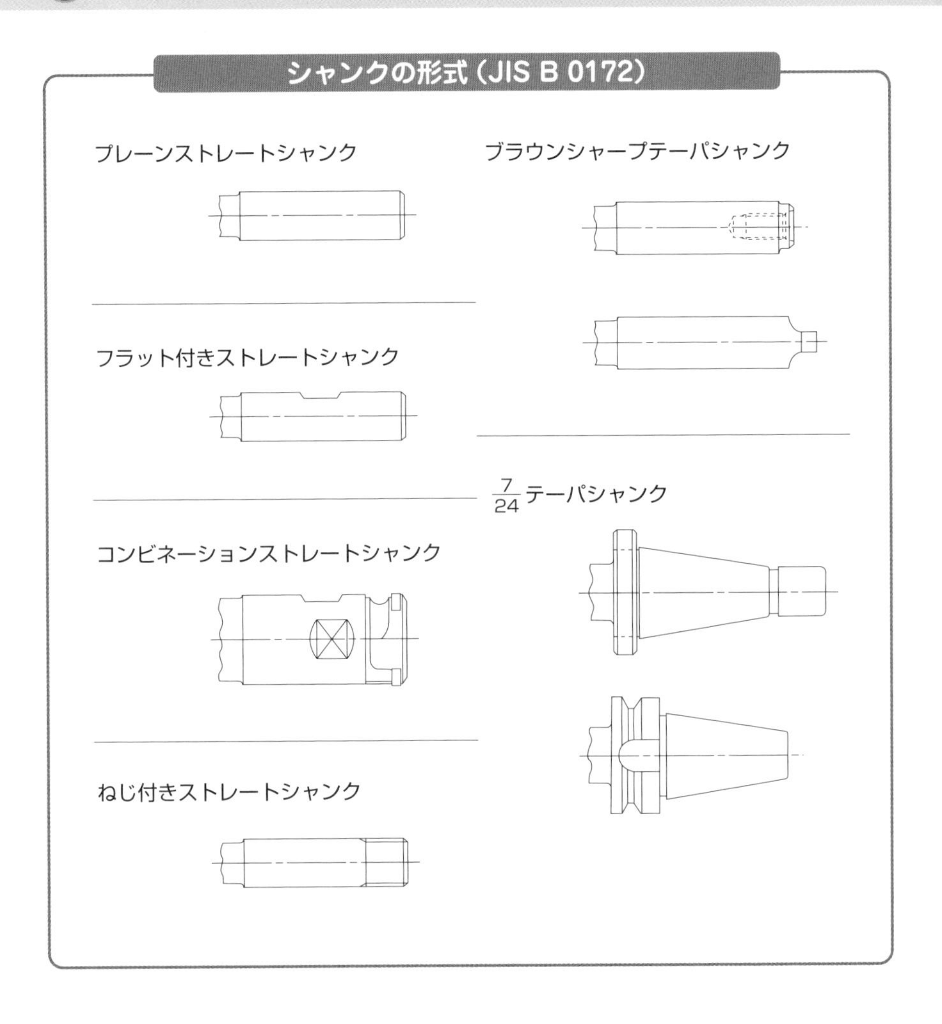

 機能または用途による分類

機能または用途による分類でも、ボアタイプとシャンクタイプに大別されます。ボアタイプフライスは、主として横フライス盤による切削に使われるフライスであり、シャンクタイプは主として立てフライス盤による切削に使われるフライスです。

それぞれ、加工の種類によって様々なフライスがつくられています。

ここでは、立てフライス盤で主に使われる正面フライスとエンドミルについて次に述べます。

COLUMN 高速度工具鋼の歴史

1868年、イギリスの冶金学者ロバート・マシェット（Robert F. Mushet）が、炭素（C）2%、マンガン（Mn）2.5%、タングステン（W）7%の**マシェット特殊鋼**を開発、現在の高速度鋼のルーツと見なされます。

1899年、米国のフレデリック・テイラー（Frederick W. Taylor）とマンセル・ホワイト（Maunsel White）は、ペンシルベニア州のベツレヘム製鉄所で働いているアシスタントのチームとの一連の実験で、マシェット鋼などの既存の高品質工具鋼の実験を行い、マシェット鋼の成分のマンガンの代わりにクロムを用いることで、より優れた工具鋼になることを発見しました。**高速度工具鋼**の誕生です。

高速度工具鋼により、硬鋼を高速に切削加工できるようになり、その後の機械工業に革命をもたらしました。

COLUMN 超硬合金の歴史

炭化タングステン（WC）や炭化チタン（TiC）の微粉末を結合材コバルト（Co）と混ぜ合わせて焼き固めた（焼結）ものが**超硬合金**です。

その製法を発明したのは、ドイツのカール・シュレーターとハインリッヒ・バウムハウアーです。2人は1923年に特許を取得し、オスラム社がこの特許を買い取りました。1925年に、特許は鉄鋼メーカーのクルップ社に転売されて、1926年にWidia（wie Diamant：ダイヤモンドのような）と名付けて販売されました。

日本では、1929年に東芝の前身、芝浦製作所と東京電気が日本初の超硬合金「タンガロイ」を市販したのが始まりとされています。

その直後に、住友電線製造所（現在の住友電工）は「イゲタロイ」の名で、三菱鉱業（現在の三菱マテリアル）は「ダイヤチタニット」の名で、それぞれ超硬合金工具を開発し、市販しています。この3社は、「超硬工具の御三家」と呼ばれています。

2-2 正面フライス

正面フライスは、立てフライス盤による平削りに使われるフライスです。フライス盤加工の基本作業の六面体加工になくてはならないフライスです。正面フライスは、現在では、超硬合金チップのスローアウェイ正面フライスが主流になっています。

正面フライスの構造と各部の名称

正面フライスは、直接、フライス盤の主軸頭に取り付けて使う場合もありますが、一般的には、正面フライス用アーバに取り付けたあと、クイックチェンジアダプタに取り付けて使います。写真は、刃径160mm、超硬チップ8枚のスローアウェイチップ正面フライスです。

正面フライスの各部の名称

正面フライスの場合、大きさは刃の直径で表します。現場では、正面フライスの大きさを「インチ」で呼ぶこともあり、インチの数値が刃数の目安にもなっています。

写真は、超硬チップ8枚のスローアウェイチップ正面フライスで、刃径160mmですから6インチの正面フライスとなります。

刃径が小さいものでは、ストレートシャンクのものがあります。

正面フライスの諸角度

正面フライスの切れ刃の諸角度には次の機能があり、その大きさは切削性や切りくずの排出性に影響します。

- **アキシャルレーキ角**：切りくずの排出方向を決める角度です。アキシャルレーキ角が正のとき、切削性がよくなります。
- **ラジアルレーキ角**：半径方向のすくい角ですから、切れ味を決める角度です。ラジアルレーキ角が負のとき、切りくずの排出性がよくなります。
- **コーナ角**：切りくずの厚みを決める角度です。コーナ角が大きいと切りくずの厚みが薄くなり、切削時の衝撃力は小さくなります。
- **真のすくい角**：実際の切れ味を決める角度です。この角が正のときは、切削性がよく、構成刃先ができにくいです。負のときは、切削性は悪くなりますが、切れ刃の強度は高くなります。
- **切れ刃傾き角**：切りくずの排出方向を決める角度です。切れ刃傾き角が正のとき、切りくずの排出性がよくなりますが、切れ刃の強度は低下します。

ダクタイル鋳鉄の加工

ねずみ鋳鉄（ちゅうてつ）は、片状黒鉛組織が散在するため、加工しやすい材料です。一方、黒鉛を球状化した**ダクタイル鋳鉄**は、鋼に劣らぬ強さがあり、正面フライス削りではチッピング（5-4節参照）を起こしずらい材料ですから、ダブルネガ刃形のチップに用いるとよいでしょう。

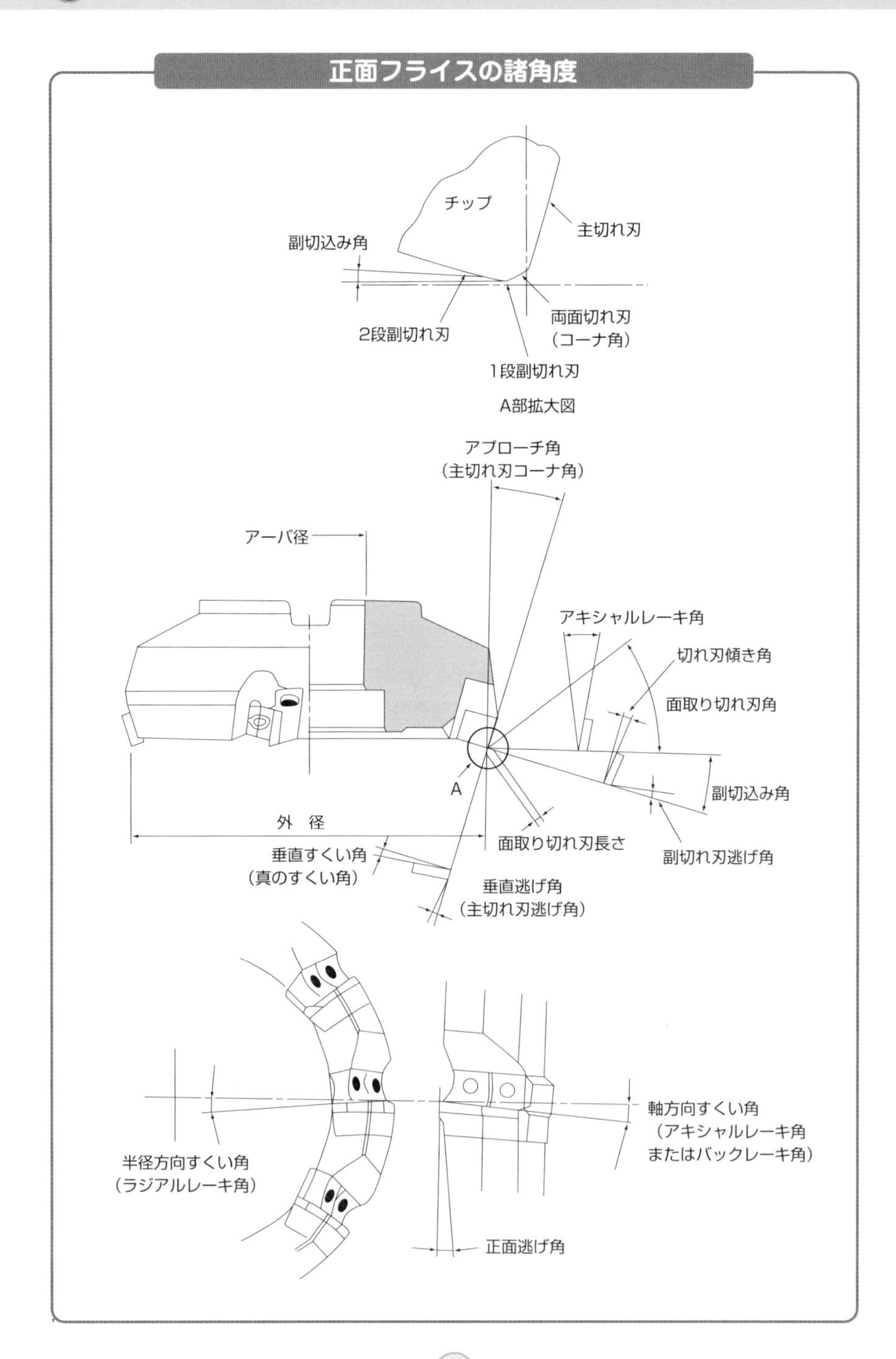
正面フライスの諸角度
チップ
主切れ刃
副切込み角
2段副切れ刃
両面切れ刃
（コーナ角）
1段副切れ刃
A部拡大図
アプローチ角
（主切れ刃コーナ角）
アーバ径
アキシャルレーキ角
切れ刃傾き角
面取り切れ刃角
副切込み角
A
外　径
面取り切れ刃長さ
副切れ刃逃げ角
垂直すくい角
（真のすくい角）
垂直逃げ角
（主切れ刃逃げ角）
軸方向すくい角
（アキシャルレーキ角
またはバックレーキ角）
半径方向すくい角
（ラジアルレーキ角）
正面逃げ角

基本刃形

アキシャルレーキ角とラジアルレーキ角について、下の図に示すように超硬チップの刃先が先行する刃先形状をポジティブすくい角といい、刃先が遅れる形状をネガティブすくい角といいます。両者を含めて、表に示すように3種類の基本刃形があります。

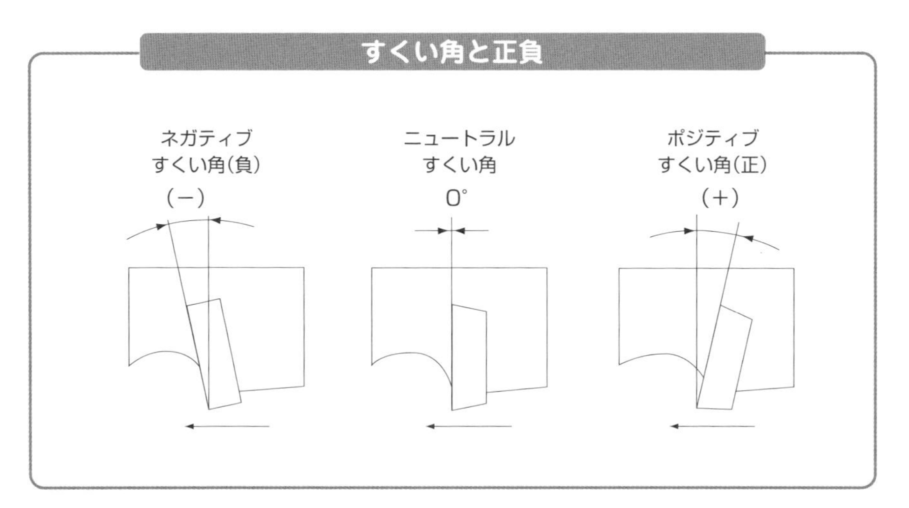

COLUMN 鬼爪(おにづめ)

ハイスのストレートシャンクのエンドミルのねじれ溝加工をする際に、割出し台に取り付けられているチャックに相当するものは、**鬼爪**と呼ばれています。

写真に示すように、加工するエンドミルのシャンクの端面を鬼爪に当て、テールストックのセンターで押し付けて固定します。シャンクの端面の角には、4か所、鬼爪の爪痕(つめあと)が残されています。

▼チャックに取り付けた鬼爪

鋼材切削用には、ポジ・ポジの正面フライスを使いますので、超硬チップは次ページの写真に示す片面使用のものが使われます。

▼基本刃形

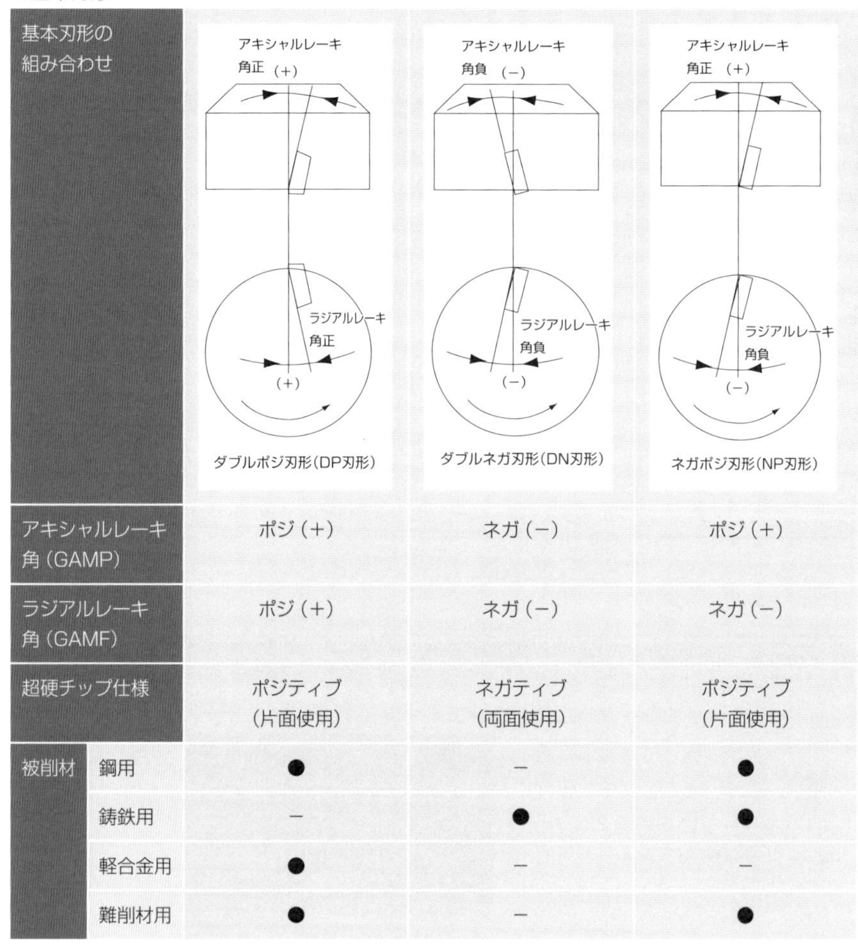

基本刃形の組み合わせ		ダブルポジ刃形(DP刃形)	ダブルネガ刃形(DN刃形)	ネガポジ刃形(NP刃形)
アキシャルレーキ角(GAMP)		ポジ(+)	ネガ(−)	ポジ(+)
ラジアルレーキ角(GAMF)		ポジ(+)	ネガ(−)	ネガ(−)
超硬チップ仕様		ポジティブ(片面使用)	ネガティブ(両面使用)	ポジティブ(片面使用)
被削材	鋼用	●	−	●
	鋳鉄用	−	●	●
	軽合金用	●	−	−
	難削材用	●	−	●

超硬スローアウェイチップ

スローアウェイ(throw away)とは、刃先が摩耗や欠損したときは、再研削しないで使い捨てにするチップのことです。正四角形チップでは、ダブルポジ刃形用の片面使用タイプで4か所、ダブルネガ刃形用の正四角形のチップでは両面8か所使用できます。

スローアウェイチップの呼び記号の付け方は、「JIS B 4120:1998」に定められています。

正面フライス用スローアウェイの形状

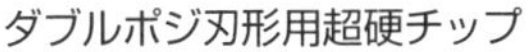

ダブルポジ刃形用超硬チップ

ダブルネガ刃形用超硬チップ

▼スローアウェイチップの呼び記号の構成要素と配列順序例

SDKN42ZTN

- N：勝手なし
- T：切れ刃の状態　チャンファーホーニング刃
- Z：特殊仕上げ刃
- 2：厚さの記号（2/8インチ）　6.35mm
- 4：内接円の記号（4/8インチ）　12.7mm
- N：穴なし、チップブレーカなし
- K：精度記号　ノーズ位置許容差±0.013　厚み許容差±0.025　内接円直径許容差±0.05～±0.13
- D：逃げ角　15°
- S：チップの形状　正四角形

2-3 エンドミル

外周面および端面に切れ刃をもつシャンクタイプフライスを総称してエンドミルといいます。

各種のエンドミル

フライス盤のことを英語で「ミーリング・マシン（milling machine）」といいますが、その工具はミル（mill）といいます。エンドミルは、端面の「end」に切れ刃がある「mill」ですから「end mill」といわれるようになりました。

ストレートシャンクタイプの各種エンドミル

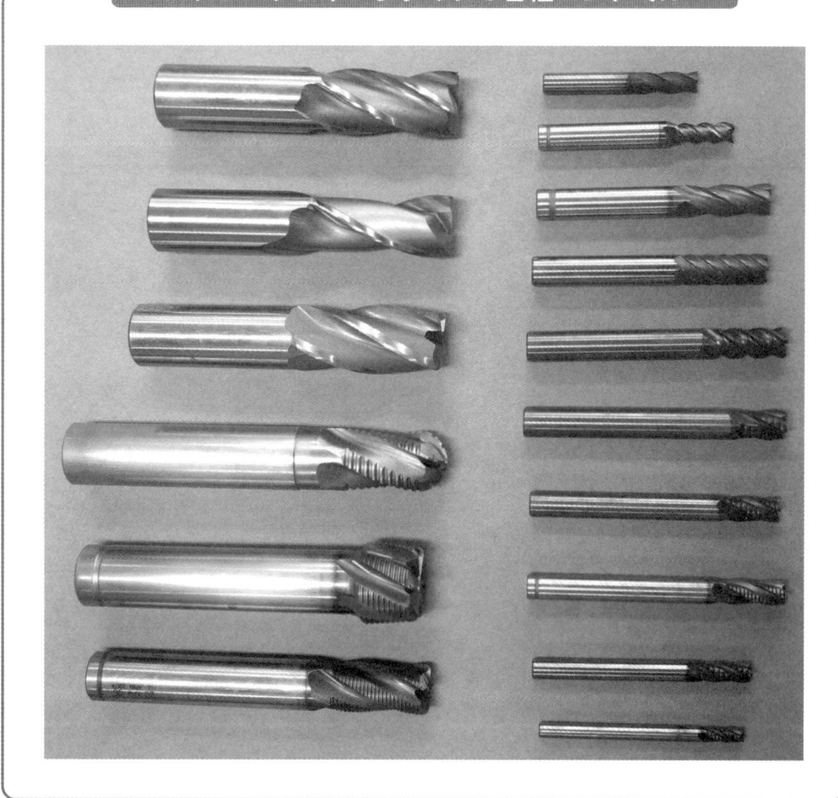

エンドミルは、外周刃の形状や底刃の形状、刃数によって各種各様のものがあります。また、工具材料には、高速度工具鋼が使われていますが、超硬合金のむくエンドミルやスローアウェイチップ式エンドミルもよく使われるようになってきています。

エンドミルの形状

エンドミルの形状は「JIS B 0172」のシャンクタイプフライスに規定されています。

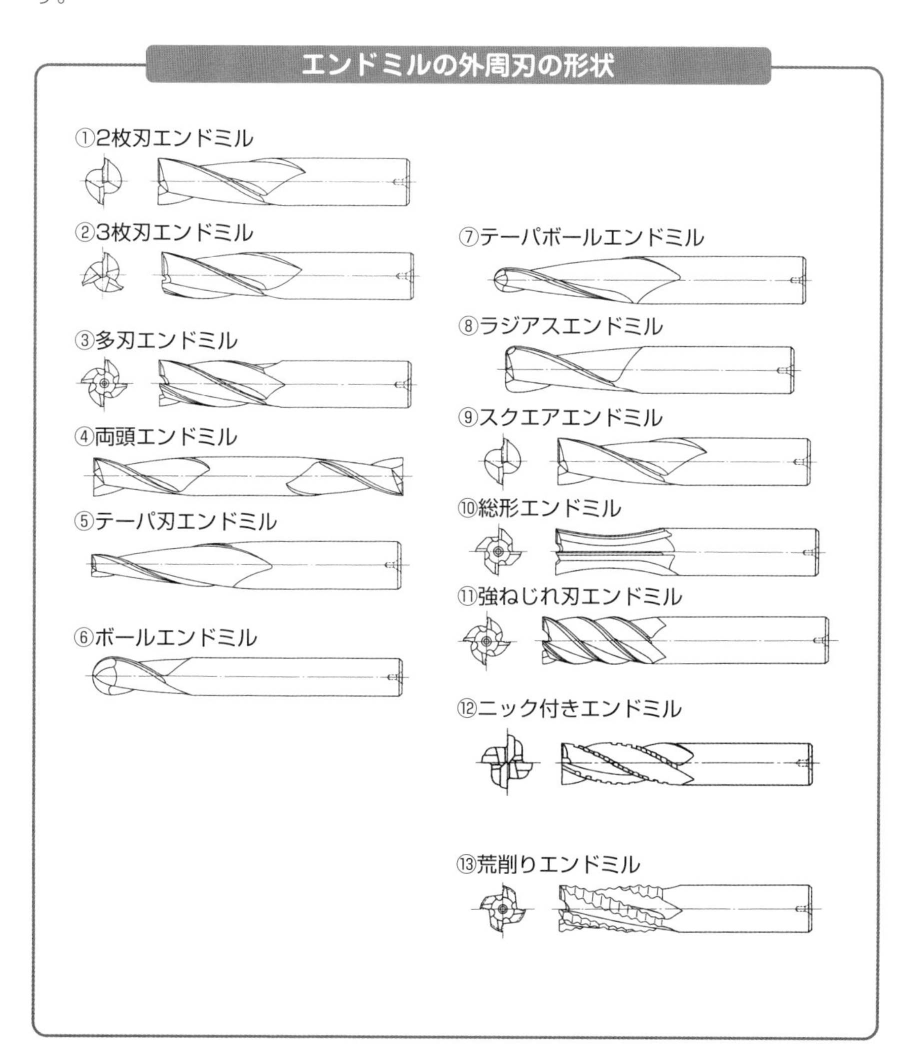

●2枚刃エンドミル

2枚の切れ刃をもつエンドミルです。チップポケットが大きく、切りくずの排出性に優れています。切込み幅と工具径が同一の溝削りでは大きなチップポケットが必要なため、一般的に2枚刃エンドミルが用いられます。

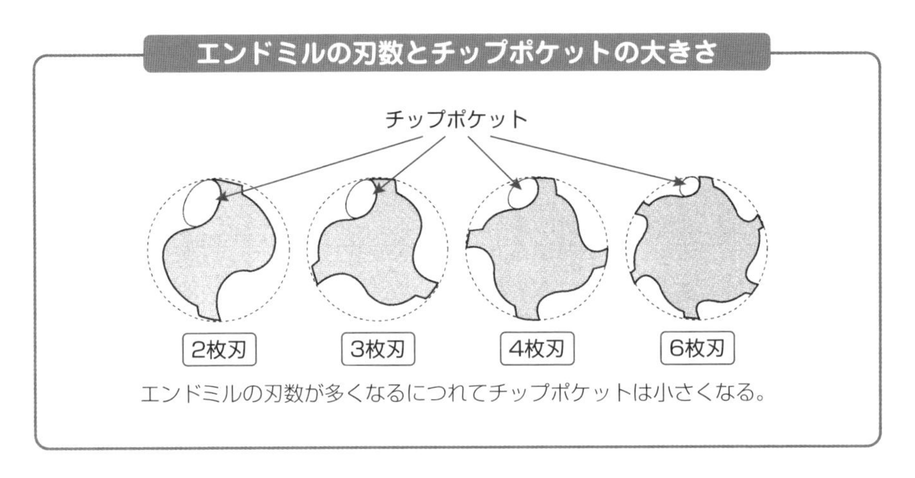

エンドミルの刃数が多くなるにつれてチップポケットは小さくなる。

●3枚刃エンドミル

3枚の切れ刃をもつエンドミルです。奇数刃のエンドミルは、一般にびびり防止の機能があります。3枚刃エンドミルは、2枚刃と4枚刃の特徴を兼ね備えていますが、エンドミルの外径を測定しにくい弱点があります。

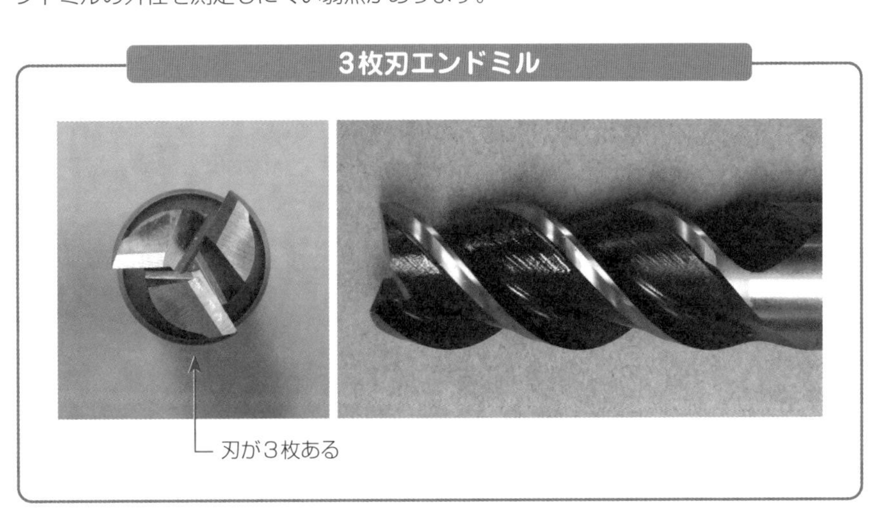

●多刃エンドミル

４枚刃以上のエンドミルです。刃数が多くなるに従って、前ページの図からわかるとおりボデーの断面積が大きくなるので、剛性が増し、切削時の逃げがなくなるので、仕上げ切削に適しています。

多刃エンドミル

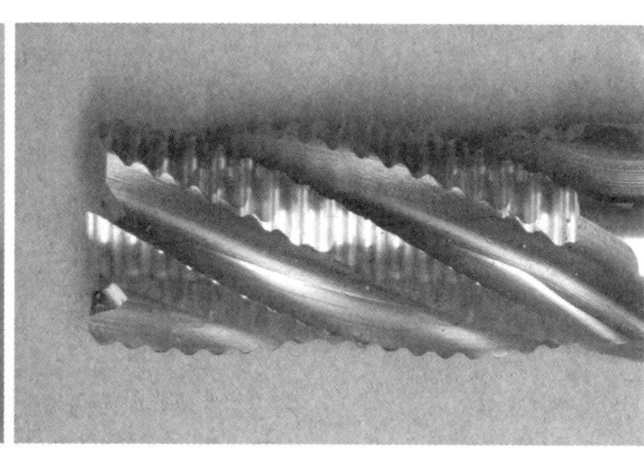

これは刃が５枚ある

●両頭エンドミル

シャンクの両側に切れ刃をもつエンドミルです。１本で２本のエンドミルの役割を果たします。

●テーパ刃エンドミル

外周刃がテーパ（先細り）になっているエンドミルです。

4枚刃テーパ刃エンドミル

外周刃がテーパになっているので、傾斜面の加工ができる。

●ボールエンドミル

底刃が半球状になっているエンドミルです。主としてNC機械で金型の型彫りなど3次元の加工に使われるエンドミルです。

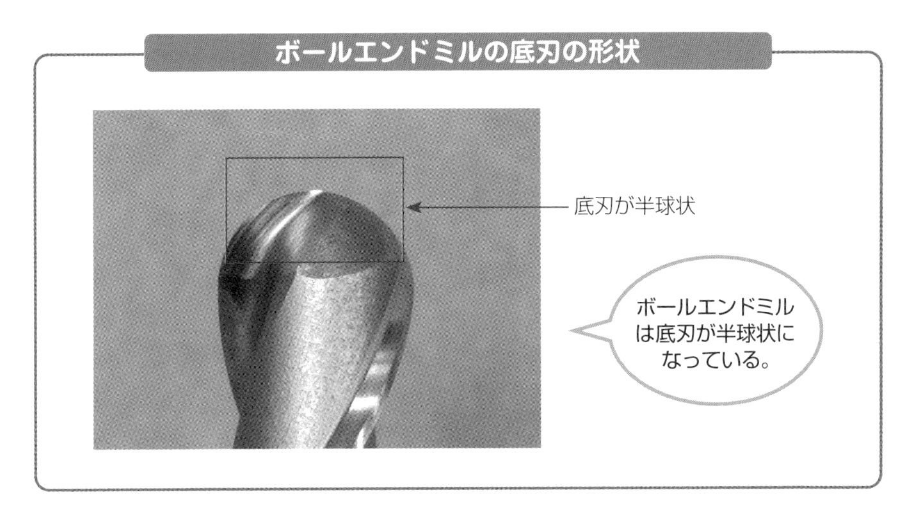

●テーパボールエンドミル

テーパエンドミルのうち、底刃が半球状になっているエンドミルです。ボールエンドミルと同様に主としてNC機械で金型の型彫りなどに使われるエンドミルです。

●ラジアスエンドミル

エンドミルの底刃のコーナがR（丸）になっているエンドミルです。コーナに丸みがあると、刃先のチッピング（欠け）を防止できます。ラジアスエンドミルは、スクエアエンドミルとボールエンドミルの両方の特性をもつエンドミルで、ボールエンドミルのような3次元の加工も可能です。

名工からのアドバイス

技の五感「視覚」

刀鍛冶は、鍛えた刀剣の焼き入れのとき、赤熱の色で焼き入れ温度を見抜くといわれます。フライス盤工は、切りくずの色や形で切削の良し悪しを判断します。

ラジアスエンドミルの刃先

ラジアスエンドミルは底刃のコーナ（角）が丸くなっている。

●スクエアエンドミル

角形のコーナをもつエンドミルです。スクエアエンドミルには、刃先先端がピンカド（ピン角）とアタリ付きの２種類があります。

ピンカドはコーナ部の切れ味はよいですが、欠けやすいものです。

アタリ付きは、コーナ部の剛性が高く、刃は欠けにくいですが、コーナ部の切れ味は、ピンカドのものよりは劣ります。

スクエアエンドミルのピンカドとアタリ付き

ピンカド

切れ味はよいが欠けやすい

アタリ付き

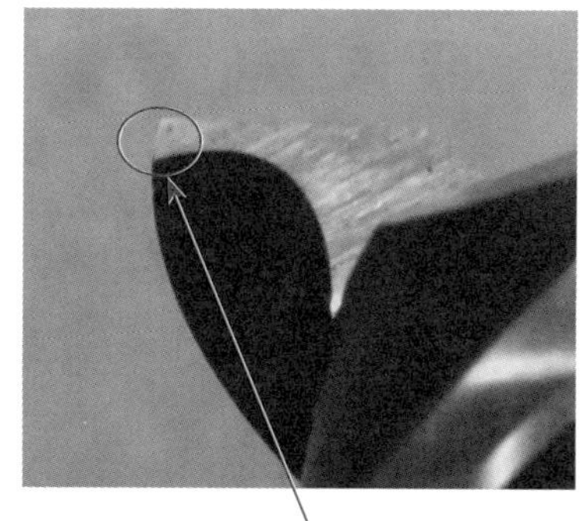

欠けにくいが切れ味は劣る

●総形エンドミル

外周刃を加工物の形状に合わせて研削したエンドミルです。

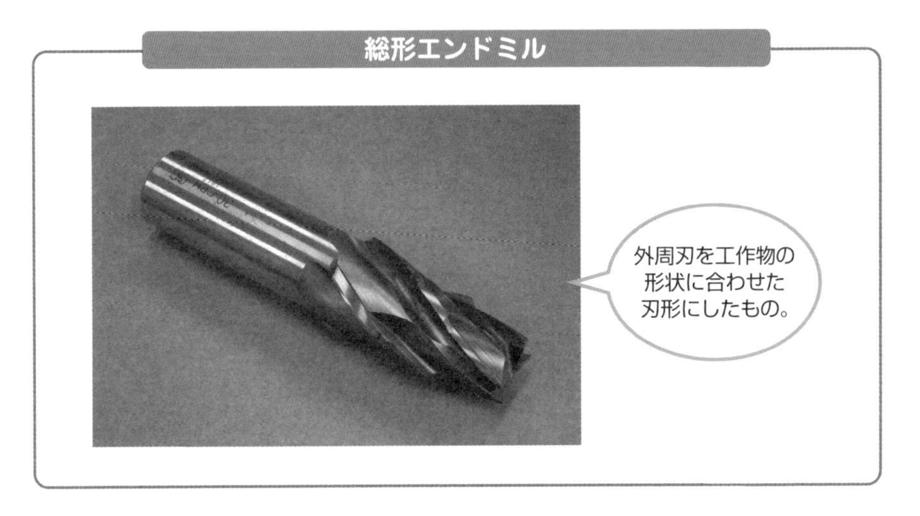

●強ねじれエンドミル

ねじれ角が40°以上の外周刃をもつエンドミルです。ステンレス鋼のように熱伝導率が低く、刃先への熱影響が大きい難削材の切削には、工具寿命の面で、強ねじれのエンドミルが有利です。

強ねじれのエンドミルを用いる場合は、切削抵抗が増大するため、保持剛性の高いホルダを使用するなどの対策が必要になります。

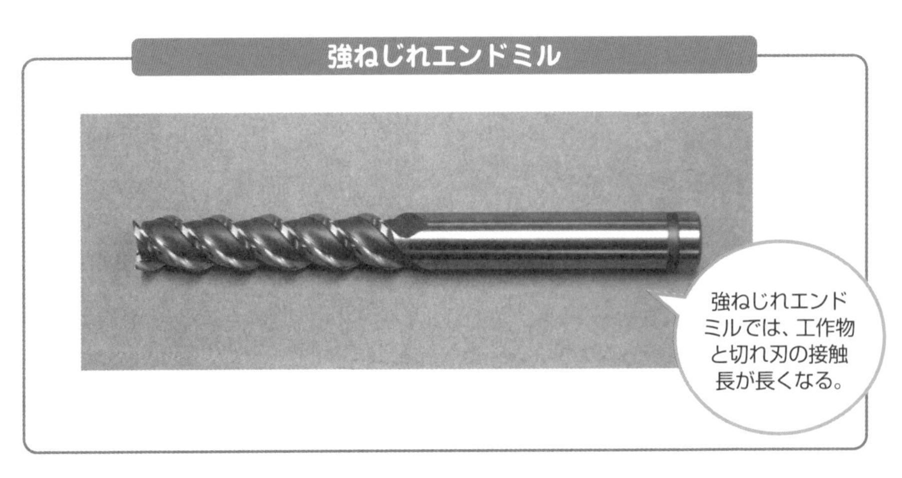

●ニック付きエンドミル

外周刃にニック切れ刃をもつエンドミルです。ニックは切欠きの意味で、外周刃にニックを付けることにより切りくずを細かく分断し、切りくずの排出性をよくします。荒削り、中仕上げに適したエンドミルです。

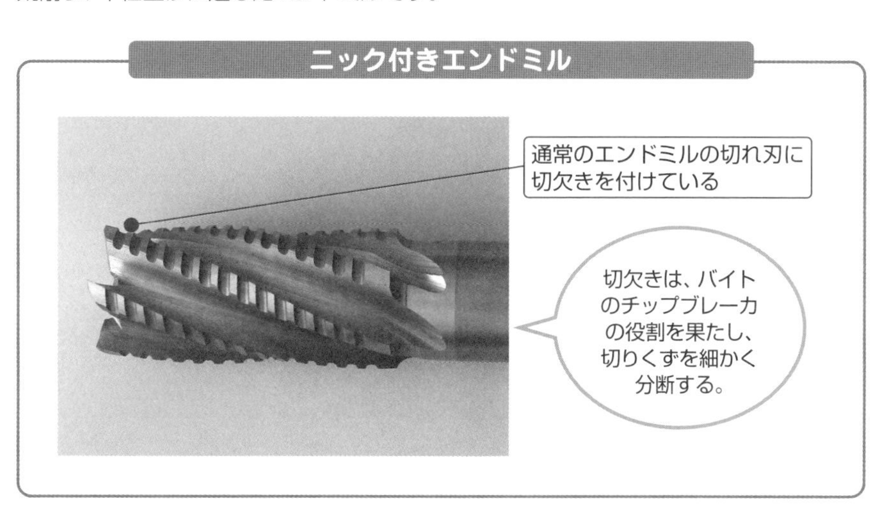

●荒削りエンドミル

ラフィングエンドミルともいいます。波形の外周刃をもつエンドミルで、荒削りに用いるエンドミルです。

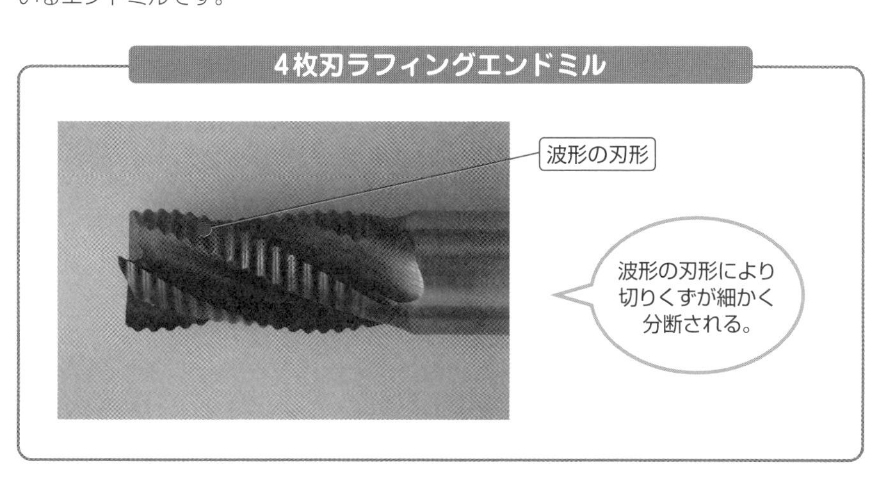

エンドミル各部の名称

ストレートシャンクタイプのエンドミル各部の名称を下図に示します。エンドミルの大きさは、外径、全長、刃長、シャンク径で表します。

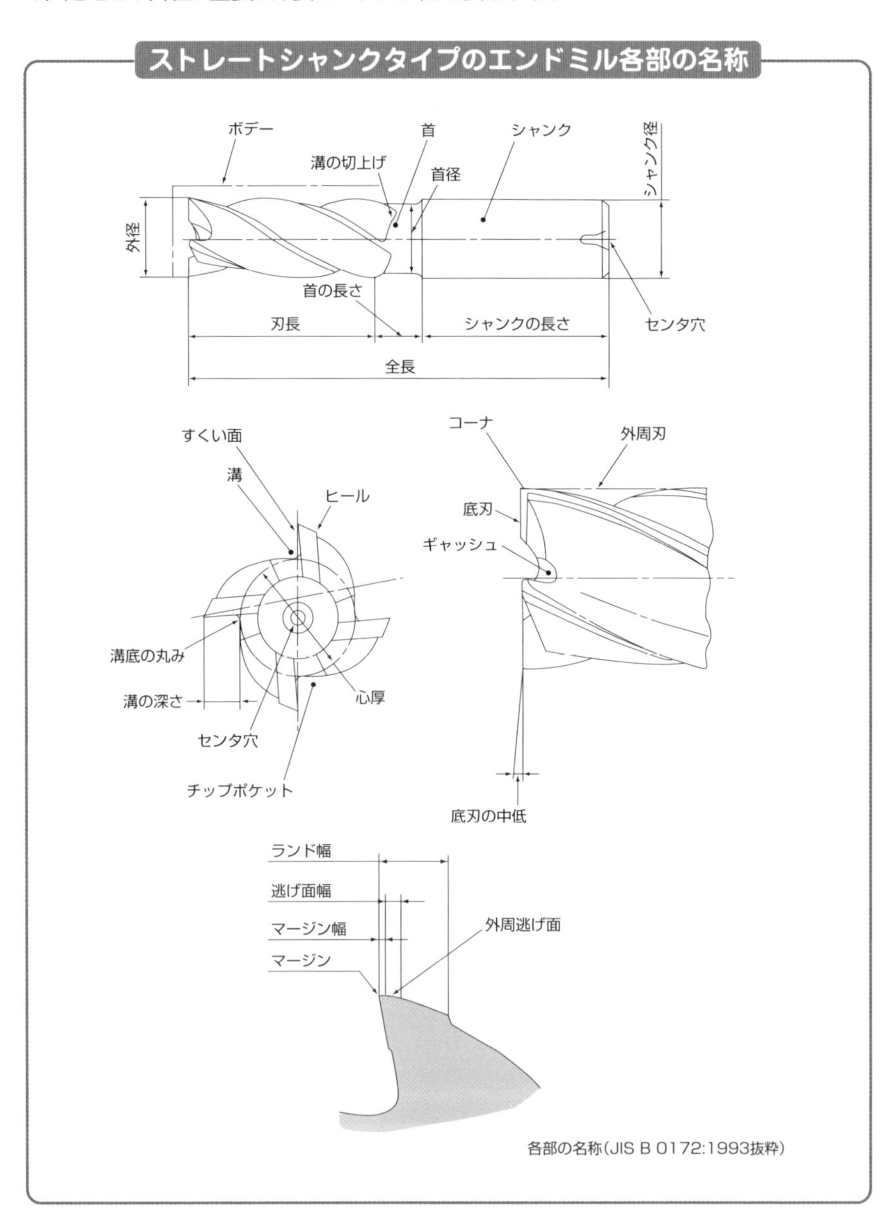

各部の名称(JIS B 0172:1993抜粋)

エンドミルの角

エンドミルの切れ刃角は図に示すように、**すくい角**と**逃げ角**によって決まります。すくい角が大きいと切れ味はよくなりますが、刃先強度が低下し、チッピングが発生しやすくなります。すくい角を小さくすると、刃先強度が増しますが、切れ味は低下し、加工面むしりやチッピングを起こします。

エンドミルの角

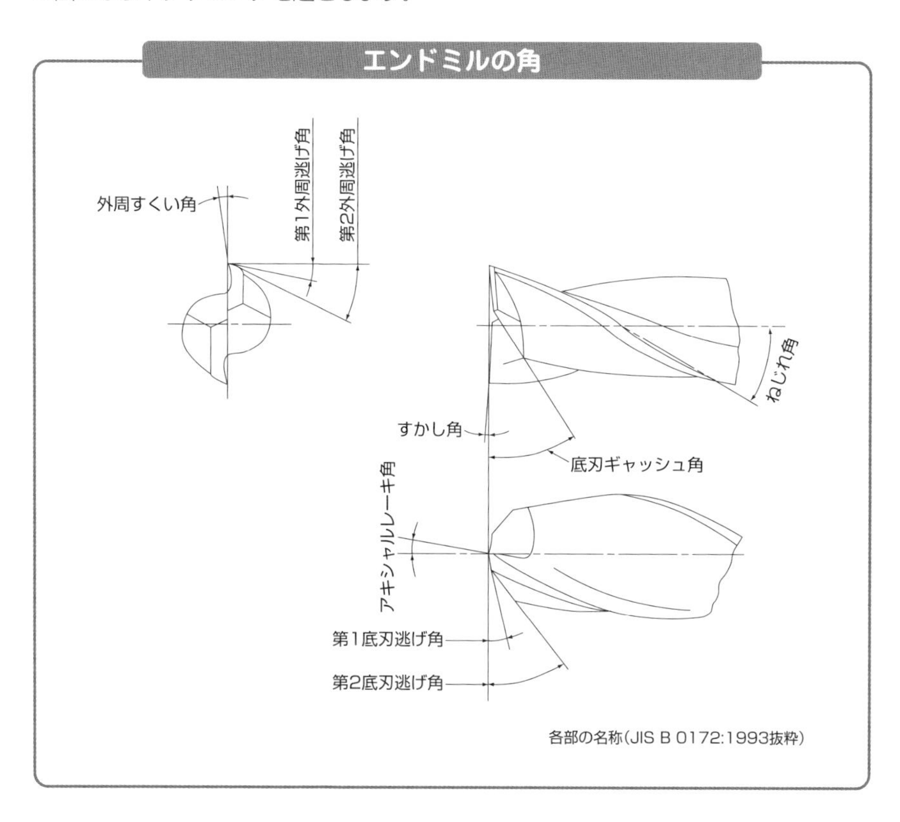

各部の名称(JIS B 0172:1993抜粋)

逃げ角を大きくすると刃先強度が低下し、チッピングを起こしやすくなります。また、外周刃の摩耗を早めます。逆に小さくすると、**二番当たり**（逃げ面に当たること）が生じやすくなり、逃げ面摩耗の進行を早めます。ねじれ角は、弱ねじれはキー溝エンドミルのように加工精度を重視する場合に用いられます。市販の汎用エンドミルのほとんどが普通ねじれ角で、加工精度と切れ味のバランスがよく、最も多用されるねじれ角です。強ねじれは、切れ味をよくしたものですが、切削抵抗が大きいのでチャックから抜け出ないように強い力で保持する必要があります。

2-4 シャンクタイプフライス

シャンクタイプフライスには、用途に応じて様々な種類があります。

シャンクタイプフライス

シャンクタイプフライスには、エンドミル以外に六角穴付きボルト用沈めフライス、面取りフライス、あり溝フライス、T溝フライス、柄付き等角フライス、半月キー溝フライス、コーナラウンディングフライスなどがあります。

シャンクタイプフライスのいろいろ

左から❶T溝フライス、
❷あり溝フライス、
❸柄付き等角フライス、
❹コーナラウンディング
フライス、
❺半月キー溝フライス

❶ ❷ ❸ ❹ ❺

COLUMN 時計用歯切り盤<フライス盤の歴史2>

現存する最古の機械時計は、パリ・シテ島の高等法院（現在の最高裁判所）の壁面にあります。1360年にアンリ・ド・ビックが製作したものです。

初期の機械時計の部品はすべて鍛冶職人の手づくりで製作されていましたが、やがて歯車や脱進機（エスケープメント）は、割出し装置を備えた機械でつくられるようになります。

写真は、ロンドンの科学博物館に保存されている時計用小歯車の歯切り盤で、スペイン、マドリッドのマヌエル・グティエレスが1789年に製作したものです。

機械の下にある無数の穴のあいた円盤が割出し板で、これにより決められた歯数の歯切りができました。ハンドル軸に取り付けられた舞いカッター（フライス）により切削された歯車は、時計職人によって正しい歯形にやすりで仕上げられました。

▼時計用歯切り盤（ロンドン、1789年、科学博物館蔵）

穴のあいた割出し板

2-5 ボアタイプフライス

ボアタイプフライスは、アーバを使用して取り付けるボア（穴）があるフライスの総称です。または機械に直接取り付ける穴をもつフライスです。

ボアタイプフライスの形状としては、ストレート穴をもつもの、テーパ穴をもつもの、ねじ付き穴をもつもの、キー溝付き、端面キー溝付き、などがJIS B 0172に規定されています。2-2節で述べた正面フライスもボアタイプフライスです。

次に横フライス盤や万能フライス盤のロングアーバに取り付けて使う主なボアタイプフライスについて紹介します。

むく平フライス

円筒フライスの一種で、外周面に切れ刃をもち、平面の仕上げ加工に用いるフライスです。**プレインカッタ**ともいいます。用途によって、普通刃、荒刃（あらば）1形、荒刃2形があります。

普通刃のむく平フライス

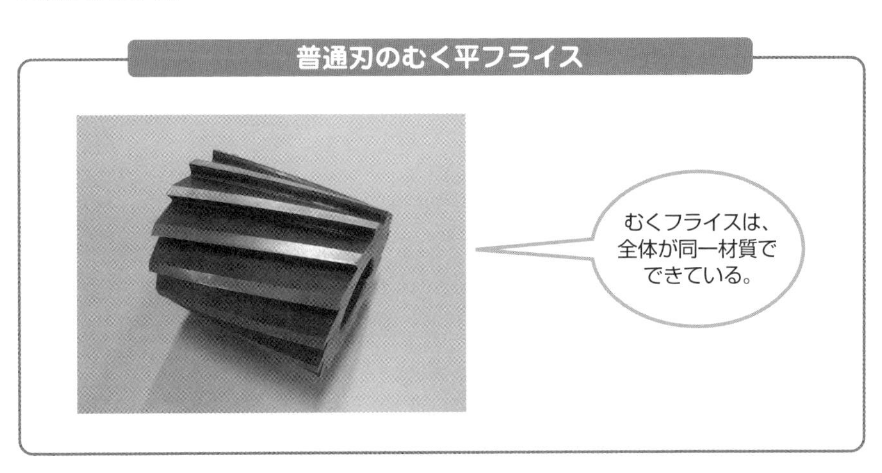

側（がわ）フライス

円筒フライスの一種で、外周面と両側面に切れ刃をもつフライスです。刃の形状によって、普通刃、荒刃、千鳥刃があります。**サイドカッタ**とも呼ばれ、溝や段の加工に使うフライスです。

普通刃と千鳥刃の側フライス

普通刃側フライス

千鳥刃側フライス

 メタルソー

メタルソーは、外周面に切れ刃をもち、材料の切断および溝加工に用いるフライスです。用途によって普通刃と荒刃があります。

メタルソーと形状がよく似たフライスに**すりわりフライス**がありますが、すりわりフライスは、小ねじ頭のすりわり加工に用いるフライスです。

メタルソーの両側面には、刃先から中心に向かって2／1000のこう配が付けられて、切断加工時に、工作物との摩擦が生じないようになっています。すりわりフライスには、こう配が付けられていないので、切断に使用することはできません。

技の五感「触覚」

フライス削りの仕上げ面の良し悪しは、目で見ただけではわかりません。名工の指先は、表面粗さ計のセンサーです。標準表面粗さ試験片の各段階の粗さを指先に記憶させましょう。

メタルソー

両側面は、
2／1000の
こう配が
付けられている。

角度フライス

角度フライスは2つの切れ刃が、それぞれの角度をもち、主として角度のある溝加工に用いるフライスの総称です。

片角フライスは、片側の切れ刃だけが角度をもつフライスです。等角フライスは、両側に等しい角度の切れ刃をもつフライスであり、不等角フライスは、両側に等しくない角度の切れ刃をもつフライスです。

片角フライスと等角フライス

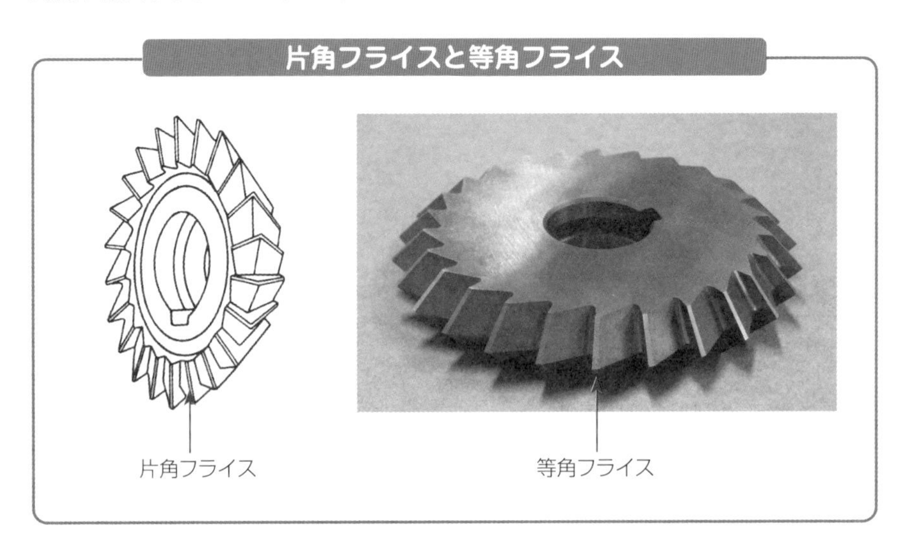

インボリュートフライス

インボリュート歯車の歯切り加工に用いるフライスです。切れ刃が歯形曲線のインボリュート曲線になっている二番取りフライスです。「**二番取り**」とは、逃げ面の形状が切れ刃と同一形状になっていることをいいます。したがって、切れ刃のすくい面を研削するだけで、切れ刃の形状を変えることなく新しい切れ刃が得られます。

インボリュートフライスとその刃先

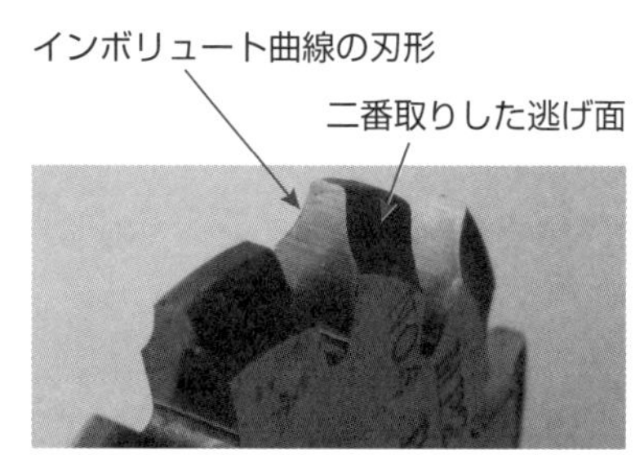

内丸フライスと外丸フライス

内丸フライスは、外周面に丸くくぼんだ切れ刃をもつ二番取りフライスです。外丸フライスは、内丸フライスとは反対に外周面に外丸の切れ刃をもつ二番取りフライスで、丸溝の加工に用います。外丸フライスは、ねじれ溝の加工にも使われます。

内丸と外丸フライス

内丸フライス

2つのフライスはともに二番取りフライス。

外丸フライス

COLUMN 粉末ハイス

粉末冶金法（ふんまつやきんほう）は、1909年にタングステンの加工に応用されてよく知られるようになった焼結冶金法です。通常の溶解法でつくられる際に生じる偏析や、不均一な組織を解消する目的で用いられます。超硬合金は、粉末冶金法でつくられていますが、この方法をハイスに応用したものが粉末ハイスです。

粉末ハイスの原料は、高速度工具鋼を溶解してつくる微粉末です。微粉末にした原料を焼結することによって、結晶粒が小さく金属組織がより緻密になりますから、通常の溶解ハイスに比べて、強靭（きょうじん）で、耐摩耗性に優れ、疲労に強く、靭性に富んだ工具材料となります。

また、組織が緻密で硬い材料であるにもかかわらず、被研削性に優れているため、切削性能の優れた高品質の工具（エンドミル）をつくることができます。

COLUMN 最古のフライス盤＜フライス盤の歴史3＞

現存する最古のフライス盤は、アメリカのホイットニー製作所で使われたもので、1820年頃のものと伝えられています。図では、送り台が失われた状態を示していますが、ニー（ひざ）とコラムをもつ、今日の横フライス盤の原型ともいえる機械です。プーリ（滑車）で駆動される、手前のウォーム軸は、必要に応じて、ねじ歯車の送り軸にかみ合わせて自働送りができるようになっています。

この機械の弱点は、切削工具と作業台の間の垂直移動装置（上下送り装置）がなく、二度の切削をするには、工作物と作業台の間にそのぶんの厚みの板を挿入して、取り付け直さなければならなかったことです。

旋盤の主軸に回転やすり（のちにフライス）を付けるという形式から発展してきたからです。

▼イーライ・ホイットニーのフライス盤

出典：L. T. C. Rolt, *Tools for the Job, A Short History of Machine Tools*, 1965

Chapter 3

測定器の種類と取り扱い

測定は、機械加工では必ず行われる基礎となる作業です。加工中の工作物が正しい寸法や形状かどうか、あるいは加工後に仕上げられた製品が図面に指示された寸法や形状になっているかどうかは、測定によって判断されます。したがって、加工の良し悪しや製品の良し悪しは、測定の正確さによることになります。

また、フライス盤作業では、万力の平行度や直角度の検査、工作物やフライス工具の芯出しなどにも、各種の測定器が使われます。

本章では、フライス盤作業に使われる主な測定器とその使い方、正しい測定方法について述べます。

3-1 フライス盤加工で使う主な測定器

フライス盤加工では、工作物の形状の測定のほかに、万力などの工具をテーブルに取り付けたときの工具の平行度、直角度などの検査、取り付けられた工作物の芯出し、フライスやエンドミルの芯出しなどがあります。

技能検定１級の測定器類

工作物の測定では、長さの測定、溝や段差の幅と深さの測定、加工面の角度の測定、中ぐりしたときの内径と深さの測定、あり溝間の幅の測定などがあり、それぞれその測定内容に適した測定器が使われます。

写真は、第９章の「技能検定１級、機械加工（フライス盤作業）の実技試験」に使われる測定器一式です。外側マイクロメータ３種（0～25mm、25～50mm、50～75mm）、分度器、金属製直尺、ノギス、平行ピン、スコヤ、デプスマイクロメータ（0～25mm）、そして写真に含まれませんがダイヤルゲージがあります。

技能検定１級、機械加工（フライス盤作業）の実技試験で使用する測定器

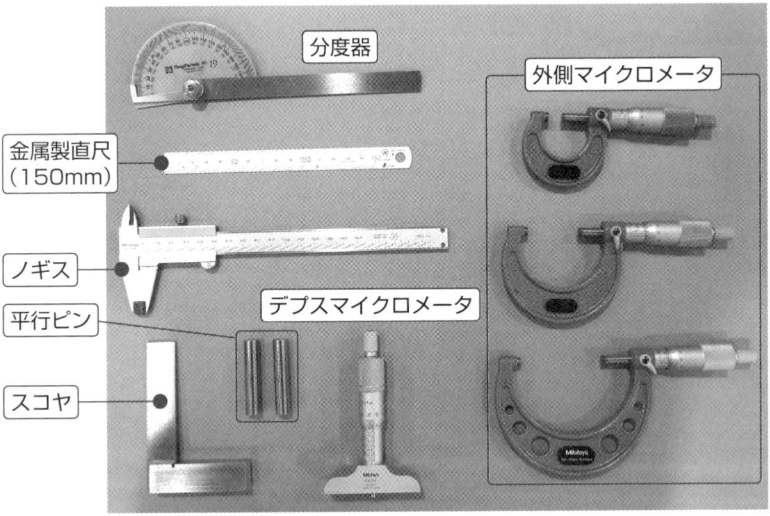

分度器
外側マイクロメータ
金属製直尺（150mm）
ノギス
デプスマイクロメータ
平行ピン
スコヤ

3-2 ノギス

ノギスは、はさみ尺の一種で、副尺（バーニヤ）が付けられているので、最小読み取り値0.05mm単位の測定ができます。

ノギス各部の名称と取り扱い

下の写真のノギスはM1形ノギスで、最も広く使われているタイプの測定器です。本尺に沿って、スライダが滑り動くようになっています。このノギスは、外側用ジョウにより外側の長さの測定、内側用ジョウにより内側の長さや溝の幅などの測定、デプスバーによって深さの測定ができます。

M1形ノギス各部の名称

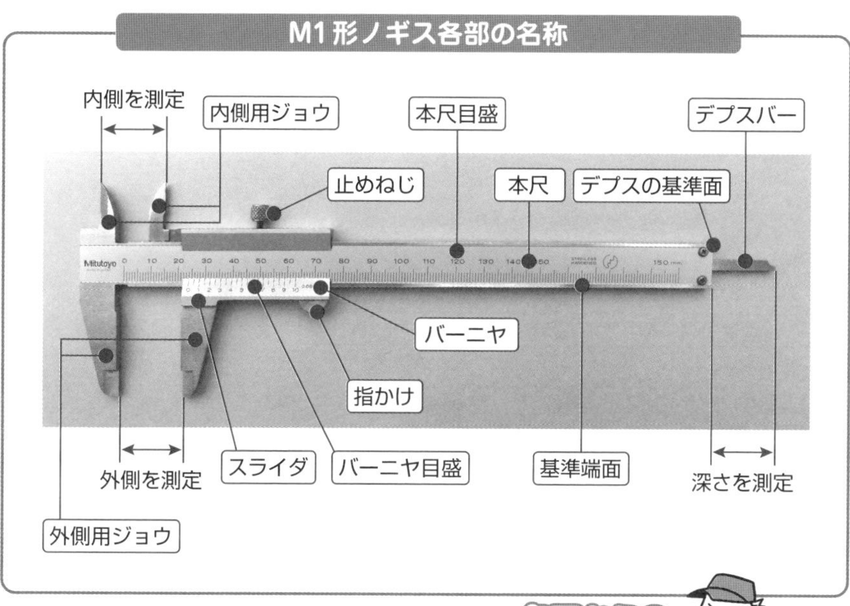

名工からのアドバイス

デジタル式ノギス

測定値をデジタルで表示するデジタル式ノギスは、0.01mmの精度で測定できます。

ノギスのバーニヤ部-読み11.70mm

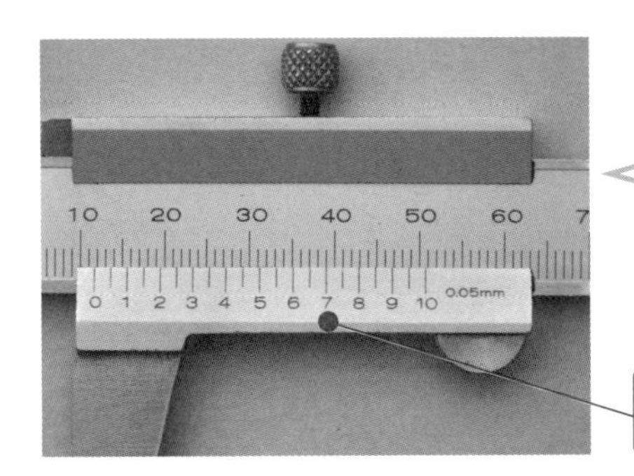

バーニヤの0の位置の本尺の目盛は11と12の間にある。次にバーニヤと本尺の目盛が一致するところが7であるので「11.70」と読む。

本尺とバーニヤの目盛が一致している

デジタル式ノギス

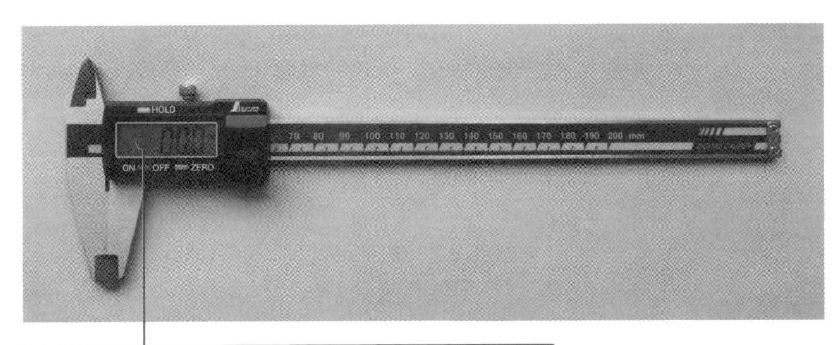

バーニヤがなく、測定値がデジタル表示になっている

フライス盤では、作業中の工作物の長さ、幅、高さを外側用ジョウにより測定します。溝加工では、その幅を内側用ジョウにより測定し、深さはデプスバーで測定します。

ノギスの扱い

ノギスのジョウが加工面に対して傾いていると、正確な測定ができません。常に正確な測定値になるように、ノギスの取り扱いの技を身に付けましょう。

ノギスによる長さの測定

工作物の長さは外側ジョウで測定する。

COLUMN ノギスは日本語

「**ノギス**」とカタカナで表記するので、外来語かと思われてしまいますが、ノギスは日本語です。英語ではバーニヤ・キャリパ（vernier calipers）といいます。

ノギスは、ドイツ語の「ノニウス（der Nonius）」、あるいはラテン語の「ノニウス（Nonius）」がなまってノギスといわれるようになりました。ノニウスは、副尺の発明者であるポルトガルの数学者ペドロ・ヌネシュ（Pedro Nunes、ラテン語でPetrus Nonius）の名に由来し、副尺を指す言葉でした。後にフランスの数学者ピエール・ヴェルニエ（Pierre Vernier）により、現在のノギスのキャリパ構造がつくられました。

英語で副尺を意味するバーニヤは、ヴェルニエの名に由来しています。

3-3 デプスゲージ

デプスゲージは、主にフライス盤で使う測定器で、工作物の深さや段差を測定します。

デプスゲージ各部の名称と取り扱い

深さはノギスのデプスバーでも測定できますが、デプスゲージでは、ベースの測定面が広いため、幅の広い溝の深さの測定ができます。測定精度は、ノギスと同じ0.05mmまで読み取ることができます。測定範囲は、DS形デプスゲージでは0～150mmです。

デプスゲージの各部名称

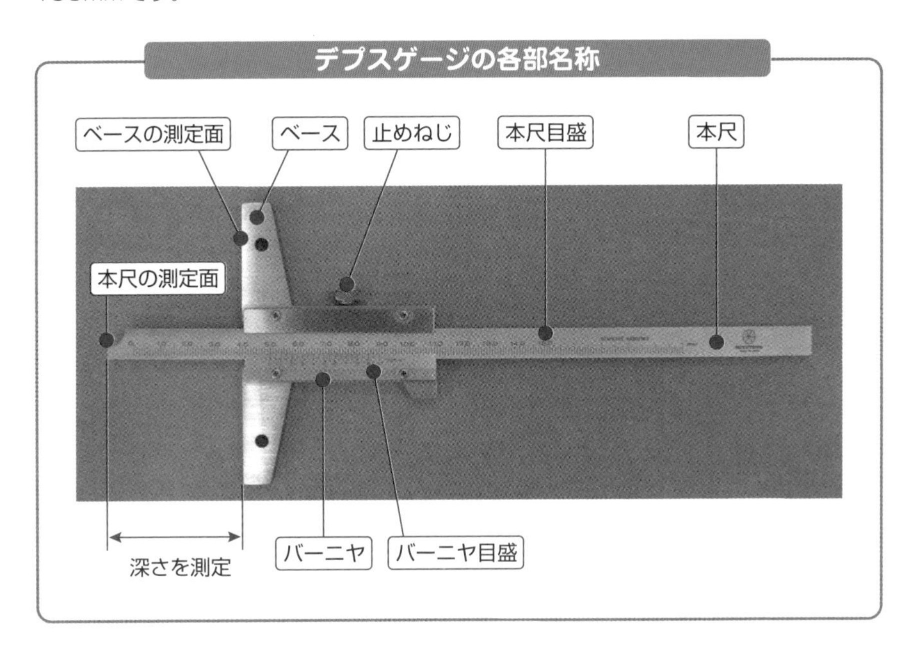

加工中の工作物のデプスゲージによる測定

デプスゲージではめあいの測定をする。

デプスゲージによる段差の測定。

3-4 外側マイクロメータ

工作物の長さや幅はノギスで測定できますが、より精密に測定するには外側マイクロメータを使います。マイクロメータは、精密に加工されたねじのピッチを基準として、そのねじが切られているスピンドル（回転軸）の移動量を測定値とします。

外側マイクロメータ各部の名称と取り扱い

マイクロメータには、内径を測定する内側マイクロメータ、深さや段差を測定するデプスマイクロメータ、ねじの有効径を測定するねじマイクロメータ、歯車の歯の大きさを測定する歯厚マイクロメータなど各種のものがあります。

フライス盤加工で主に使用されるマイクロメータは、外側マイクロメータとデプスマイクロメータです。マイクロメータは、精密な測定器ですので、その取り扱いには注意しましょう。

外側マイクロメータ各部の名称

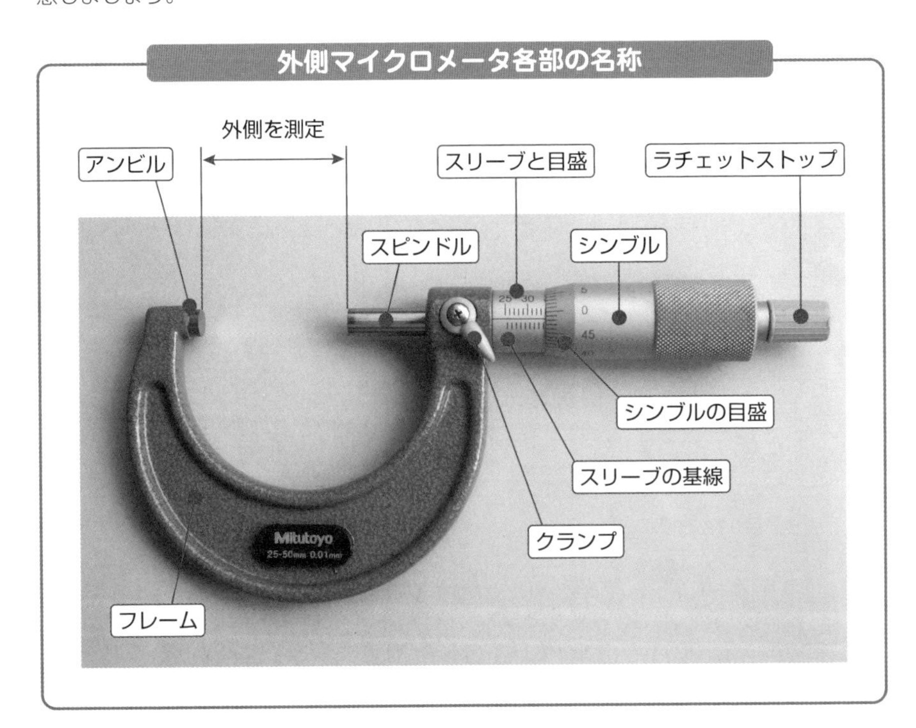

通常の測定では、左手でフレームの中心部を指でしっかりと持ち、右手でシンブルおよびラチェットストップを回して、測定物をアンビルとスピンドルで挟んで測定します。

技の五感「聴覚」

名工は、フライス盤作業中の様々な音に聞き耳を立てています。びびりは、耳障りな音なので誰にもすぐにわかりますが、名工はよい削りができているときの切削音を耳で覚えています。例えば、正面フライスの刃が1つ摩耗していたりするときの、わずかな異音を聞き取ります。

COLUMN マイクロメータの測定の原理

マイクロメータは、スリーブの中にあって外側からは見えませんが、スピンドルにピッチ0.5mmのねじが切られています。スピンドルと一体になっているシンブルの外周には、50等分の目盛が刻まれています。スピンドルが1回転すると0.5mmの移動量ですから、0.5mm÷50等分の目盛＝0.01mm／1目盛となります。マイクロメータでは、0.01mmの精度で測定できます。

▼分解したマイクロメータ

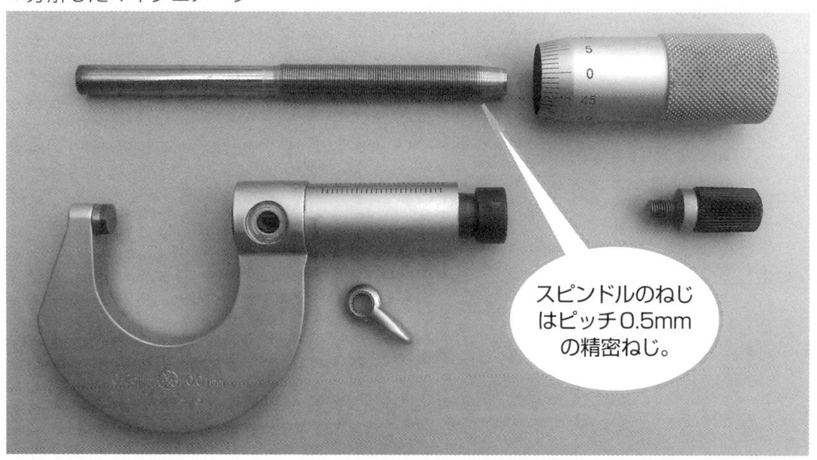

フライス盤では、写真に示すように工作物が万力に取り付けられた状態で測定するときには、外側マイクロメータを逆さまにして測定しなければならない場合があります。

測定値を読み誤らないように注意しましょう。また、測定時に自身の体がハンドルやレバーに触れることのないように正しい姿勢で測定するように心がけましょう。

加工中の工作物の外側マイクロメータによる測定

右手でフレームを持つ場合の測定。

ラチェットストップを回して測定する。

3-5 デプスマイクロメータ

デプスマイクロメータは、マイクロメータの一種で、深さや段差を測定するマイクロメータです。測定原理は、外側マイクロメータと同じで、0.01mmの精度で測定できます。

デプスマイクロメータ各部の名称と取り扱い

フライス盤加工では、デプスゲージと同様に段差や溝の仕上げ代（しろ）の測定によく使われる測定器です。

デプスマイクロメータ各部の名称

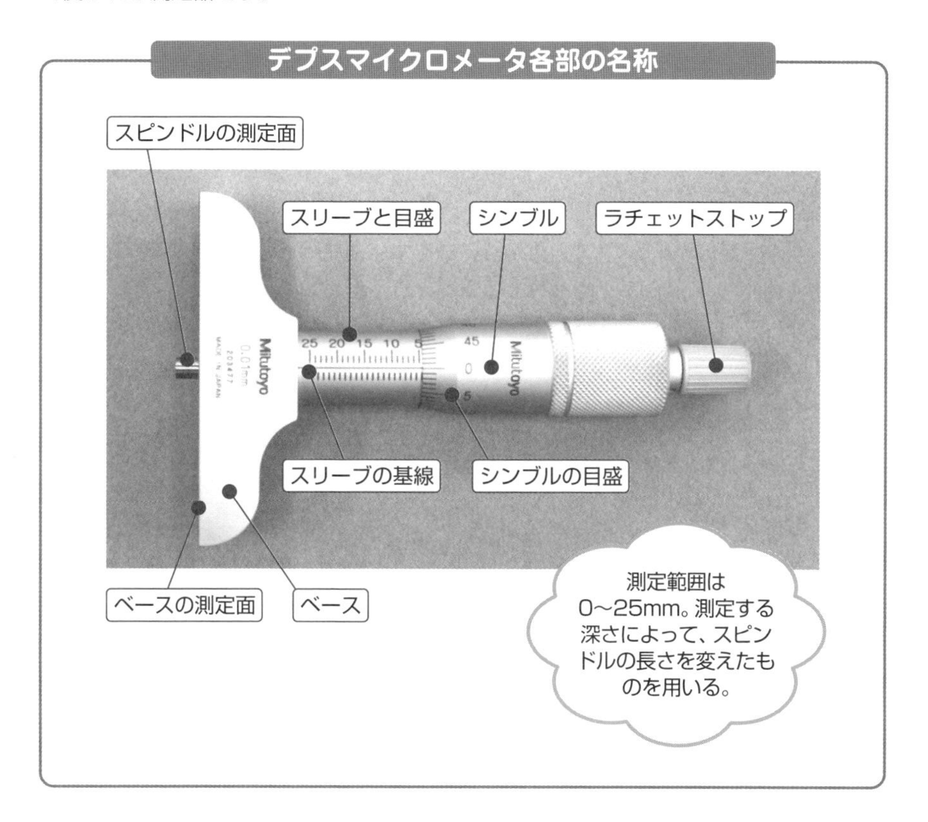

デプスマイクロメータによる段差の測定

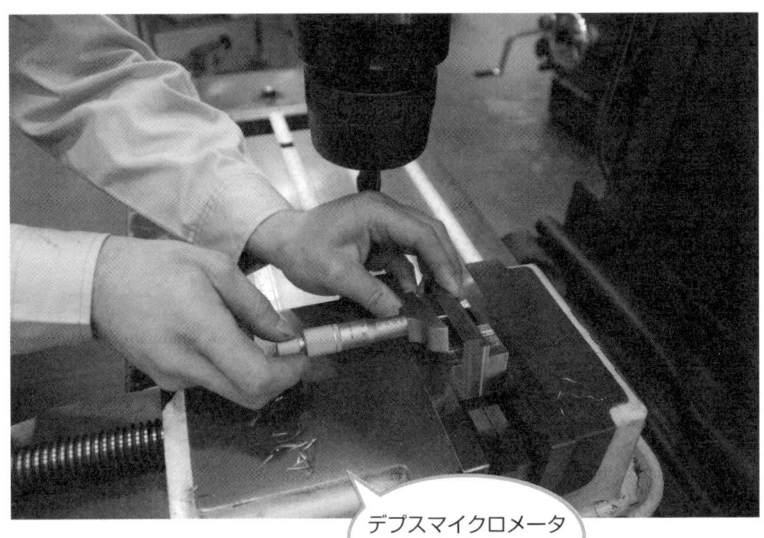

3-6 ダイヤルゲージ

ダイヤルゲージには標準型ダイヤルゲージと、てこ式ダイヤルゲージがあります。標準型ダイヤルゲージの測定範囲は0～10mm、最小目盛は0.01mmです。

ダイヤルゲージは比較測定器

てこ式ダイヤルゲージは、**テストインジケータ**とも呼ばれています。測定範囲が0～5mmと標準型ダイヤルゲージに比べて狭いですが、標準型では測定できない狭い場所の平行度などを測定できます。てこ式ダイヤルゲージには、測定子の動作方向を切り替えることができる切り替えレバー付きのクラッチタイプと、切り替えレバーなしのノークラッチタイプがあります。

ダイヤルゲージは比較測定器ですから、ノギスやマイクロメータのように長さを直接測定することはできません。フライス盤作業では、マグネットスタンドにダイヤルゲージを取り付けて、マシンバイスの平行度、直角度の検査に用います。また、ダイヤルゲージは、測定範囲が5mmまたは10mmですから、この範囲内でマシンバイスや工作物の傾き角（こう配）を測定できます。

標準型ダイヤルゲージの各部の名称

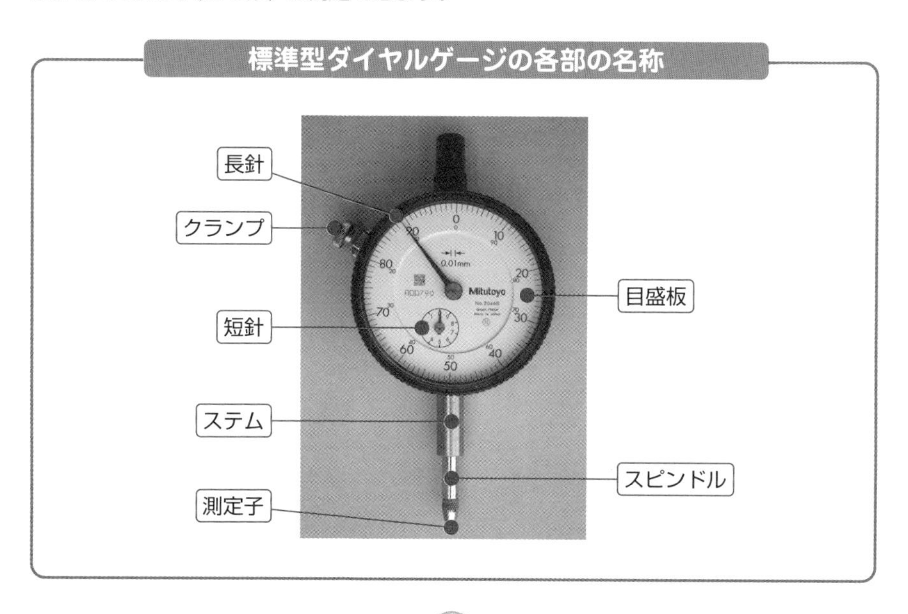

てこ式ダイヤルゲージ（ノークラッチタイプ）各部の名称

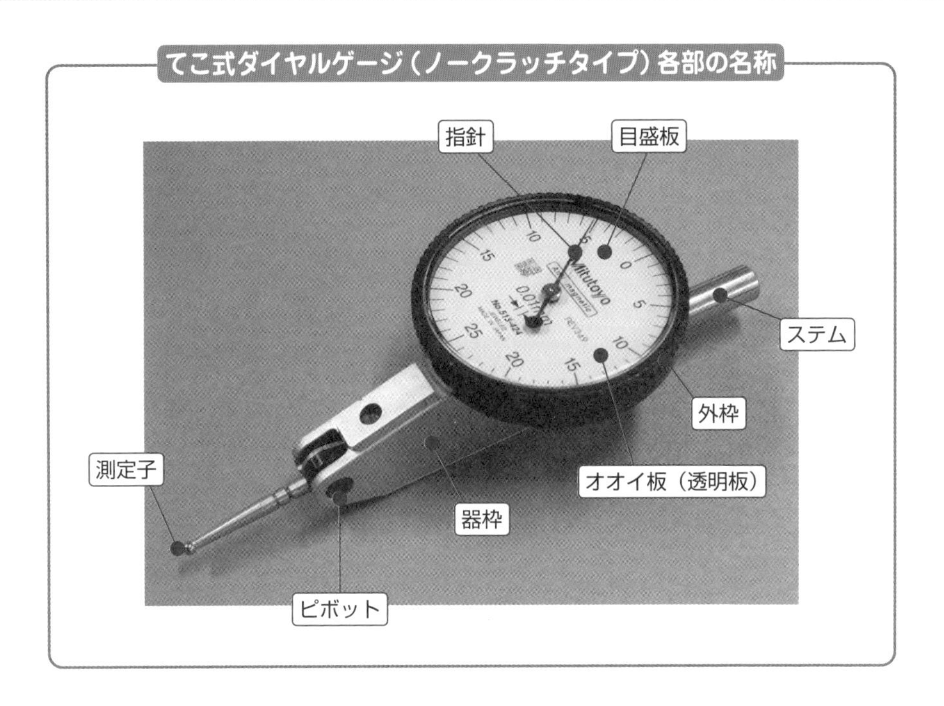

てこ式ダイヤルゲージによる平万力の口金の平行度の検査

てこ式ダイヤルゲージによる穴の芯出し作業

技の五感「視覚」

マイクロメータやダイヤルゲージの測定精度は0.01mm、ノギスは0.05mmですが、人間の目の精度はどれほどでしょうか。個人差はあるでしょうが、お札の厚みや髪の毛の太さは認識できますから、0.1mm以下の精度です。しかし、実際の測定となると人間の目は、あいまいになってしまいます。

名工は、すきまを見て判断します。ノギスのスライダを0.05mmだけ動かして、光りにかざして外側ジョウのすきまを見てみましょう。0.05mmのすきまがどの程度のものかがわかります。だんご針での芯出しのときは、名工は針先とけがき線とのずれを見て、0.1mm以下の精度で芯出しします。

3-7 分度器

分度器は**ベベル・プロトラクター**とも呼ばれています。

工作物の２面の角度を測定

フライス盤作業では、分度器を用いて工作物の２面の角度を測定します。平万力の口金と工作物に当てて、決められた角度に傾けて取り付けたりするのに使われます。

分度器

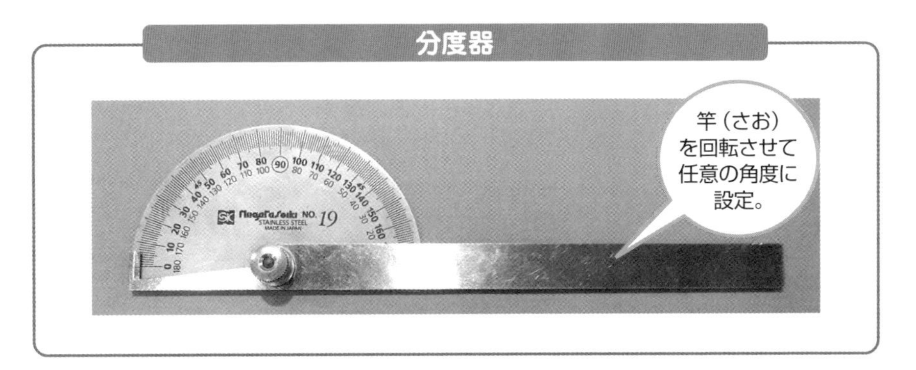

分度器の使い方

3-8 スコヤ

スコヤは、英語のSquareの日本語読みで直角定規のことです。台付き直角定規と平形直角定規があり、大きさは底面の長さと長片の長さで表します。

スコヤ各部の名称と取り扱い

フライス盤加工では、台付きスコヤのほうが安定していて使い勝手がよいですが、平形直角定規では、狭い場所でも測定できる利点があります。フライス盤加工では、工作物をバイスでつかむときに、工作物とバイスのすべり面との直角度を測定します。これは六面体加工のときに使います。

台付きスコヤと各部の名称

直角度、垂直度の測定に使用するスコヤ。

3-9 角度ブロック

角度ブロックは、工作物の傾斜面の角度を測定したり、バイスに工作物を一定の角度に傾けて取り付けるときに使用するゲージです。

各種の角度ブロックの取り扱い

90度の角度になっている**角度ブロック**は**Vブロック**と呼ばれています。丸棒の**けがき作業**＊などにも使われます。

角度ブロックのセット

名工からのアドバイス

技の五感「嗅覚」

フライス盤工の技に味覚はありませんが、嗅覚が働くことはあります。切削油のにおいです。切削熱で、切削油剤からは特有のにおいが発生します。切りくずの色と油のにおいから削りの良し悪しを判断します。

アジャスタブル角度ブロック

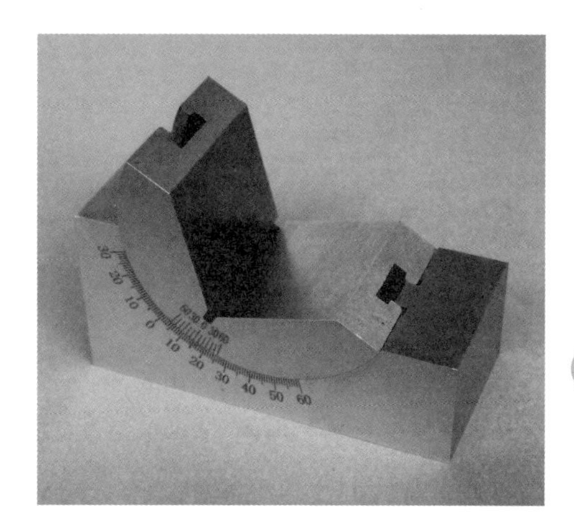

任意の角度に
設定できる
角度ブロック。

バーニヤ（副尺）が
付いているので
微細な角度の設定が
できる。

角度ブロック

2つの90度の
角度ブロックを使用
すれば、工作物を垂直
に固定できる。

＊**けがき作業**　寸法や位置などをけがき（罫書き）針などで書き入れること。

下の写真は角度ブロックの応用例です。2つの90度の角度ブロックを使い、六面体の加工をしているところです。このようにすれば、工作物の4面でつかむことになるので、スコヤで測定しなくても、バイスに対して垂直に工作物を固定することができます。

角度ブロック（上）を用いた六面体加工（下）

2つの90度の角度ブロックを対称形に置く。

3-10 平行ピン

平行ピンは、「ピンゲージ」とも呼ばれています。真円度、円筒度が高精度に加工されているゲージです。平行ピンは外側マイクロメータと併用して使います。

平行ピンによる測定

技能検定１級の課題にあるような「あり溝（みぞ）」の測定に使われます。平行ピンには、いろいろな直径のものがありますが、検定試験では径10mmのものを使います。

平行ピンによる測定

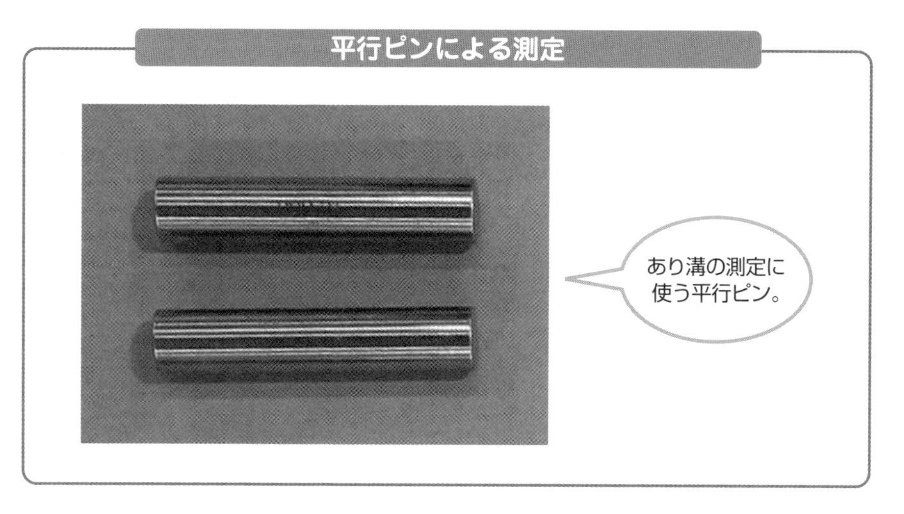

あり溝の測定

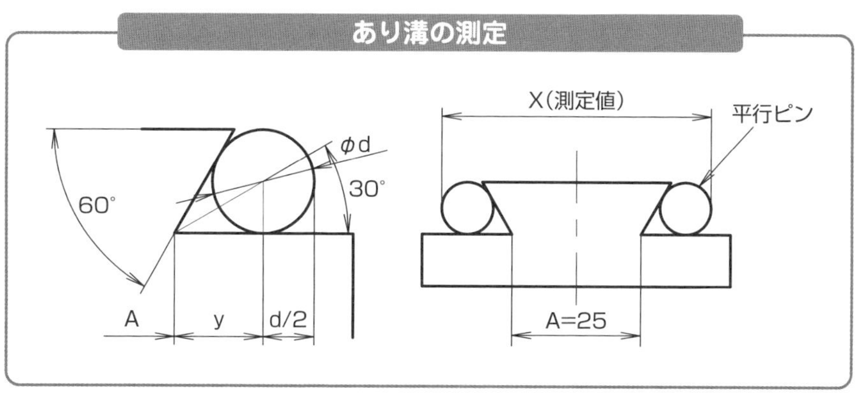

あり溝の測定

前ページの図に示したようなあり溝の寸法は、図面のうえではAの寸法として示されています。測定では平行ピンをあり溝に当てて、外側マイクロメータでXを測定します。前ページの図のとおり、Aの寸法は次の式で表されます。

$$A = X - 2 \times (y + d/2) = X - 2y - d$$

d：平行ピンの直径

$$y = (d/2) / \tan 30^\circ$$

A = 25の場合、$X = 25 + 2 \times 8.66 + 10 = 52.32$

52.32が仕上がり寸法になりますから、Xを測定して、その差の1／2が削り代（しろ）となります。あり溝が片方だけの場合は、「y＋d／2」を引いた値が、測定値です。

3-11 芯出しバー

芯出しバーはフライス盤で、工具の位置決めを行うときに使う加工物基準位置測定器です。アキューセンター＊とも呼ばれています。

 芯出しバー

芯出しバーは、コレットを使って10mmのストレート部を把握し、主軸に取り付け、先端部分を少しずらして偏心させます。400〜600min^{-1}でスピンドルを回転させながら、先端を工作材料の縁にゆっくりと送っていきます。完全に振れがなくなったとき、その瞬間に先端部が再びスライドする位置が、基準位置になります。

この位置で、送りハンドルの目盛を5mmに設定すれば、位置決めが完了します。芯出しバーの先端が直径10mmですので、主軸（切削工具）の軸心は工作物の測定面から半径5mm離れた位置が基準となります。

仕上げ段階では、工作物の仕上げ面にエンドミルの刃先を当てると傷を付けることになりますので、このようなとき、正確な芯出し作業に芯出しバーが使われます。

芯出しバー

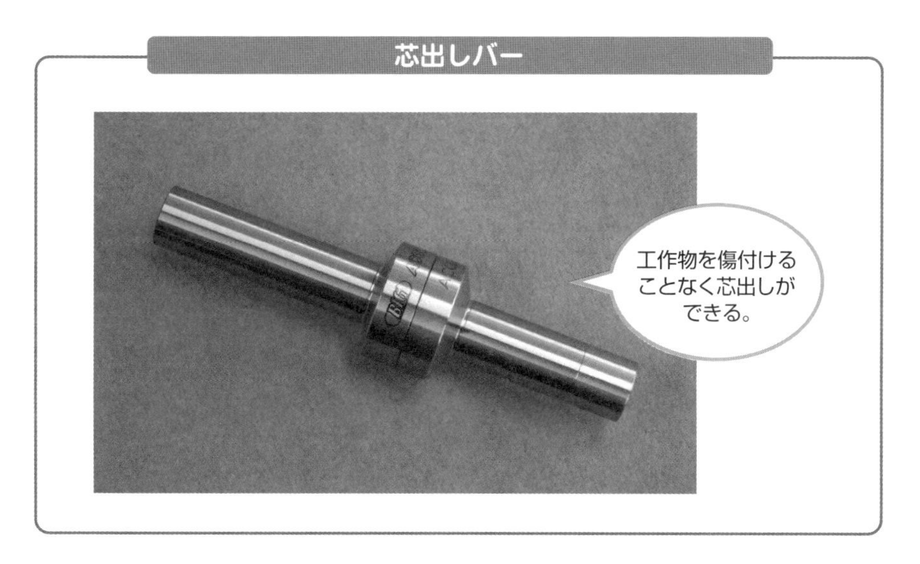

＊**アキューセンター**　大昭和精機株式会社の高精度芯出しバーの商品名。

3 測定器の種類と取り扱い

芯出しバーによる芯出し

COLUMN ナスミスのフライス盤＜フライス盤の歴史4＞

スコットランド出身の機械技術者ナスミス（J. Nasmyth）は、蒸気ハンマーの開発者として知られています。

ナスミスは21歳のとき、ねじ切り旋盤の製作で知られるヘンリー・モーズレイの工場で、アシスタントとして働くことになりました。その翌年、1830年頃にヘンリー・モーズレイの旋盤を用い、旋盤の主軸にカッター（フライス）を取り付け、横送り台に加工物用の小さな割出し軸を取り付けたフライス盤を製作しています。

このフライス盤は、ナットの六角形を割出しにより削り出すものでした。平面の切削に使われた初期の機械でしたが、これは旋盤をもとにしてつくられたため、垂直方向の調節、移動ができない機械で、限定された加工しかできないものでした。

▼ナスミスのフライス盤（1830年頃）

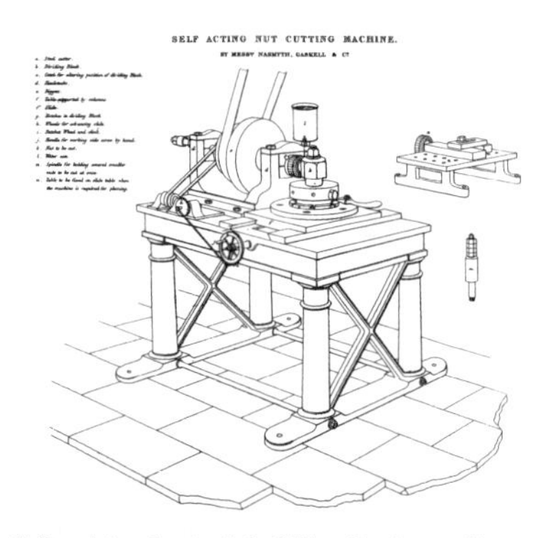

出典：John Cantrell & Gillian Cookson, *Henry Maudslay & The Pioneers of the Machine Age*, 2002

3-12 だんご針

技能検定の実技試験で、受検者が持参するものにだんご針があります。だんご針は、簡便に芯出しをする工具で、工作物のけがき線に沿って、主軸のX軸、Y軸の位置決めを行うものです。

だんご針の取り扱い

熟練すれば、0.1mm以下の精度で位置決めできます。写真に示すように、**だんご針**は、エンドミルに粘土のだんごを付け、それに針を刺したものです。だんご針を付けた主軸を低速で回転させ、振れて回転する針に側面から指先を当てて、針の振れがない状態にします。

このとき、針先は、主軸の軸心を示しています。針先を目的の位置にもっていき、手送りハンドルのマイクロメータカラーを0にリセットすることで位置決めができます。だんご針の利点は、エンドミルを工作物に接触させることなく、芯出しと位置決めができることです。最近では、前項の芯出しバーが普及し、だんご針はあまり使われなくなってきています。

だんご針

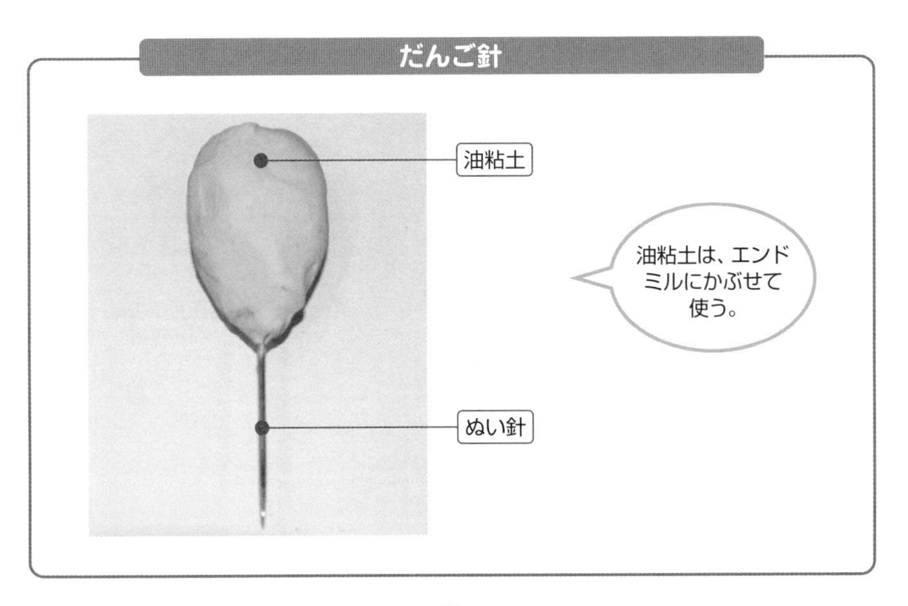

だんご針のセット

だんご針の粘土をエンドミルにかぶせて取り付ける。

主軸を低速で回転させ、回転する針に指先の腹を当て、針の振れをなくす。

振れがない回転針の針先を工作物のけがき線に合わせる。

だんご針を使う

だんご針は回転させて、工作物のけがき線に針先を合わせる。

Chapter 4

フライス盤の基本操作と作業

本章では、フライス盤の基本操作と作業について学びます。誤った機械操作や工具の取り扱いは、危険を呼び寄せることになります。機械の仕組みと機能をよく理解して、その操作に慣れることが大切です。考えながら操作レバーやハンドルを回すようなことはしないようにしましょう。

実際の作業では、作業姿勢のよい身のこなし方を身に付けましょう。スポーツの世界でも、一流の選手は、無駄のない美しいフォームでプレーしています。フォームが悪くてはよい結果は出せません。フライス盤作業においても、正しいフォームが安全作業の本来の姿であり、よい仕事につながると心得ておきましょう。

4-1 作業の安全と作業姿勢

フライス盤加工では、高速で回転するフライスが作業者の目の前にあります。作業姿勢をよくして機械や切削工具に巻き込まれないように作業の安全を心がけましょう。

正しい作業姿勢

作業者（フライス盤工）の立つ位置は決まっています。ひざ形フライス盤の場合はニーの前に立ちます。ベッド形フライス盤では、ベッドの前に立ちます。基本的にこの位置から離れてする作業はありません。

主軸変速レバーの操作や、主軸にクイックチェンジアダプタなどの取り付け、取り外しをするときは、移動してその前に立つことがありますが、切削中や測定のときは、常にニーまたはベッドの前に立ちます。この位置が、最も安全な位置でもあります。

フライス盤工の立つ位置

作業姿勢がよいときは、作業者の体が機械に触れることはありません。機械に触れるのは、ハンドルやレバーを回す手だけです。体が機械に触れるようになると、作業着が汚れます。フライス盤は、主軸は停止していても自動送り装置は運転状態になっています。自動送りレバーに体が触れたりして、突然、機械が動き出し、巻き込まれるといった事故にならないように、作業姿勢には十分注意しましょう。また、フライス盤の場合、測定のときなど機械に触れやすくなるので、よく注意して作業を進めましょう。本書で紹介しているフライス盤は、テーブル手送りハンドル以外は、すべてニーの前面部に配置されています。

フライス盤に限らず、機械を扱う人間の体格は様々です。フライス盤は、作業者の体格に合わせてつくられていませんから、作業しやすいように自身の体格に合わせて、**作業用足場板**（**ざら板**）を用意しましょう。立てフライス盤では、切削しているときに、斜め上から見下ろす位置になるのがよいです。2番のフライス盤では、身長170cm程度の体格の人は作業用足場板は必要ないですが、コンクリートの床上での長時間の立ち作業は、両足に大きな負担がかかります。数センチの高さでもよいですから足場板を置くとよいでしょう。

作業用足場板

足場板は作業者の身長に合わせてつくる。

作業の安全

フライス盤における操作と作業上の注意事項です。前項の作業姿勢とともに、次の点に注意して作業しましょう。

❶作業着、安全靴、帽子、保護眼鏡などをきちんと着用しましょう。作業着の裾が乱れていたりすると機械に巻き込まれます。

❷機械のまわりに配置する切削工具や測定器などは、作業中も整理整頓しておくことを心がけましょう。特に、測定器と切削工具をごちゃまぜにして置くなどということがないようにしましょう。

❸作業開始前の機械各部の点検、終了後の清掃と片付けは、きちんとやりましょう。

❹開始前には試運転をして、各部に異常がないか、確認しておきましょう。

❺フライス盤の主軸が回転して切削状態にあるとき、切りくずが飛ぶ方向に立つことがないように注意しましょう。また、切削部に顔を近付けてのぞき込むというようなことがないようにしましょう。他人の機械においても、回転している工具の正面に立たないように注意しましょう。

❻フライスの回転が完全に停止していない状態においても、手を触れるようなことは絶対にしないようにしましょう。

❼主軸回転数の変換レバーを操作するときは、機械が完全に停止してから行うようにしましょう。手送りハンドルやレバーの操作において歯車のかみ合いが悪いときには、チャックを手で回して、かみ合い位置を得るようにしましょう。

❽手送りハンドルの操作には、十分習熟してから作業に取りかかるようにしましょう。誤って逆方向に工作物を送るような操作は、大変危険なことです。

姿勢

名工は、いかに長時間作業をしても作業着が汚れることはほとんどありません。作業姿勢がよいからです。つまり、機械に体（作業着）が触れるような動作がないからです。姿勢がよければ、無駄な動きがないので作業効率は上がり、体も疲れません。作業の安全のためにも、姿勢をよくしましょう。

4-2 フライス盤の作業準備、保守、点検

フライス盤作業を始める前の準備として、フライス盤の保守、点検、給油などはマニュアルに沿って行います。これを怠ると機械の故障や事故につながります。

 作業前の点検と給油

フライス盤の始動スイッチを入れる前に、フライス盤の各部の**点検**と**給油**を行います。

❶機械は、潤滑油があって滑らかに動いています。それぞれの機械には、潤滑油の量を確認できる点検窓があります。潤滑油の量が基準のレベル以下のときは、指定の潤滑油を給油します。

フライス盤では、主軸頭、コラム、ニー（またはベッド）の部分に点検窓があります。

立てフライス盤（2MF-V型）の給油口＊

記号は次ページの表を参照

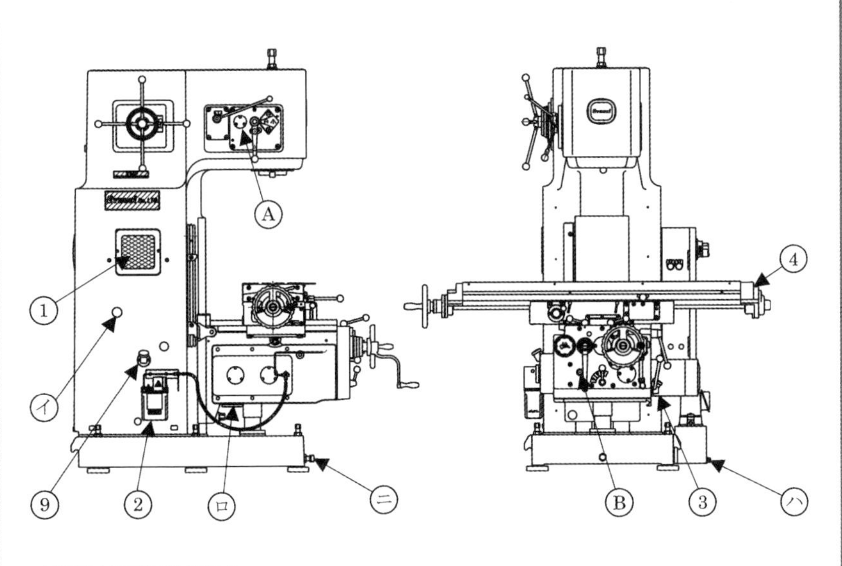

＊提供：株式会社エツキ

▼給油箇所

給油口	給油箇所	給油方法	油量確認窓	油抜取り口	給油上の注意
①	コラム左上側面 コラムギヤ ボックス内	油差し	①	イ	油面計の標示線まで給油（半年～1年ごとに更油のこと）
②	摺動（しゅうどう）面タンク	油差し			油面計の標示線まで給油
③	ニー右側面	油差し	③	ロ	油面計の標示線まで給油（半年～1年ごとに更油のこと）
④	テーブル右上面	グリースガン			約6か月に1回、適量給油
⑨	バーチカル スタンド内油タンク	油差し	⑨	ニ	油面計の標示線まで給油（半年～1年ごとに更油のこと）

A：　コラム内潤滑油流れ確認窓

B：　ニー内潤滑油流れ確認窓

ハ：　切削油抜取り口

バーチカルスタンド（コラム下部）内の⑨油タンクの油面点検は、ニーを最下位の位置にして行います。

❷テーブル上面の傷の有無を点検します。傷がある場合には油砥石（あぶらといし）でばりなどを取り除いておきます。

加工素材の色

名工の目は、加工素材の材質を微細な色の違いで見分けます。同じ鋼材でもステンレス鋼は白っぽく見え、クロム鋼は黒っぽく見えます。銅合金でも砲金と黄銅と青銅、それぞれ肌の色合いが微妙に違います。

機械の点検①*

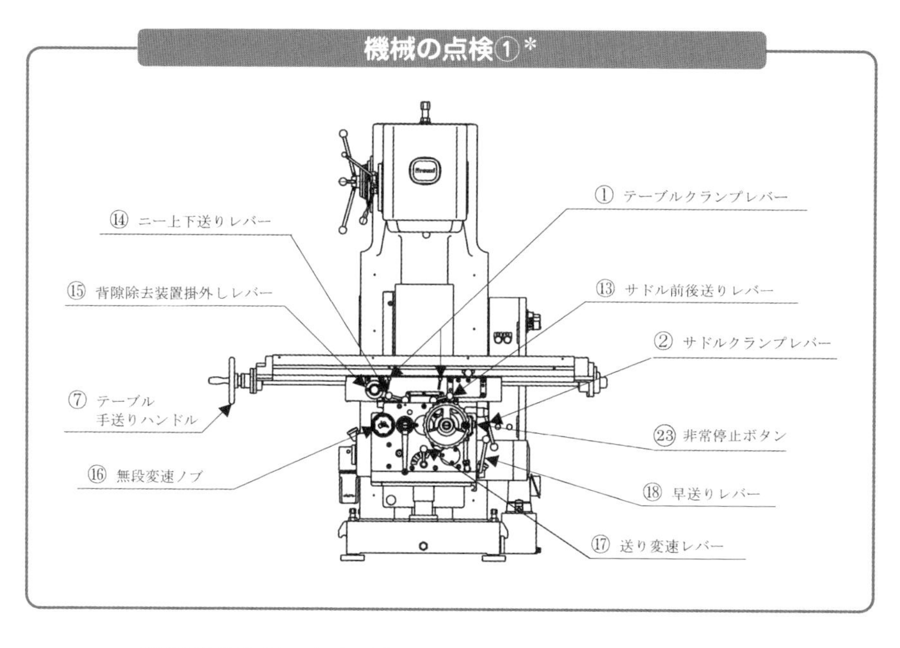

機械の点検②*

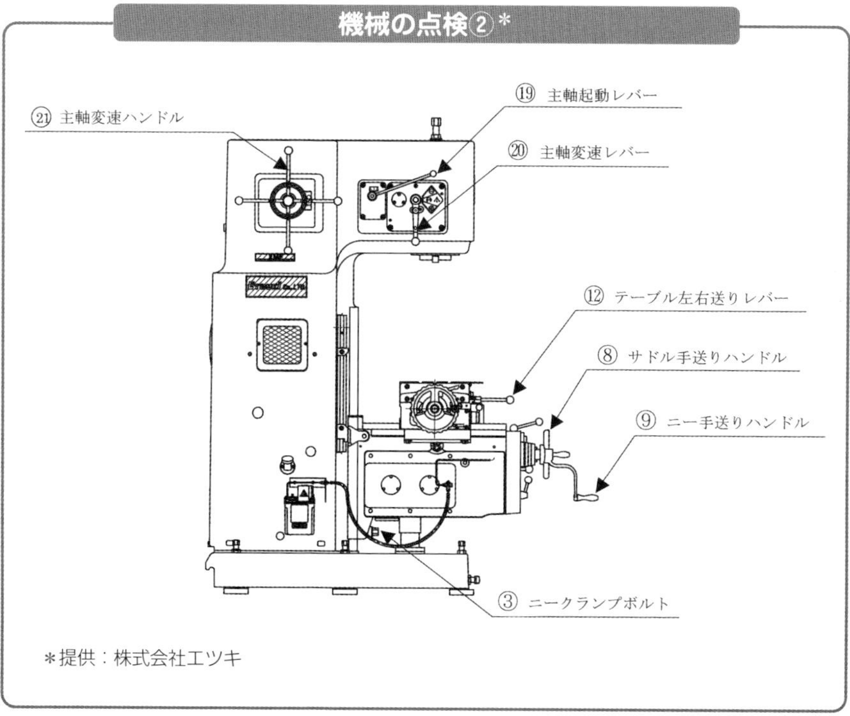

＊提供：株式会社エツキ

❸テーブル、サドル、ニーの各手送りハンドルを操作し、不具合がないか確認します。

❹テーブル、サドル、ニーの各手送りハンドルの操作具合を確認できたら、次に自動送りレバーを操作し、動作を確認します。各ハンドルごとに、自動送りレバーを入れた状態で、早送りレバーを操作し、点検します。

早送りレバーの動きを確認するときには、バックラッシ除去装置が入っていないことを確認してから行います。

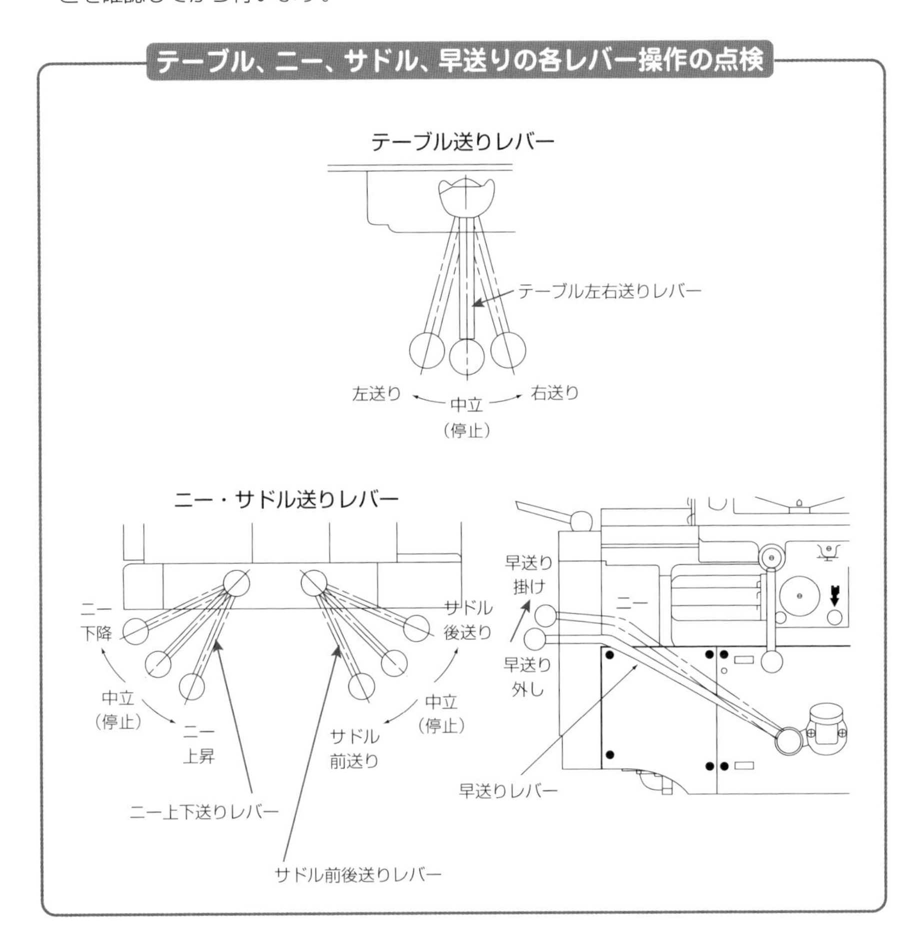

❺テーブル、サドル、ニーのクランプが確実に働くかどうか、点検します。

❻テーブル、サドル、ニーのマイクロメータカラーの移動・固定が確実にできるかどうか、点検します。

❼テーブル、サドル、ニーの手送りハンドルが、手送り操作をしていない状態のとき、クラッチが外れて空回りするかどうか、点検します。

❽テーブルのバックラッシ除去装置が確実に働くかどうか、点検します。

起動後の点検と作業上の諸注意

❶電源スイッチ、起動レバーを入れて中程度以下の回転数で主軸を回転させてみましょう。運転音に注意し、異常がないかを確認します。
空運転の際、クイックチェンジアダプタに工具などが取り付けられていない状態で高速で回すのは、危険です。

❷アーバやフライスの取り付け、取り外しのときは、万一、レバーが動いたり、スイッチが入ったりしても、主軸が回転しないように、電源スイッチは切っておきます。

❸自動送りをかけるときは、ドッグの位置を確認しておきます。

❹サドルの自動送りをかけるときは、コラムとテーブルの間に、物が置かれていないことを確認します。常に、サドル上には物を置かないことに留意します。

❺主軸の回転速度変換では、歯車やクラッチの掛け外しをするときは、主軸の回転が止まる寸前のごく緩やかに回っているときに操作するようにします。回転中あるいは停止中に無理にかみ合わせることのないようにします。

❻切削加工中に、フライスの刃先と同じ高さの目線で、切削状態を観察しないようにします。けがき線と切削面を確認したい場合は、送りを停止して行います。

❼作業前点検と同様に、テーブルのバックラッシ除去装置は働いていない状態で、早送りレバーを操作します。

作業終了後の清掃と点検

❶作業を終了したら、クイックチェンジアダプタの切削工具、バイスの工作物、切りくずなどを片付けて、清掃します。清掃後は、ベッドの上面やバイスの口金などに防錆(ぼうせい)用の油を塗布しておきましょう。

❷テーブルは、サドルが中央になる位置に置き、サドルは、ニーの上下送りねじの中心となる位置に置きます。ニーは、なるべく低い位置に下げておきます。

❸バイスは、口金が少し開いた状態にしておきます。

❹テーブル、サドル、ニーのそれぞれのクランプレバーが掛かった状態でないことを確認しておきましょう。機械や工具は、各部に応力のかかっていない状態にしておくことが基本です。

4-3 各手送りハンドルと送りレバーの操作方法

立てフライス盤には、X軸のテーブル手送りハンドル、Y軸のサドル手送りハンドル、Z軸のニー手送りハンドルがあります。

手送りハンドルの回し方と動き

ひざ形立てフライス盤の**テーブル手送りハンドル**、**サドル手送りハンドル**、**ニー手送りハンドル**の、3つの手送りハンドルは、図のように回転方向と各部の動く方向が決まっています。各ハンドルは右回転で、X軸、Y軸、Z軸の正の方向に動きます。とっさの場合にも、瞬時に工作物を逃がすことができるように、ハンドルの回転方向と機械の動きに慣れておく必要があります。

ハンドルの回転方向と各部の動き

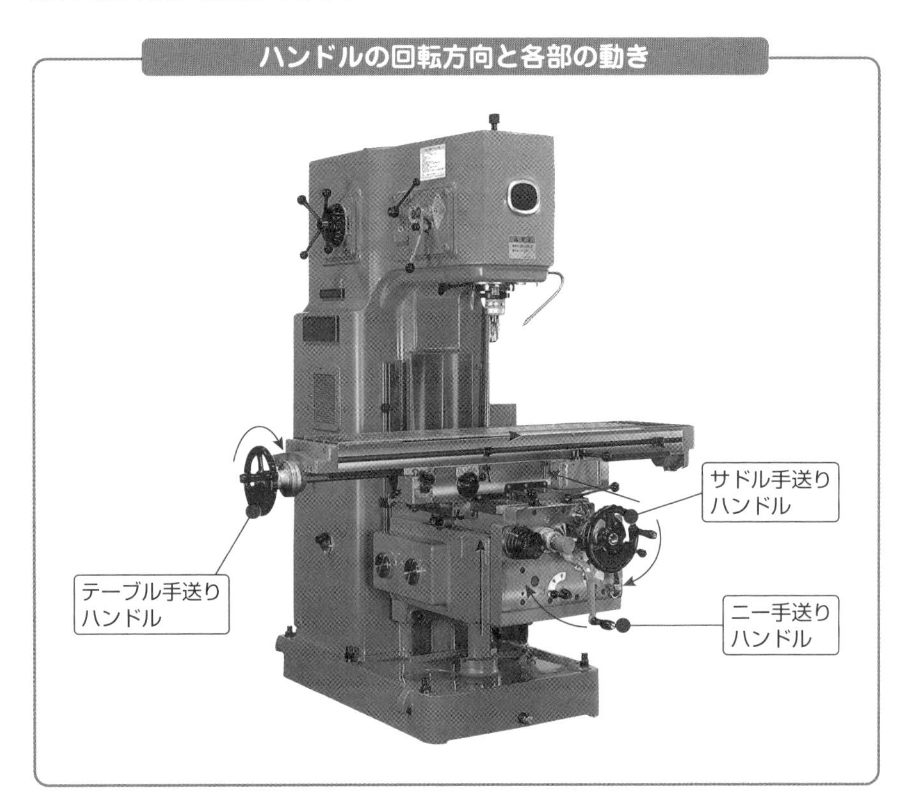

立てフライス盤の3つの手送りハンドルは、早送りの場合と切削時でその回し方が異なります。早送りの場合は、にぎりの部分を持って片手で回します。

切削時や寸法を測るために精密に送るような場合には、ハンドルのにぎりではなくハンドルの外周を両手で持って回します。片手で回すときにも、ハンドルの外周を持って回します。両手で回せば、ミクロン単位の細かな送りができます。

テーブル手送りハンドルの回し方

サドル手送りハンドルの回し方

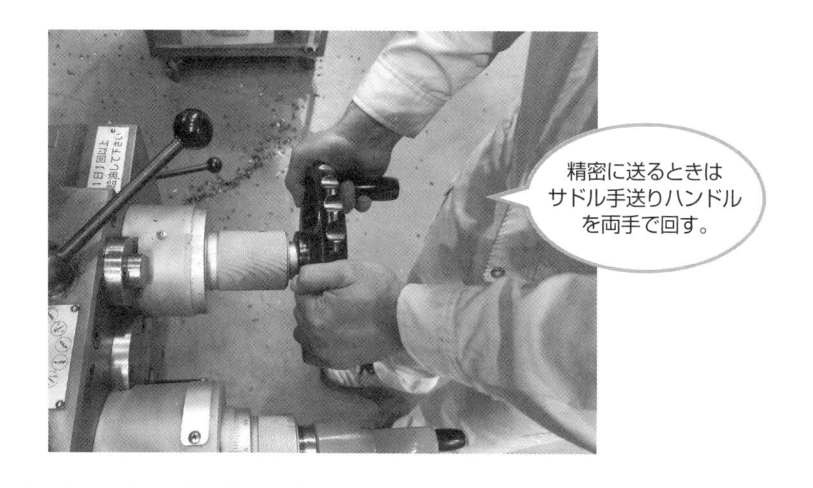

ニー手送りハンドルの回し方

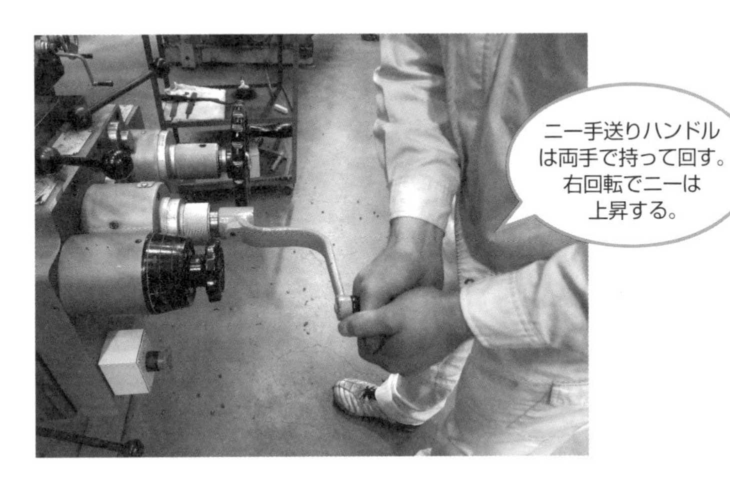

COLUMN ホブ盤

ホブ盤は歯切り盤の一種で、**ホブ**と呼ばれる切削工具を回転させて、歯車の歯切りを行う工作機械です。ホブはインボリュート歯形の円筒フライスですから、ホブ盤はフライス盤の仲間です。ホブの種類を換えることで、スプロケットやスプラインの歯切り加工ができます。

◀昭和初期の国産のホブ盤
（オリオン機械株式会社蔵）

4-4 機械万力の取り扱いと工作物のつかみ方

工作物は機械万力によって保持します。このため、工作物の加工精度は機械万力の精度によって決まります。

平万力各部の名称

機械万力（**マシンバイス**）には、第1章で述べたように、平万力、旋回万力、傾斜万力があります。ここでは、立てフライス盤および横フライス盤で最もよく使われる、平万力の取り扱い方について説明します。平万力は、工場現場ではマシンバイスまたは略して「**バイス**」と呼ばれています。

平万力（マシンバイス）各部の名称

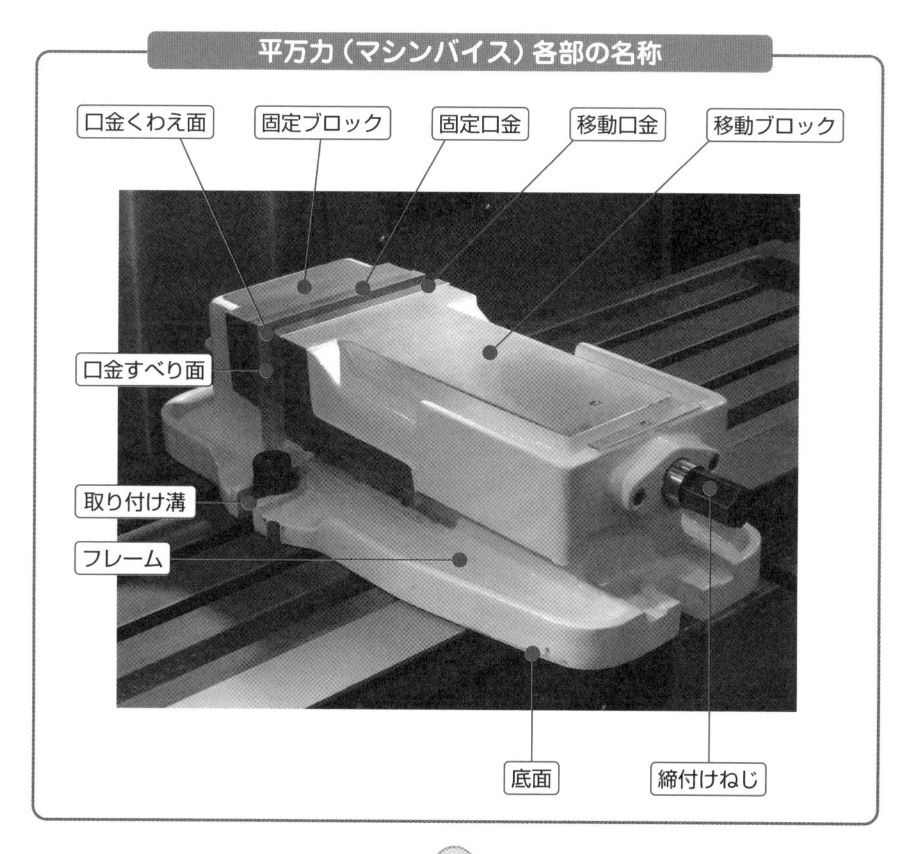

平万力の取り付け方

平万力の取り付けは、以下の手順で行います。

❶テーブルの上面および平万力の下面をていねいに清掃し、傷の有無を点検する。傷がある場合には、油砥石で傷で生じたばりやふくらみを取り除きます。

❷万力の下面にテーブルの溝に入るキーがあり、テーブルの移動方向と口金の方向を平行に取り付ける場合およびテーブルの移動方向と口金の方向を直角に取り付ける場合があり、キーの取り付け位置を付け替えて使います。
一般的には、テーブルの左右送りで主に切削するため、テーブルの移動方向と口金の方向が平行になるように取り付けます。つまりハンドルが作業者の前になるように取り付けます。

平万力の底面のキーと口金の方向の関係

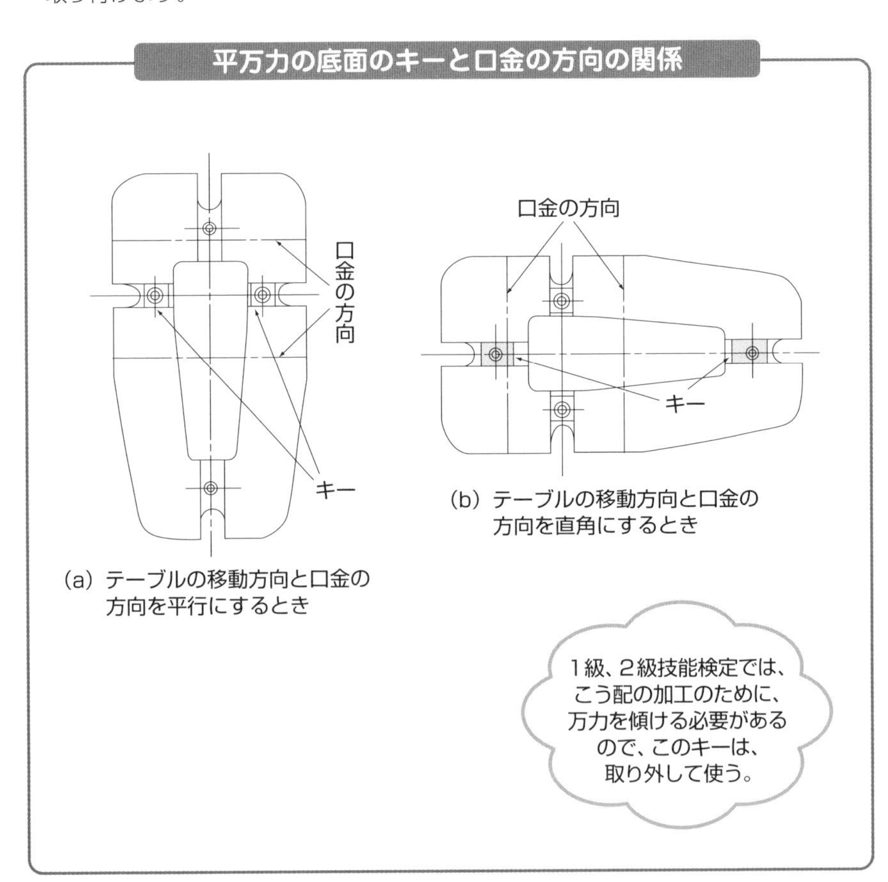

(a) テーブルの移動方向と口金の方向を平行にするとき

(b) テーブルの移動方向と口金の方向を直角にするとき

平万力の底面

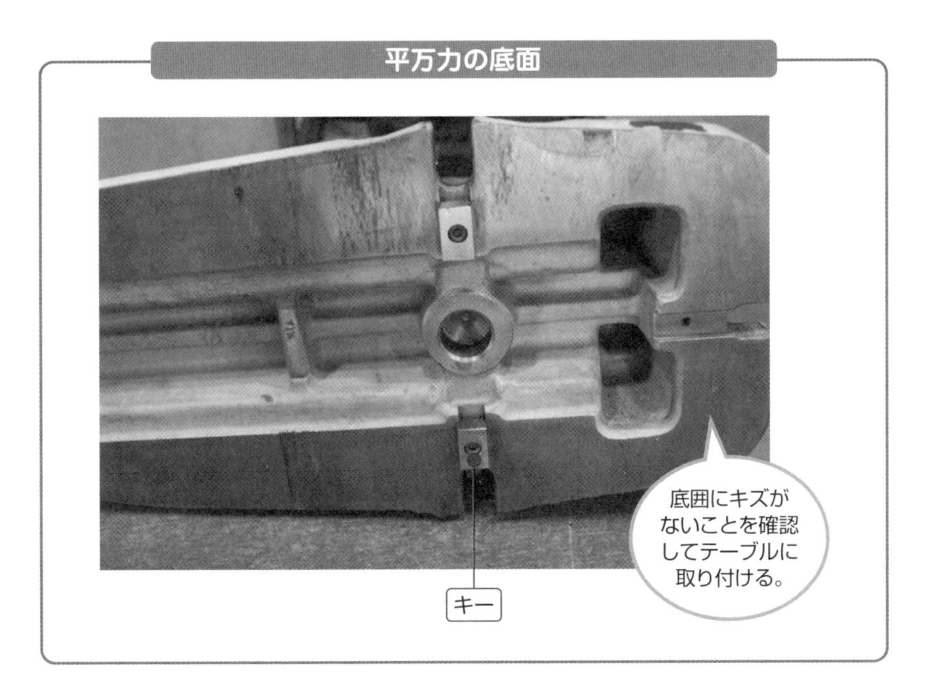

❸平万力の下面のキーの取り替えは、キーのはめあいが中間ばめ*になっているので、傷を付けないように注意します。

❹平万力のテーブルへの固定は、万力とナットの間に平座金を入れて、左右のナットを交互に少しずつ締め付けていくようにします。

❺平万力をテーブルに固定した段階で、次ページの上の図のようにてこ式ダイヤルゲージで口金の平行度を検査します。平行度が正しくないときは、締付けナットを緩め、プラスチックハンマなどで軽くたたいて調整します。
技能検定試験においては、ダイヤルゲージは1つしか持参できません。そのため、こう配の測定もできる標準型ダイヤルゲージで口金の平行度を検査します。

＊**中間ばめ**　穴と軸、キーとキー溝のように、お互いにはまり合う関係を**はめあい**といい、キーの幅よりもキー溝の幅のほうが大きい場合は、その寸法の差を**すきま**といい、すきまができるはめあいを**すきまばめ**という。逆にキーの幅よりもキー溝の幅が小さい場合は、その寸法差を**しめしろ**といい、このようなはめあいを**しまりばめ**という。中間ばめは、キーとキー溝を組み合わせたときにすきまができる場合としめしろができる場合があるはめあいをいう。

てこ式ダイヤルゲージによる口金の平行度の検査

平万力による工作物のつかみ方

❶直方体の工作物をつかむときは、図に示すように、原則として長いほうの側面をつかみます。口金に接触する面が広いほど安定してつかむことになります。

工作物の取り付け方向

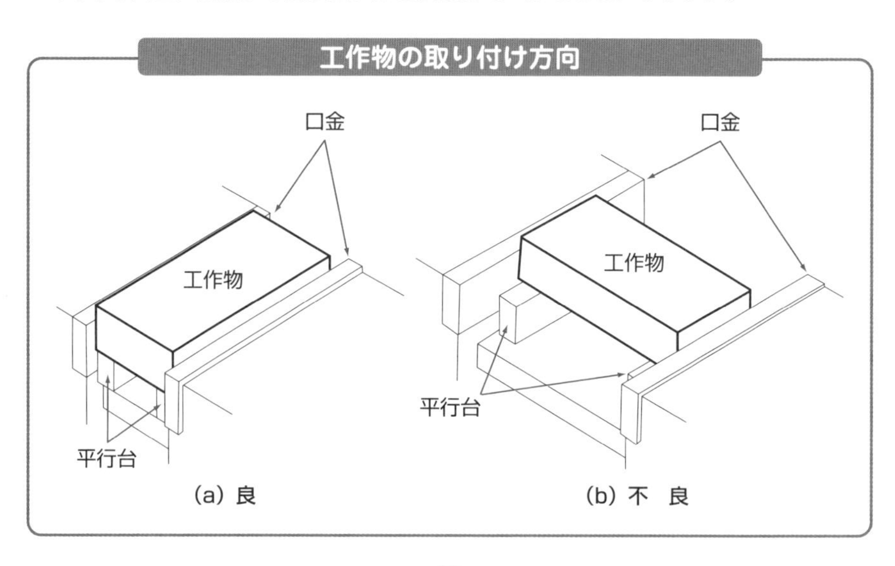

❷工作物をつかむときに、口金の上面から出る部分ができる限り少なくなるようにします。万力の口金の高さよりも工作物の高さが低い場合には、図に示すように平行台（パラレルブロック）の上に工作物を置きます。工作物が口金上面から出る部分は、平行台の高さで調節することになりますから、各種の平行台を取りそろえておく必要があります。

工作物の厚みの2／3以上つかむように、平行台あるいは、口金の大きさ（万力の大きさ）で調整します。

工作物のつかみ方

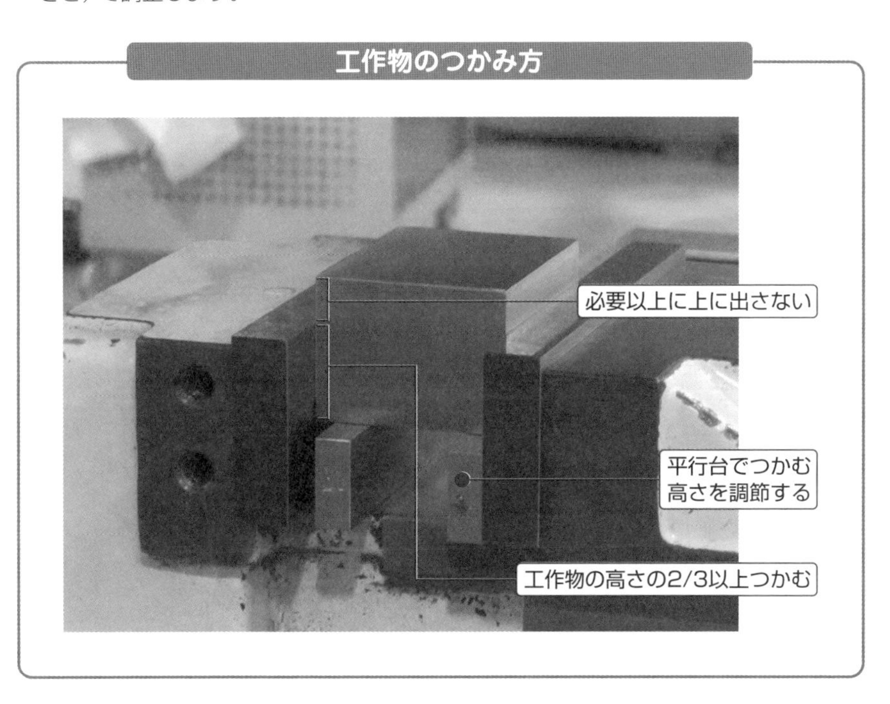

❸黒皮*（くろかわ）の工作物をつかむときは、銅板など軟らかい金属板（**保護口金**）を口金と工作物の間に入れて、口金が傷付かないようにします。また、万力の底面あるいは平行台と工作物の間には、やや厚手の紙を入れて、底面や平行台を傷付けないようにします。

黒皮の工作物の取り付け方

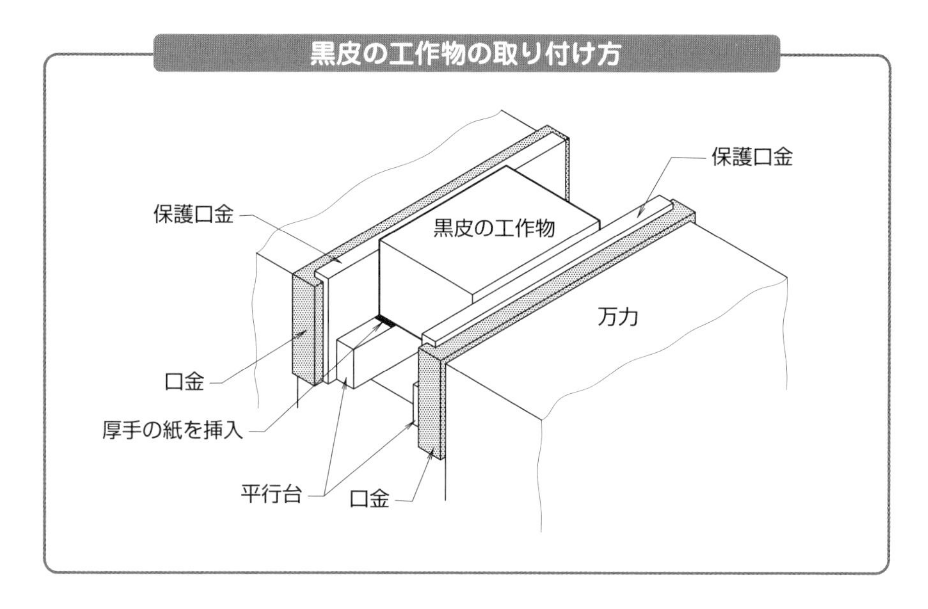

❹工作物の基準面と垂直な面を削る場合は、工作物の基準面を万力の固定口金に当て、反対側の面と移動口金の間には、黄銅など工作物よりも軟らかい材質の丸棒（当て棒）を入れて、締め付けます。黒皮の場合は、丸棒は軟鋼棒でもよいです。
いずれにしても、固定口金に基準面を密着させることです。

❺基準面と平行な面を削る場合には、工作物を平行台に密着させるために、プラスチックハンマで上面をたたき、平行台を指で押してみて、密着しているかどうか確認します。密着を確認したら、もう一度万力を締め直します。

***黒皮**　製鉄所の熱間圧延工程で棒材・板材となった鋼材は、黒色の酸化皮膜で覆われているため、黒皮と呼ばれている。黒皮は、内部よりも硬い皮膜だから、口金を傷付けたり、切削工具の刃先を痛めたりする。技能検定試験では、黒皮材ではなく、決められた寸法に加工されている。

プラスチックハンマの使用

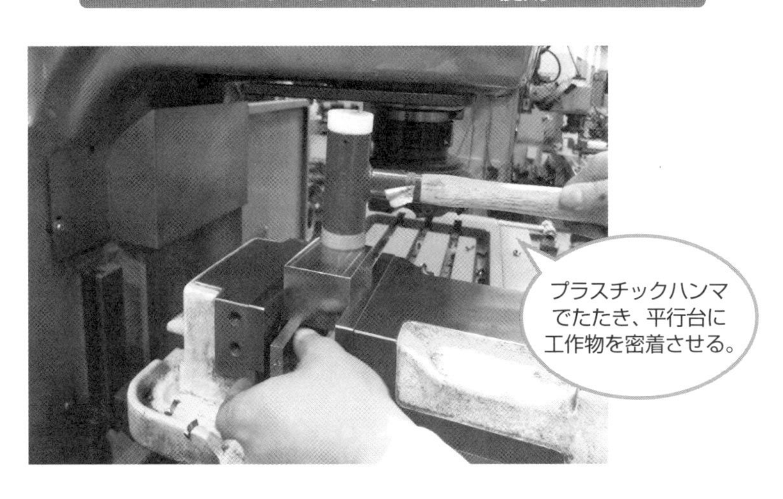

❻工作物をある角度に傾けて取り付ける場合、簡便な方法では分度器（プロトラクター）を使用します。こう配部の加工の際などで正確な角度に傾けるには、ダイヤルゲージを用いて、傾きを正確に測定します。

工作物を傾けてつかむ傾斜角の正確な測定

第3章で紹介した、任意に角度を調整できるアジャスタブル角度ブロックを使用すれば、工作物を容易に、しかも正確に傾けてつかむことができます。

❼工作物の基準面でない反対側の面が傾いていたり段差がある場合には、写真の**自在口金**を移動口金と工作物の間に挿入してつかみます。

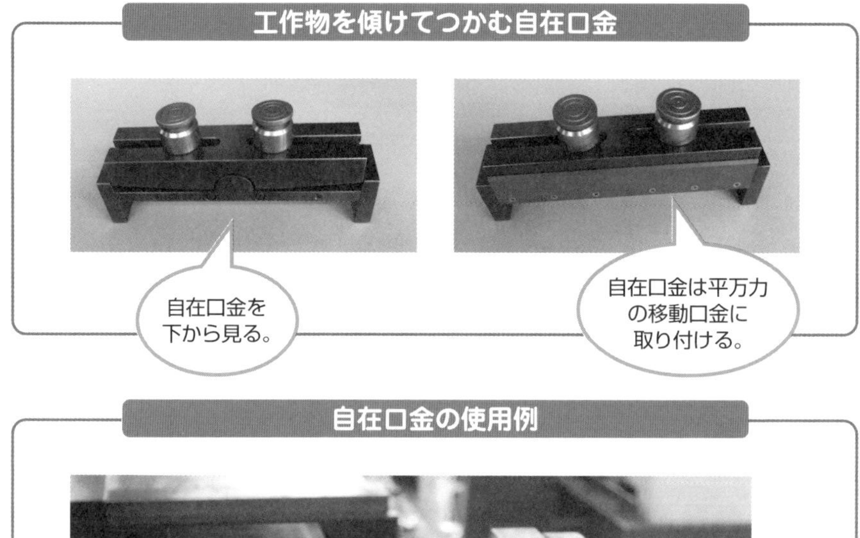

❽平万力で六面体の工作物を加工するとき、精密な2組の角度ブロックを用いれば、スコヤを用いなくても、正確な直角度の六面体に加工できます。

90°の角度ブロックを組み合わせて平万力でつかむ

COLUMN ゲイ・アンド・シルバー社製のフライス盤＜フライス盤の歴史5＞

右の図は、1835年頃に製作された、アメリカ、マサチューセッツのゲイ・アンド・シルバー社製のフライス盤です。この機械では、フライスを付けた工具主軸を支える主軸台は、手回しハンドルと送りねじが取り付けられた垂直支持台に載り、垂直に移動できるようになっています。また、垂直支持台には、ベルトの張力を保つために遊び車が取り付けられています。

前述の、旋盤形式から発展したフライス盤とはまったく異なる形式の機械でしたが、その後、この形式を受け継いだフライス盤は現れませんでした。

▼ゲイ・アンド・シルバー社製のフライス盤（1835年頃）

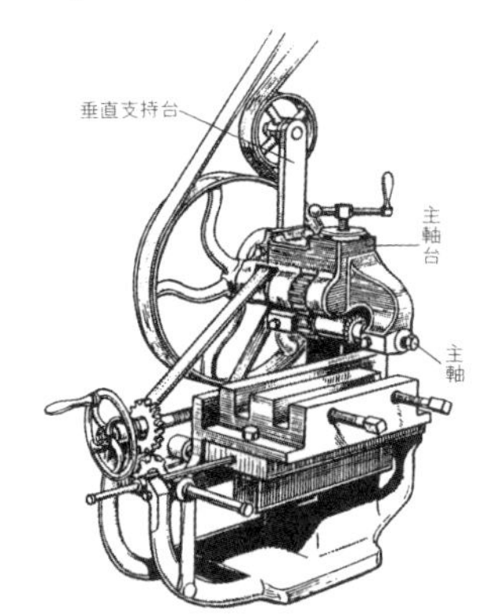

出典：L. T. C. Rolt, *Tools for the Job, A Short History of Machine Tools*, 1965

4-5 クイックチェンジアダプタの取り付け

工作機械の主軸や刃物台に取り付けられて、切削工具や測定器などを保持し、機械の加工を補助する工具をツーリングといいます。

ツールホルダとツーリングシステム

ツールホルダは、切削工具を保持するホルダとアーバの総称で、ホルダは切削工具やツールアダプタを保持する部分が凹状のものを指し、アーバは凸状をしているものを指します。チャックは、径方向に収縮して切削工具やツールアダプタを保持する構造のものです。

フライス盤作業では、主軸に正面フライスやエンドミルなどのフライス工具を直接取り付けて加工する場合もありますが、一般的な加工では各種のフライスを頻繁に付け替えて作業します。そのためにすばやくフライスやツールホルダを交換できることが必要です。立てフライス盤作業では、クイックチェンジアダプタを主軸に取り付けて、それに各種のツールホルダやチャックを取り付けて使います。このクイックチェンジアダプタと各種のツールホルダやチャックなどの組み合わせを**汎用ツーリングシステム**といいます。マシニングセンタやNCフライス盤の自動工具交換装置（ATC）に取り付ける各種のホルダやアーバ類も総称して、**ツーリングシステム**と呼ばれています。

汎用ツーリングシステムとは、立てフライス盤用のツーリングシステムのことです。クイックチェンジアダプタとツールホルダやツールアダプタの組み合わせをいいます。

汎用ツーリングシステム

汎用ツーリングシステムでは、例えば代表的な切削工具のエンドミルは、シャンクの形状やその直径は様々ですから、そのシャンク形状に適したミーリングチャックホルダやアーバが用意されています。それらは、すべてクイックチェンジアダプタの7／24テーパ（ナショナルテーパ、NT）のシャンクに統一されています。呼び番号2番の立てフライス盤では、主軸のテーパ穴はNT50ですから、クイックチェンジアダプタも外側はNT50で、内側のホルダが入る穴はNT45となっています。

汎用ツーリングシステムの例

写真の汎用ツーリングシステムの例では、左からストレートコレット（各種）、モールステーパホルダ、正面フライスアーバ、ストレートシャンクキーレスドリルチャック、ミーリングチャック、クイックチェンジアダプタです。手前に、クイックチェンジアダプタ用とミーリングチャック用のフックスパナ（引掛スパナ）があります。ストレートコレットとストレートシャンクドリルチャックは、ミーリングチャックに取り付けて使います。

クイックチェンジアダプタの取り付け

クイックチェンジアダプタを立てフライス盤の主軸に取り付けるには、クイックチェンジアダプタの7／24テーパのシャンク部と主軸のテーパ穴の表面のほこりやゴミをウエス*でていねいに拭き取っておきます。主軸穴にクイックチェンジアダプタのシャンク部を挿入し、主軸の後端から主軸穴に挿入した締付けボルト（ドローイングボルト）をクイックチェンジアダプタにねじ込んだのち、止めナットをスパナで回して締め付けます。

＊**ウエス**　機械や器具類の整備時に用いられる布のこと。

クイックチェンジアダプタの取り付け方

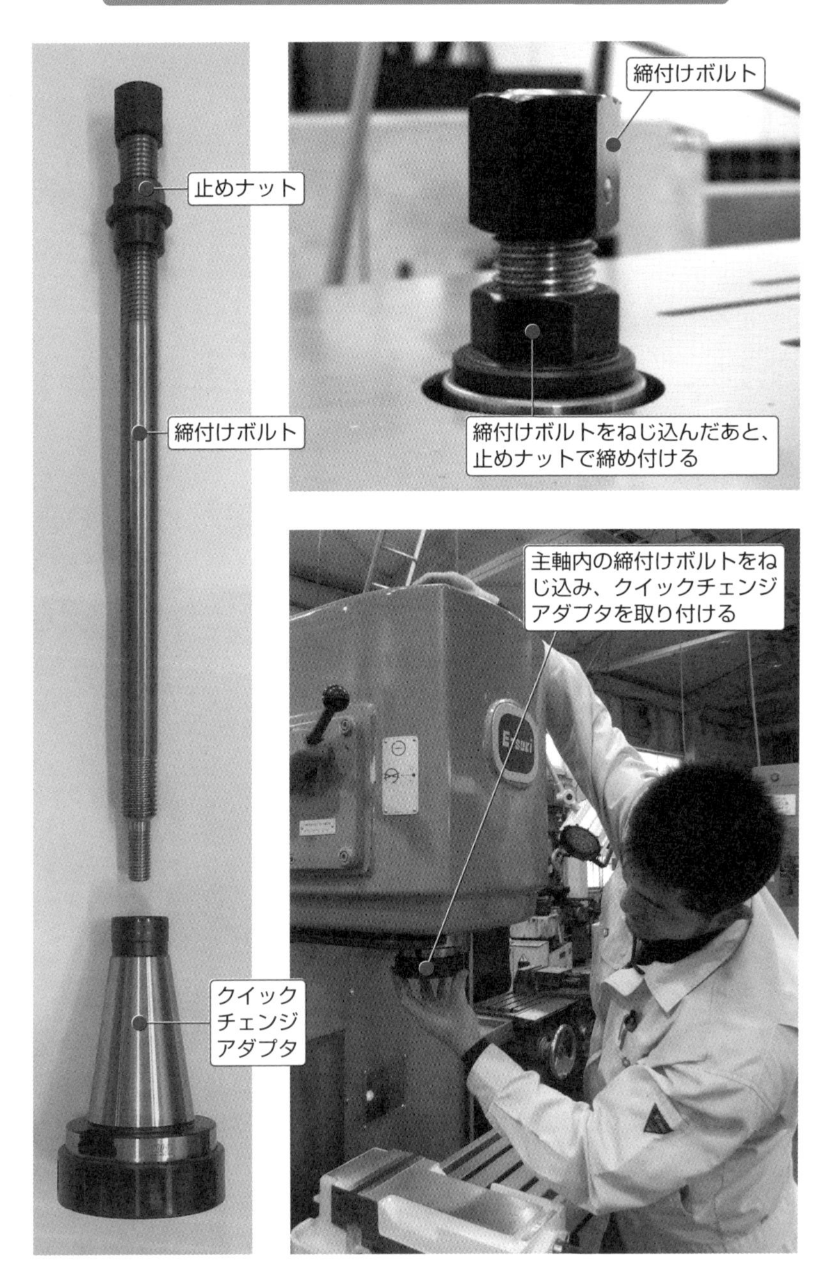

4-6 正面フライスの取り付け

ツーリングシステムで正面フライスを取り付ける場合、ボアタイプの正面フライスの場合は、クイックチェンジアダプタに適合する正面フライスアーバ（フェイスミルアーバ）に取り付けます。

 正面フライスの取り付け方法

正面フライスアーバに取り付けた正面フライスは、立てフライス盤のクイックチェンジアダプタにアーバのテーパシャンク部をはめ込み、引掛スパナ（フックスパナ）で締め付けます。引掛スパナは、主軸の回転方向と反対方向に回すと締付けとなり、同方向に回すと緩めます。

また、小径の正面フライスでシャンクがストレートシャンクになっているものは、次のエンドミルと同様に、ミーリングチャックに取り付けて使います。

ボアタイプ正面フライスを正面フライスアーバに取り付ける

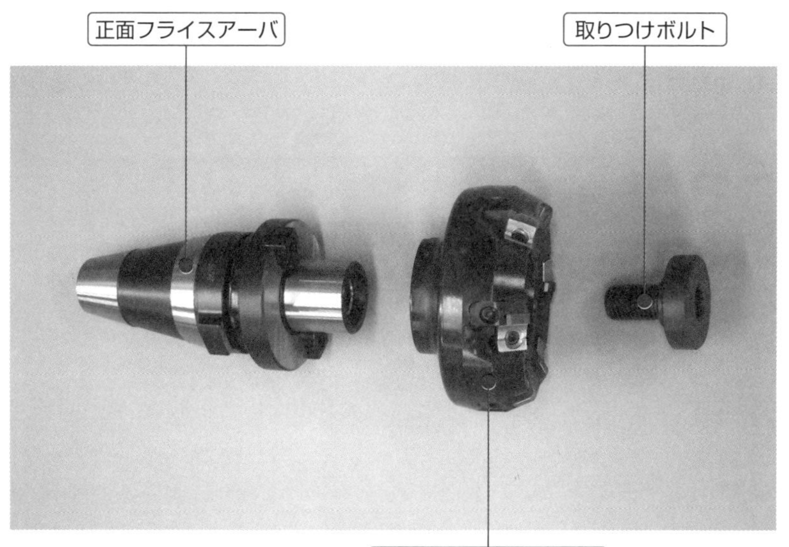

ボアタイプ正面フライス

正面フライスアーバに取り付けたのち、クイックチェンジアダプタに取り付ける。

ストレートシャンクの正面フライス

ストレートシャンクの正面フライスは、ミーリングチャックに取り付ける。

4-7 エンドミルの取り付け

立てフライス盤加工で、正面フライスとともに最もよく使われるフライスが**エンドミル**です。エンドミルの大部分は、シャンクがストレートタイプです。

エンドミルの取り付け方法

ストレートシャンクのエンドミルは、ミーリングチャックに取り付けて使います。ミーリングチャックの大きさは、取り付けられるシャンクの最大径によって決まります。標準でφ12、φ16、φ20、φ25、φ32、φ42があり、最もよく使われるミーリングチャックは、取り付けシャンク径32mmのものです。シャンク径が32mm未満のエンドミルは、**コレット**を使います。コレットは、すりわりのあるツールアダプタです。外周がテーパになっているものは**テーパコレット**といい、コレットチャックとして使います。

エンドミルはコレットを介してミーリングチャックに取り付ける

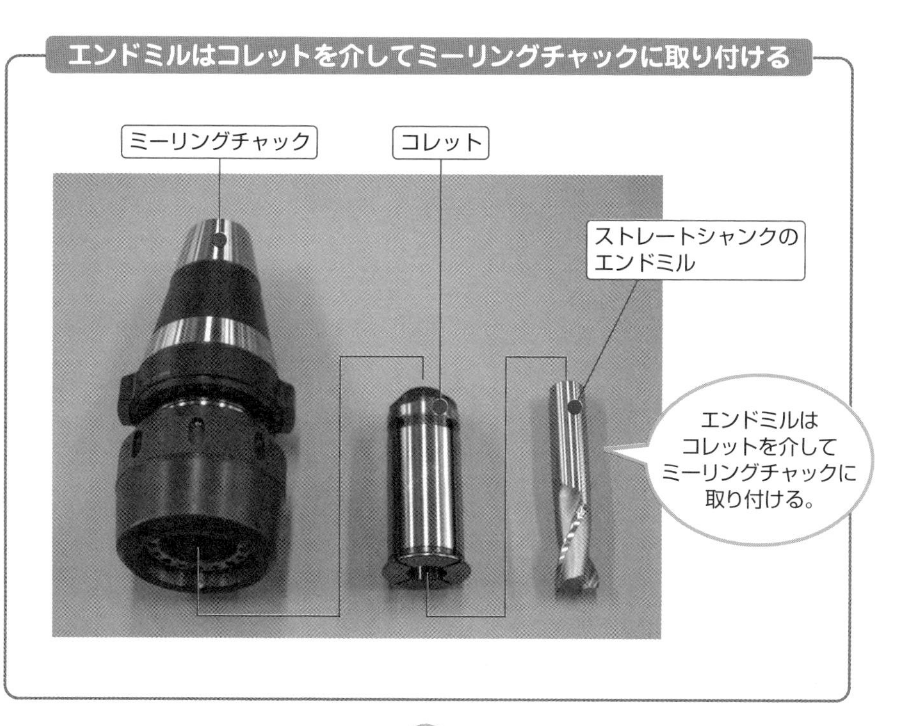

実際にフライス盤に取り付ける際は、クイックチェンジアダプタにミーリングチャックを先に取り付けておきます。次にコレットにエンドミルのシャンク部を差し込み、ミーリングチャックに取り付けます。エンドミルの切れ刃でけがをしないように、ウエスで包み、取り付けます。

エンドミルの取り付け方

整理整頓

作業中、切削工具、測定器、作業工具、図面をどの位置に置けばよいのでしょう。よい仕事をするには、工具や測定器をそれぞれ区別して管理しましょう。図面は、見やすい位置にハンガーを設けるとよいです。

Chapter 5

フライス盤加工の切削条件と基本切削作業

切削は、加工される工作物より硬い切れ刃をもった刃物（切削工具）を工作物に押し当てて、刃物または加工物のどちらか、あるいは双方を移動させることで成立する行為です。

フライスによる切削では、フライスは回転し、工作物は送りねじによって移動しますから、工具と工作物の双方が動くことになり、その切削現象は複雑です。

本章では、フライスの切削現象とその切削理論について述べ、切削の3条件である、切削速度、送り、切込みの最適値について解説します。

フライスの切削条件を踏まえて、正面フライス削り、エンドミル加工、ねじれ溝削りなどフライス盤の基本切削作業について述べます。

5-1 フライス削りの仕組み

フライスによる切削は、平フライスや側フライスによる周刃フライス削りと、正面フライスによる正面フライス削りに大別できます。エンドミルは、底刃による正面フライス削り、外周刃による周刃フライス削りの複合切削です。

フライス削り

旋盤のバイトによる旋削は、1つの切れ刃による**連続切削**です。これに対しフライスは、**多刃工具**（たじんこうぐ）ですので、1つの刃の切削は、**断続切削**です。

また、フライスの刃先は、刃の回転運動と送りの直線運動により、トロコイド*を描くので、1つの刃の切取り厚さは、連続的に変化しています。

外周刃フライス削りの刃物

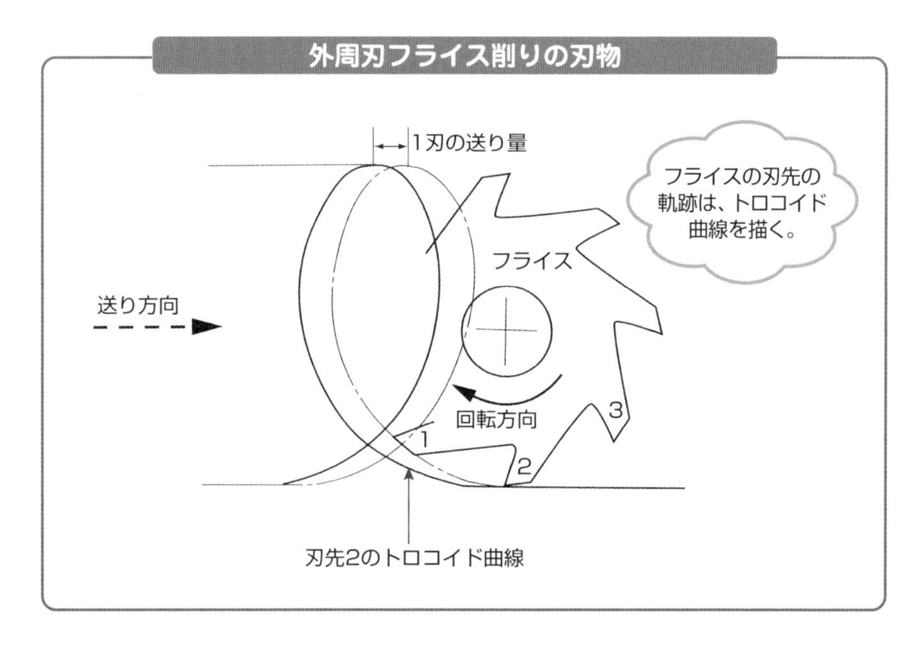

***トロコイド** トロコイド（trochoid）とは、円をある曲線（円や直線はその特殊な場合）に沿って滑らないように転がしたとき、その円の内部または外部の定点が描く曲線のこと。フライス削りでは、円がフライスで、点が刃先、直線（曲線）が工作物の被削面である。

5-2 周刃フライス削り

周刃フライス削りでは、工作物（被削材）をフライスの回転方向と同方向に送る場合と逆方向に送る場合の２つの削り方があります。

 上向き削り

フライスの回転方向と逆方向に工作物を送る削り方は、**上向き削り**（**アップカット**）といいます。

図に示すように、切取り厚さ（切りくずの厚さ）は、削り始めにゼロから始まり、削り終わりで切取り厚さが大きくなる削り方です。

刃先は、削り始めでは工作物の表面をある程度滑り、切削抵抗の背分力*（はいぶんりょく）がある程度大きくなって、食い込みます。このため、切れ刃の逃げ面摩耗の進行が下向き削りより速くなります。

円筒フライスによる上向き削り

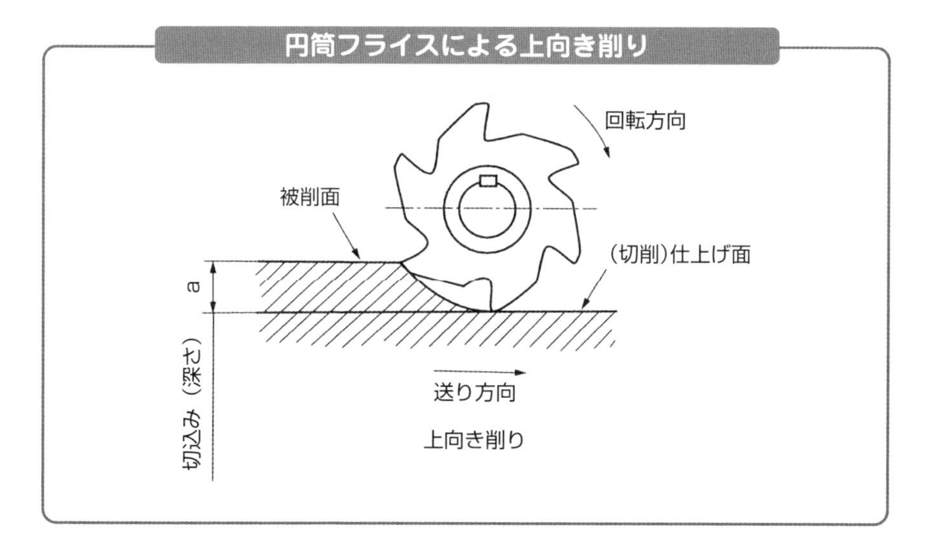

*背分力　工作物が工具を押し返す力のこと。

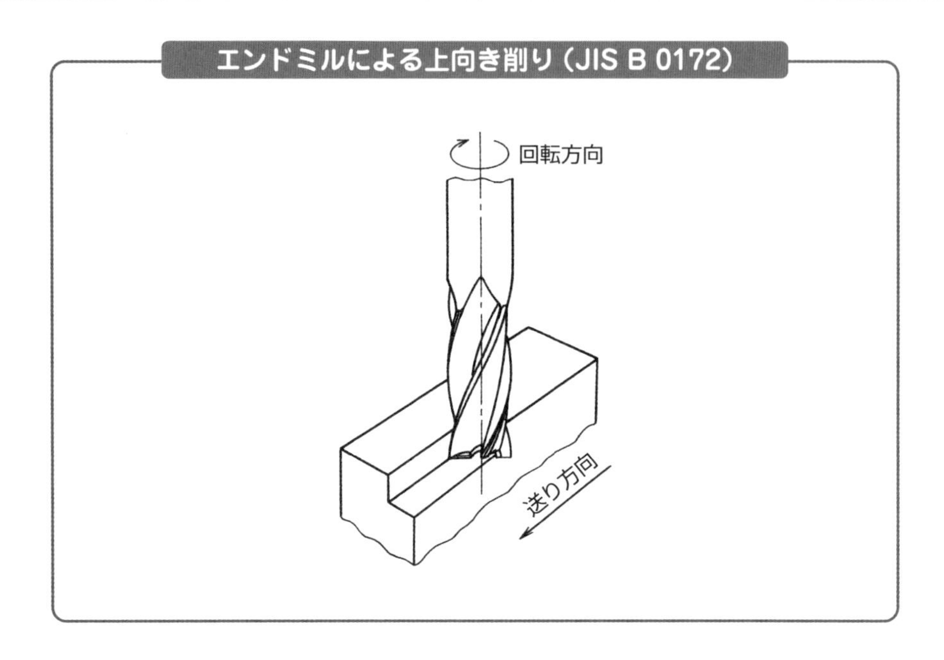

切削力は、上向き削りでは工作物を持ち上げるように働くので、工作物をしっかりと把握しておく必要があります。

上向き削りでは、送りねじのバックラッシが切削力を受け止めない面に出るので、バックラッシがあっても問題になりません。したがって、送りねじにがたがある場合には上向き削りが適しています。

フライスの刃先のすくい角が大きく、工作物の被削性がよくて、滑り現象が起こらない場合には、よい仕上げ面が得られます。

下向き削り

フライスの回転方向と同じ方向に工作物を送る削り方は、**下向き削り**（**ダウンカット**）といいます。次の図に示すように、切取り厚さ（切りくずの厚さ）の厚いところから切削を始め、削り終わりで切取り厚さがゼロになる削り方です。工作物は、テーブルの送り方向に引き込まれるように切削力が働きますから、テーブルの送りねじにがたがあると、切れ刃の食い込み時に大きな衝撃力が働き、刃先を破損することになります。下向き削りの場合は、バックラッシ除去装置を働かせ、送りのがたを完全に除去しなければなりません。

下向き削りは、理論的には仕上げ面粗さが悪くなりますが、実際には、アーバや工具（エンドミル）のたわみが少ないので、仕上げ面粗さはよいとされています。

円筒フライスによる下向き削り

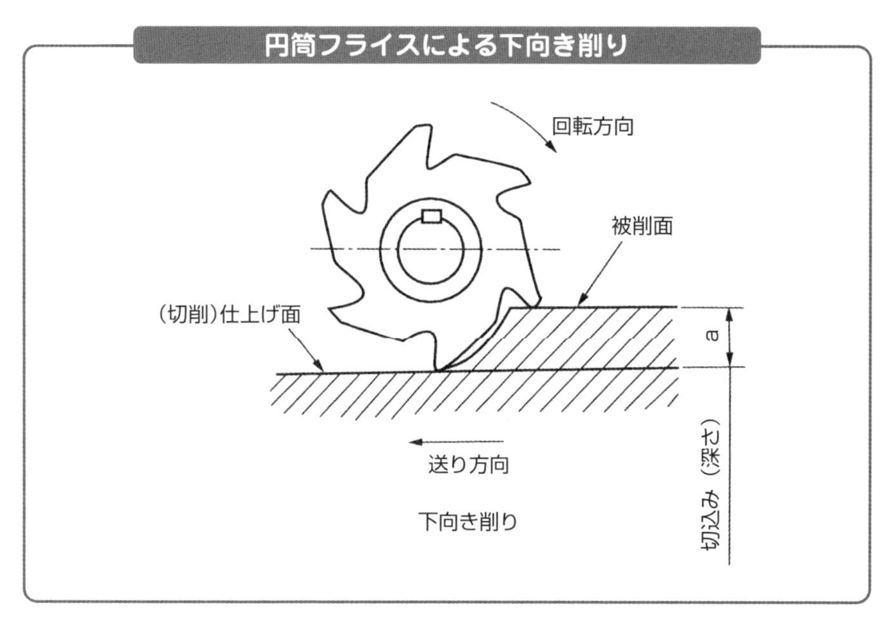

エンドミルによる下向き削り（JIS B 0172）

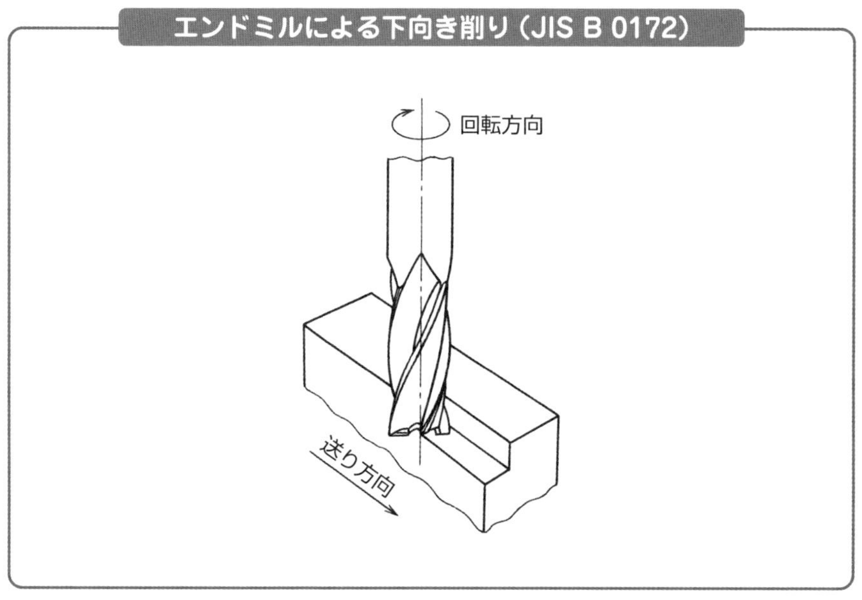

また、下向き削りは上向き削りよりも、切削速度や送り速度を大きくすることができ、重切削が行えます。

▼上向き削りと下向き削りの比較

比較事項	上向き削り（アップカット）	下向き削り（ダウンカット）
切削状態		
切削抵抗	送り方向（送り分力）の抵抗が大きく、直角方向（主分力）が小さい。	送り方向（送り分力）の抵抗が小さく、直角方向（主分力）が大きい。
切削力	刃先食い込み時の背分力が大きく、アーバを突き上げる力が大きい。	食い込み時に大きな切削力がかかり、衝撃が大きい。
工具寿命	食い込むまで刃先が滑るため、逃げ面摩耗の進行が速い。	切れ刃の滑りがなく、発熱や切削抵抗が少なく、寿命が長い。
構成刃先と切削油	仕上げ面生成時、切削油の効果が大きく、構成刃先の影響は少ない。	仕上げ面生成時、油膜はぬぐいさられ、構成刃先の影響を受けやすい。
テーブル送り	テーブル送りの消費動力が大きい。	テーブル送りの消費動力が小さい。
送りねじのバックラッシ	切削力によって自然に取り除かれる。	バックラッシの除去を必要とする。
仕上げ面	光沢面ではあるが、滑り跡や回転マークが残り、仕上げ面は劣る。	梨地状で、理論的には劣るが、きれいな仕上げ面が得られる。
材料の取り付け	上方に切削力が働くので、工作物を強固にする必要がある。	下方に切削力が働くので、固定は簡便でよく、特に薄板の加工に有利である。
その他	黒皮材料に適している。	加工硬化の大きい材料や硬い材料に適している。

5-3 正面フライス削り

正面フライス削りは、工作物の加工幅によって削り方が異なります。

 正面フライス削り

正面フライス削りでは、正面フライスの刃先の直径よりも工作物の加工幅が小さい場合には、切削の前半が**上向き削り**、切削の後半が**下向き削り**の**合成削り**です。エンドミルにおいても、キー溝削りのような溝削りでは、合成削りです。

正面フライス削りでは、フライス径の半分以下で削る場合は、それぞれ送り方向によって**上向き削り**、または**下向き削り**になります。

正面フライスの直径よりも工作物の加工幅が小さい場合の正面フライス削りは、**センターカット**と呼ばれています。

正面フライス削り

5-4 フライス切削の条件

フライスによる切削では、切削速度、１刃当たりの送り量、切込みの３つが基本条件です。この基本条件は、切削工具の材質、工作物の材質、切削幅とエンゲージ角、切削油剤などと関係しています。

切削速度と回転数

フライスの切削速度Ｖは、工具切れ刃の周速度です。切れ刃の直径Ｄと切れ刃の回転数Ｎ（主軸回転数）との関係は、次の式で表されます。

$$V = \frac{\pi \times D \times N}{1000}$$

Ｖ：切削速度（m/min）
Ｄ：工具切れ刃の直径（mm）
Ｎ：回転数（min^{-1}）

したがって、回転数は次の式で表されます。

$$N = \frac{1000 \times V}{\pi \times D}$$

Ｎ：回転数（min^{-1}）
Ｖ：切削速度（m/min）
Ｄ：工具切れ刃の直径（mm）

切削速度の標準値は、工具の材質と被切削材の材質によって決まっています。

工具干渉

エンドミルのシャンク径と刃径が同一の場合、側面削りをしていると切れ刃以外のシャンク部が工作物に接触する可能性があります。これを**工具干渉**といいます。工具干渉が起きると、切削時に振動が発生し、工具や工作物の損傷につながります。工具干渉を避けるためには、シャンク径よりも刃径の大きいもの、あるいは首逃がし部を設けたエンドミルを使います。

▼フライスの切削速度（単位：m/min）

工作物材料		高速度工具鋼	超硬合金（荒削り）	超硬合金（仕上げ削り）
鋳鉄	軟	32	50～60	120～150
	硬	24	30～60	75～100
	可鍛	24	30～75	50～100
炭素鋼	軟	27	50～75	150
	硬	15	25	30
アルミニウム		150	95～300	300～1200
黄銅	軟	60	240	300
	硬	50	150	180
青銅		50	75～150	150～240
銅		50	150～240	220～300

出典：精機学会編『新訂　精密工作便覧』1972

▼超硬正面フライスの切削条件

	荒削り		仕上げ削り	
	切削速度（m/min）	1刃当たりの送り量（mm）	切削速度（m/min）	1刃当たりの送り量（mm）
鋼（低炭素鋼）	80～150	0.15～0.4	100～180	0.1～0.2
鋼（合金鋼）	40～100	0.1～0.2	50～120	0.1～0.2
鋳鋼	60～90	0.15～0.3	70～120	0.1～0.2
鋳鉄（軟）	60～90	0.2～0.5	90～120	0.15～0.2
鋳鉄（硬）	50～70	0.1～0.25	60～80	0.1～0.2
可鍛鋳鉄	60～90	0.15～0.3	70～120	0.1～0.2
銅合金	150～300	0.2～0.4	200～400	0.2～0.25
アルミニウム	600～900	0.2～0.8	700～1500	0.2～0.25
マグネシウム	900～1500	0.2～0.8	900～2000	0.2～0.25

出典：精機学会編『新訂　精密工作便覧』1972

送り速度と1刃当たりの送り量

送り速度Fは、フライス主軸に対する加工物の移動速度です。フライスは、刃数が異なるので、1刃当たりの送り量fと刃数Zにより、次の式で表します。

$$f = \frac{F}{N \times Z}$$

f：1刃当たりの送り量（mm/刃）
F：テーブル送り速度（mm/min）
N：回転数（min^{-1}）
Z：切削工具の刃数（個）

したがって、テーブルの送り速度は次の式で表します。

$$F = N \times Z \times f$$

F：テーブル送り速度（mm/min）
N：回転速度（min^{-1}）
Z：切削工具の刃数（個）
f：1刃当たりの送り量（mm/刃）

送り速度は、いろいろな条件によって制限されますが、一般に大きめにとるほうが有利です。送り速度を上げたほうがよいのは、次のような場合です。

❶機械に剛性があり、加工物の取り付けも頑丈で、重切削に耐える場合。
❷ステンレス鋼のように、加工硬化を起こしやすい材料を使う場合（小さい送りでは加工硬化層を削ることになり、工具寿命が短くなる）。
❸小さい送りにより、構成刃先が生じる場合。
❹被削材が硬く、工具を摩耗させやすい場合。

また、送り速度を下げなければならないのは、次のような場合です。

❶機械に剛性がない場合や工作物の取り付けが不安定な場合。
❷工具構造が不安定な場合。
❸深溝加工の場合。
❹仕上げ面精度を向上させたい場合。
❺切れ刃が欠損する場合。

▼1刃当たりのフライス送り

工作物材料		正面フライス		ねじれ刃平フライス		溝および側フライス		エンドミル		メタルソー	
		HS	C	HS	C	HS	C	HS	C	HS	C
プラスチック		0.32	0.38	0.25	0.30	0.20	0.23	0.18	0.18	0.08	0.10
Al, Mg合金		0.55	0.50	0.45	0.40	0.32	0.30	0.28	0.25	0.13	0.13
青銅 黄銅	快削	0.55	0.50	0.45	0.40	0.32	0.30	0.28	0.25	0.13	0.13
	普通	0.35	0.30	0.28	0.25	0.20	0.18	0.18	0.15	0.08	0.08
	硬	0.23	0.25	0.18	0.20	0.15	0.15	0.13	0.13	0.05	0.08
銅		0.30	0.30	0.25	0.23	0.18	0.18	0.15	0.15	0.08	0.08
鋳鉄	HB150～180	0.40	0.50	0.32	0.40	0.23	0.30	0.20	0.25	0.10	0.13
	HB180～220	0.32	0.40	0.25	0.32	0.18	0.25	0.18	0.20	0.08	0.10
	HB220～300	0.28	0.30	0.20	0.25	0.15	0.18	0.15	0.15	0.08	0.08
可鍛鋳鉄・鋳鉄		0.30	0.35	0.25	0.28	0.18	0.20	0.15	0.18	0.08	0.10
炭素鋼	快削鋼	0.30	0.40	0.25	0.32	0.18	0.23	0.15	0.20	0.08	0.10
	軟鋼・中鋼	0.25	0.35	0.20	0.28	0.15	0.20	0.13	0.18	0.08	0.10
合金鋼	焼きなまし鋼 HB180～220	0.20	0.35	0.18	0.28	0.13	0.20	0.10	0.18	0.05	0.10
	強靭鋼 HB220～300	0.15	0.30	0.13	0.25	0.10	0.18	0.08	0.15	0.05	0.08
	硬鋼 HB300～400	0.10	0.25	0.08	0.20	0.08	0.15	0.05	0.13	0.03	0.08
	ステンレス鋼	0.15	0.25	0.13	0.20	0.10	0.15	0.08	0.13	0.05	0.08

注）HS：高速度鋼フライス
　　C：超硬合金フライス
　　HB：ブルネル硬さ
出典：日本機械学会編『機械工学便覧　改訂第５版』1968

第六感

名工ともなれば、無意識に第六感が働くようになります。技の第六感とは、予知できることです。例えば、エンドミルがまもなく切れなくなることを事前に把握できるような力です。いまの作業がどのように展開していくのか、意識して取り組むと第六感が身に付きます。

切込み

フライスが回転して、被削材を削り取る深さを切込みといい、切削効率を上げるうえで、重要な切削条件です。切削効率を上げるためには、切込みを大きくし、送り速度を大きくしますが、切込みは、工具形状と仕上げ状態により制約されます。次ページの表に切込みの適正値を示します。

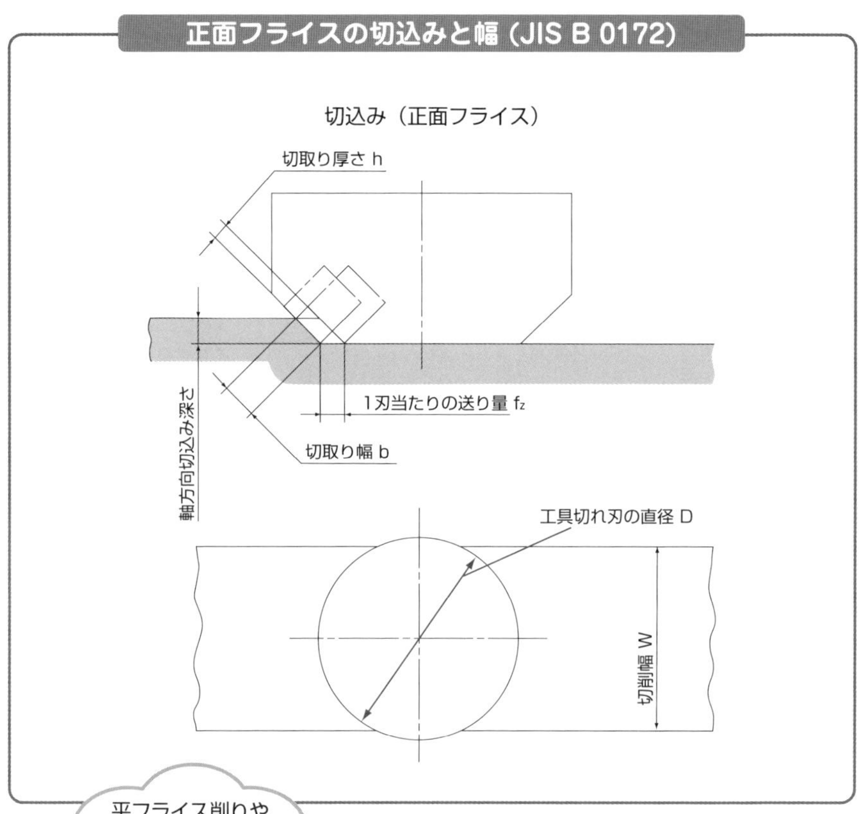

正面フライスの切込みと幅（JIS B 0172）

平フライス削りや
側フライス削りでは、
切削幅が狭く、切込みが
大きい場合が多いため、
1刃当たりの送り量は
小さくとる。

エンドミルの切込み（JIS B 0172）

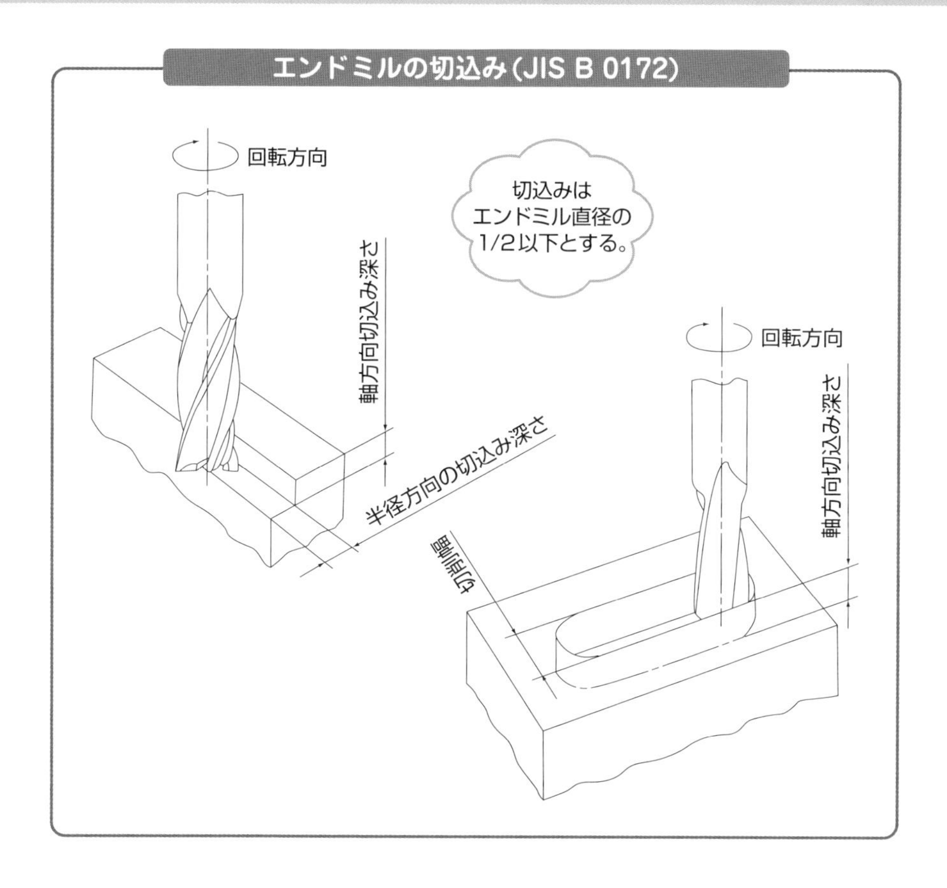

エンドミルの溝削りでは、切込みはエンドミルの直径の1／2以下にします。

切込みが小さすぎる場合は、被削材の弾性変形または、機械の軸受部のがたや遊びによって、切れ刃が逃げ、被削面を滑る状態になります。この場合、逃げ面摩耗が急激に進行するので、少なくとも0.3mm程度の取り代が必要です。

▼正面フライスの切込みの目安（鋼の場合）

切削内容	切込み（mm）
荒削り（軽切削）	3
荒削り（普通切削）	5~6
荒削り（重切削）	6~15
仕上げ削り	0.3~0.5

エンゲージ角とディスエンゲージ角

正面フライスで平面切削をするとき、正面フライスの中心と刃先（超硬チップ）を結んだ線と、工作物の送り方向の線で挟まれる角度を**エンゲージ角**といいます。エンゲージは「かみ合う」という意味があります。刃先の食い付き具合を表す角度で、**食い付き角**ともいいます。

刃先が工作物から離脱するときの角度は、**ディスエンゲージ角**といい、**離脱角**ともいいます。

正面フライスのエンゲージ角とディスエンゲージ角

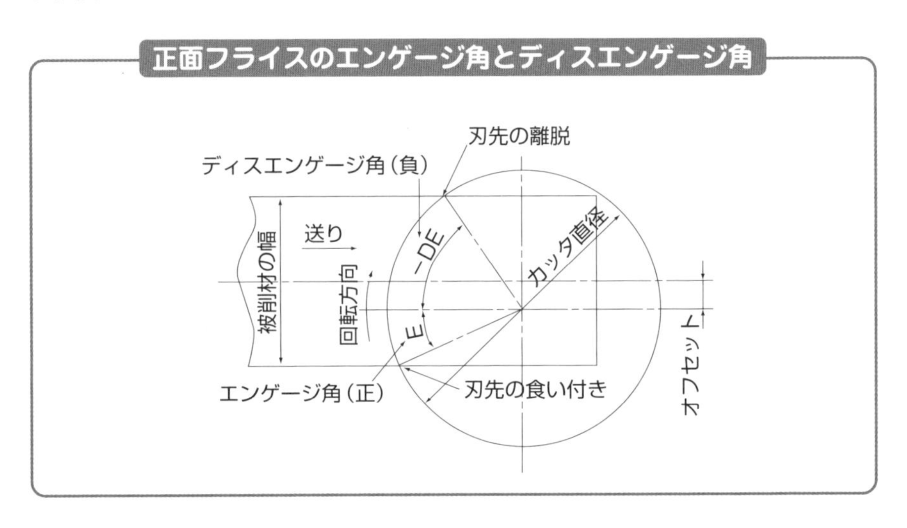

エンゲージ角の変化と、切込みの瞬間の被削材と工具の関係

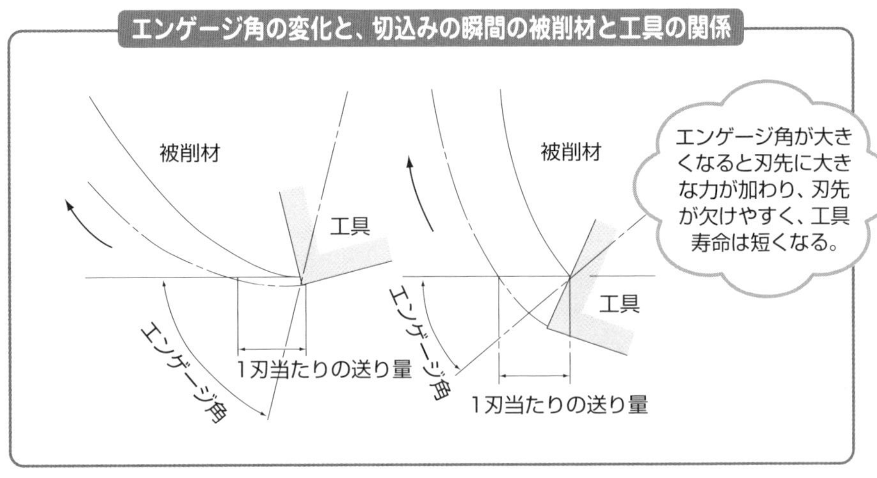

エンゲージ角が大きくなると、前ページの下の図に示すように1刃当たりの切りくずの厚さが極端に小さくなり、刃が食い付かず、上滑りの状態になります。上滑り状態になると、大きな力が刃先に加わることになり、刃先が欠け(**チッピング**)やすくなります。工具寿命も短くなります。

正面フライスのオフセット

正面フライス削りにおけるオフセット、エンゲージ角は小さくなる。

エンゲージ角は、一般鋼材の場合は10〜20°、鋳鉄などの硬い材料の場合は50°以下、アルミニウム合金などの軽合金の場合には40°以下とされています。エンゲージ角、ディスエンゲージ角は、正面フライスの径を変えたり、写真に示すように正面フライスの中心をずらすオフセットをとることによって、変化させることができます。

ネガティブすくい角

普通のエンドミルは、切れ刃のすくい角が正になるように研がれています。シャープな刃形は、切削抵抗が少なく、低速でも良好な仕上げ面が得られます。

すくい角を負にしたエンドミルは、低速ではよい仕上げ面が得られませんが、高速切削ではよい仕上げ面が得られます。刃が欠けやすい高硬ミーリングの高速切削に適しています。

刃数

　正面フライスやエンドミルの刃数の決定には、次の点を考慮します。

●フライス盤の動力と剛性

　フライス加工に必要な動力や剛性を決める条件の１つに、同時に切削する刃数の平均値があります。フライス盤の動力と剛性の許す範囲内で刃数を最適値にする必要があります。フライス刃が超硬合金の場合は、高速度工具鋼（ハイス）の刃数より少なめにします。また、ステンレス鋼、炭素工具鋼など切削抵抗の大きい被削材を加工する場合は、刃数は少なくし、剛性の大きい工具を使います。

●切りくずの排出性

　フライスの刃先と隣の刃先の間の空間を**チップポケット**といいます。

　鋼やアルミニウム合金のように、連続した切りくずが排出される場合は、大きいチップポケットが必要です。エンドミルでは、2-3節の図に示すように刃数が大きくなるに従って、エンドミルの剛性が高まりますが、逆にチップポケットは小さくなります。一般に、刃数の大きいものは仕上げ用で、刃数の小さいものはチップポケットが大きいので荒削り用として使います。

　エンドミルでは、ラフィングエンドミルやニック付きエンドミルのように、切りくずを細かくすることで切りくずの排出性を向上させたものがあります。

●切削幅

　正面フライスの直径に比べて工作物の切削幅が小さく、同時に切削する刃数が少なくて１刃での切削になるような場合は、振動が発生しやすく、工具寿命が短くなります。そこで、切削する刃数が複数になるように、刃数の多いものを使用します。逆に、工作物の幅が大きい場合は、刃数を少なめにします。

　一般的な目安として、正面フライスの刃数の最適値は、被削材が鋼では、大きさをインチで表したとき、インチの値が刃数です。例えば５インチ、125mmの正面フライスでは、刃数５となります。被削材が鋳鉄の場合は、その２倍の刃数が目安とされています。

5-5 エンドミルによる加工

エンドミルは、第2章で述べたように、形状、刃先の材質、刃先の形状、刃数、シャンクの形状などにより多種多様で、高精度・高剛性のものがつくられています。

エンドミルによる加工

超硬スローアウェイ工具とエンドミルの発達により、立てフライス盤作業はフライス盤加工の中核となりました。横フライス盤、万能フライス盤は、特別な分野の加工に特化してきています。第8章、第9章で述べる技能検定の立てフライス盤作業は、正面フライスとエンドミルの使い方が実技の課題になっています。

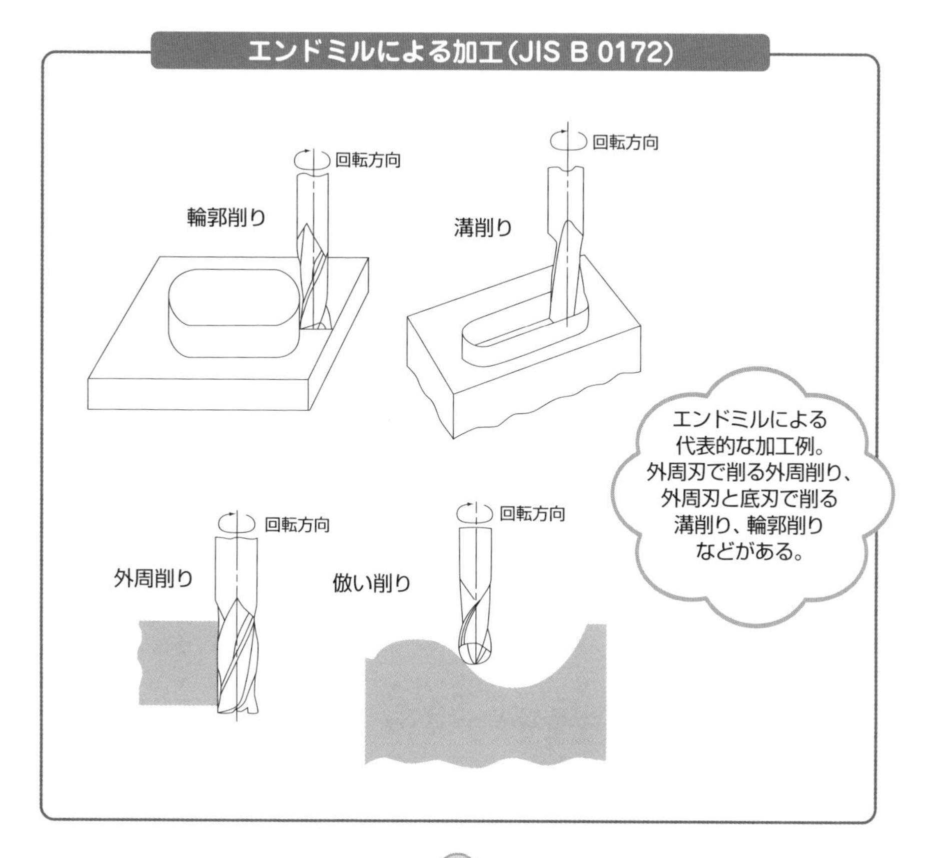

以下に、他の章では紹介していないエンドミルによる加工について述べます。

ボールエンドミル

ボールエンドミルは、半円状の底刃（そこば：ボール刃）をもっているので、その名があります。ボールエンドミルは、汎用立てフライス盤では、あまり使われないエンドミルですが、NCフライス盤やマシニングセンタでは、金型の形彫りの加工などに多用されるエンドミルです。

ボールエンドミルには、外周刃がストレート刃のものとテーパ刃のものがあります。

写真はボールエンドミルを使用して、U字型の溝削りをした例です。横フライス盤での外丸フライス削りと同じ加工ができます。

ボールエンドミルによるU字溝加工

キー溝エンドミル

キー溝エンドミルは、キー溝加工専用の２枚刃のエンドミルで、外径の寸法公差が通常のエンドミルと異なります。H形は、基準寸法に対し0～＋0.02の公差です。J形は−0.020～0の公差となっています。

立てフライス盤で、キー溝加工するには、工作物の軸を割出し台のチャックに固定します。平万力で固定してもできないことはないですが、口金より長い軸であったり、段付き軸やテーパ軸であるとうまく固定することができません。

キー溝加工をする前に、加工する位置をけがいておきます。けがき作業をしない場合は、アキューセンターなどの芯出しバーによる芯出し作業が必要です。

キー溝加工の段取り

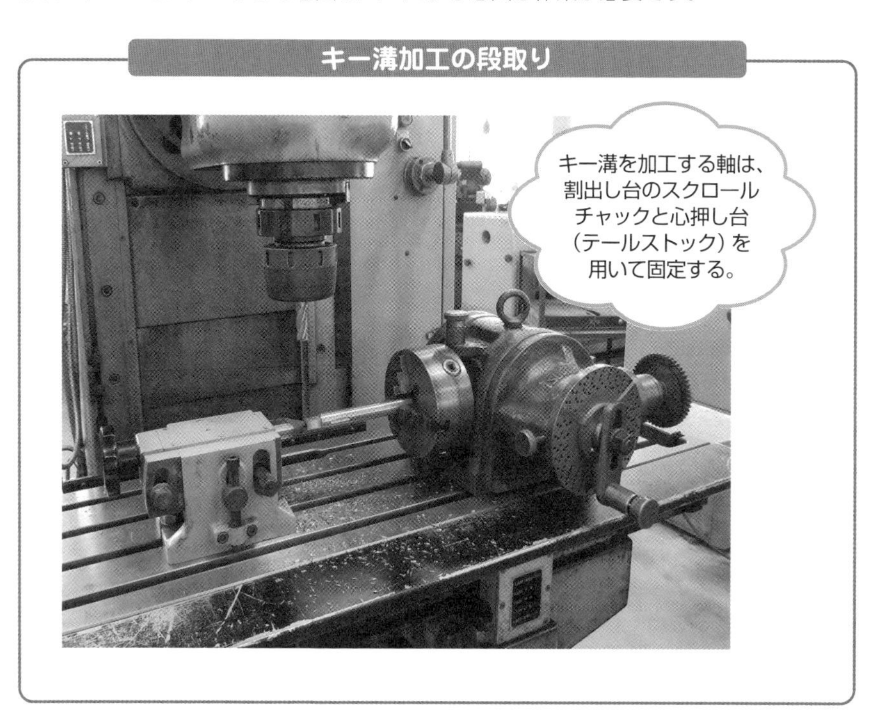

切削速度

一般にエンドミルによる加工では、刃先の**切削速度**が一定の速度以上でないとよい仕上げ面が得られません。小径のエンドミルやボールエンドミルでは、実際の切削速度を意識して使わなければなりません。

アキューセンターによる芯出し

キー溝エンドミルによるキー溝の加工

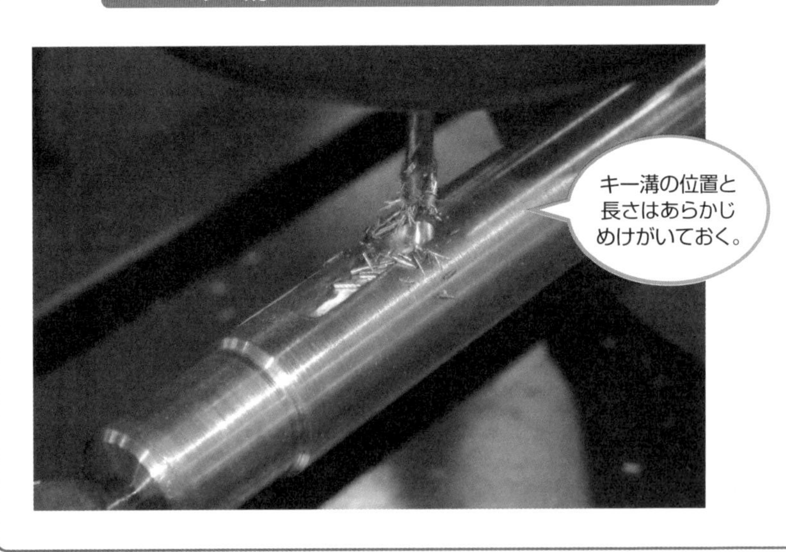

COLUMN 切削油剤

正面フライス削りや、工作物の材料が鋳鉄の場合には、一般に**切削油剤**を使いませんが、それ以外のフライス削りには、切削油剤を使用したほうが工具寿命が長く、よい仕上げ面が得られます。特に高速度工具鋼のフライスやエンドミルでの切削には、切削油剤の使用が不可欠で、構成刃先やびびりの防止にもなります。

フライス加工で使われる切削油剤は、潤滑性や冷却性に優れているだけでなく、切りくずの洗浄性にも優れているものがよいです。切削油剤には、水溶性のものと不水溶性のものがありますが、工作物の材質が鋼材の場合には、防錆性に優れている不水溶性の切削油剤が使われます。

COLUMN フライス盤の名機＜フライス盤の歴史６＞

1848年、アメリカの機械工フレデリック・ハウは、工作機械メーカーのロビンス・アンド・ローレンス社のために重切削できる横フライス盤を設計しました。このハウのフライス盤に改良を加えて、コルト兵器工場のためのフライス盤を製作したのがジョージ・S・リンカーン社です。

このフライス盤は、リンカーン型として知られ、南北戦争時代に兵器製造用として大量に生産されました。その後は、リンカーン社およびプラット・アンド・ホイットニー社からヨーロッパに輸出され、累計15万台以上生産されたフライス盤の名機です。

▼ハウのフライス盤（左）とリンカーン・フライス盤（右）

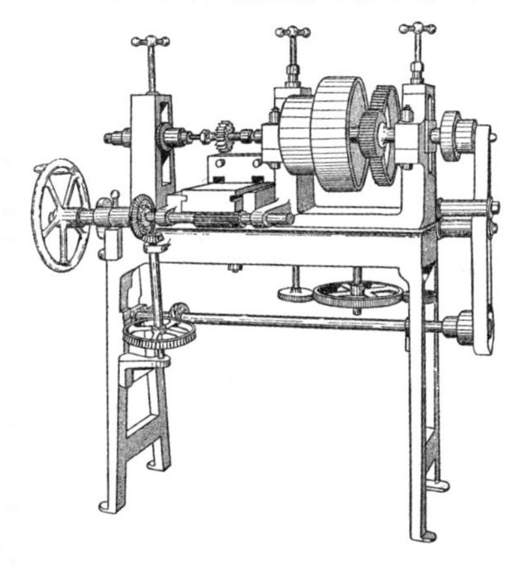

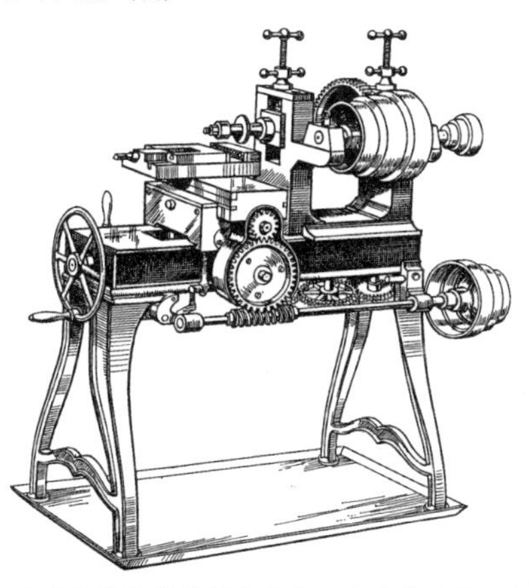

出典：L. T. C. Rolt, *Tools for the Job, A Short History of Machine Tools*, 1965

5-6 割出し作業

フライス盤加工の基本作業の１つが割出しです。割出しとは、歯車の歯溝切りやスプライン溝切りなど、工作物の円周を等分割して切削する作業です。

割出し

写真の万能割出し台では、直接割出し法、間接割出し法、差動割出し法の３つの方法による割出しができます。

直接割出し法は、24等分された直接割出し板を使用する方法です。24等分されているので、2、3、4、6、8、12および24等分の等分割割出しが行えます。

間接割出し法は、割出しハンドルと割出し板を用いて割り出す方法です。主軸を１回転するのにハンドルは40回転するので、主軸を１／N回転させるには、割出しハンドルを40／N回転させます。ここで、割出しハンドルを回す穴数hと割出し板にある穴数Hとの関係は次の式で表されます。

$$n = \frac{40}{N} = \frac{h}{H}$$

N：工作物の等分分割数
n：割出しハンドルの回転数
H：割出し板にある穴数
h：ハンドルを回す穴数

この式から、N等分の割出しは、H穴のところでh穴数だけ回せばよいことになります。

差動割出し法は、間接割出し法ではできない数の割出しのときに用いられます。主軸とマイタ歯車軸を、歯車列を介してつないで割出しをします。

ここでは、最も簡単な直接割出し法について述べます。例として、次ページの下の写真にある旋盤用コレットを製作します。下地は旋盤で加工します（石田正治『図解入門現場で役立つ旋盤加工の基本と実技』秀和システム、2014年を参照）。

万能割出し台各部の名称

旋盤用自作コレット

自作のメタルソーアーバとメタルソー

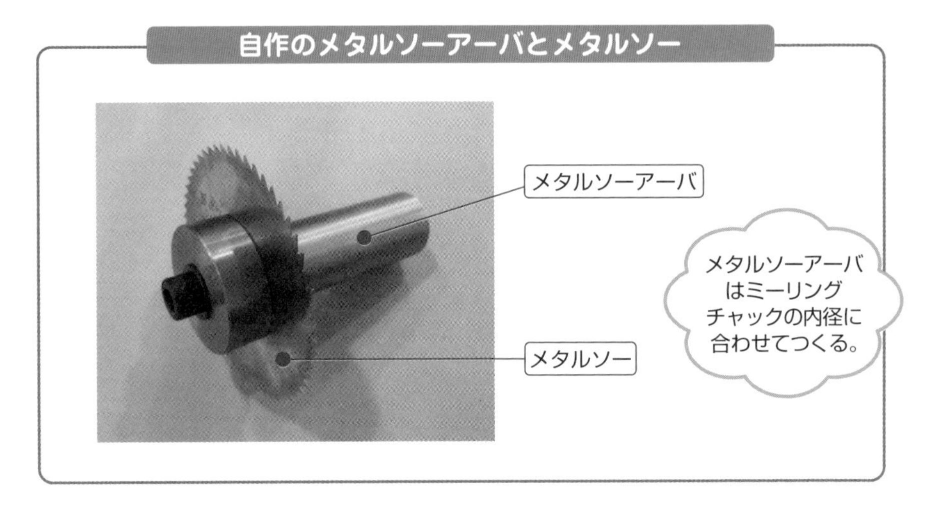

立てフライス盤では、コレットの3分割、すりわりを行います。すりわり*には**すりわりフライス**を用いますが、ここでは**メタルソー**で代用します。すりわりフライスとメタルソーは、横フライス盤のアーバに付けて使うフライスですが、立てフライス盤で使うためには、写真の自作の**メタルソーアーバ**を用います。

メタルソーによるすりわり加工

***すりわり** 切削によって狭い溝をつくること。

このようなアーバを使えば、側フライスや溝切りフライスも立てフライス盤で使用できます。

写真に示すように、割出し台のスクロールチャックに、旋盤加工されたコレットを取り付けます。メタルソーは厚み1mm、直径100mmを使用します。主軸回転数は、60min^{-1}とします。上向き削りで削ることにしますので、メタルソーは、写真に示すように手前の位置にあります。3等分ですから、チャックのつめに当たらないように注意してすりわりをします。

コレットの図

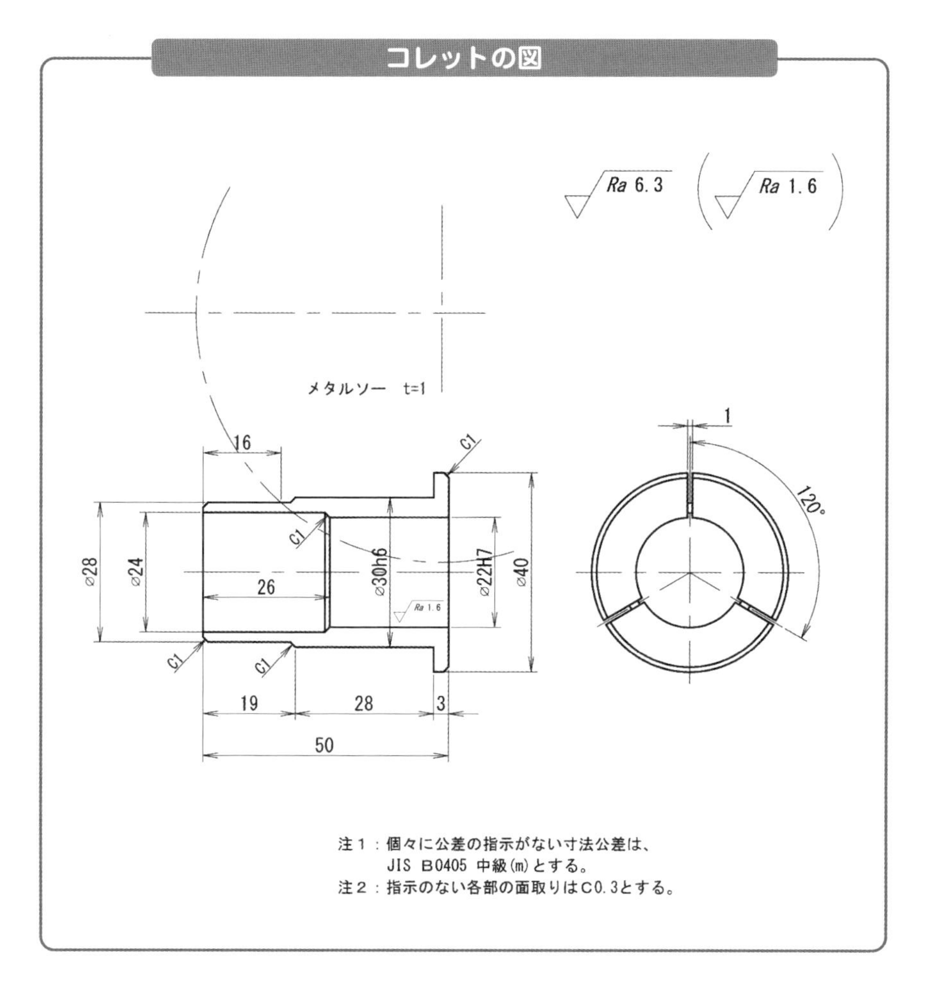

COLUMN ねじれ溝加工の原理

ドリルやエンドミルは、**ねじれ溝**があることにより、切れ味のよい切れ刃となり、切りくずの排出性を高めています。このねじれ溝の加工は、テーブルまたは主軸頭が旋回できる万能フライス盤で行います。テーブルをねじれ角度ぶん、旋回させると、ねじれ溝の方向にフライスが一致するようになります。ここで、割出し台のチャックに取り付けた工作物の回転とテーブルの送りを連動させることによって、外丸フライスの切れ刃との接点は、スパイラルの軌跡を描きます。

▼万能フライス盤によるねじれ溝加工

COLUMN びびり

エンドミルやあり溝フライスなどシャンクタイプのフライスでは、切削時に特有の甲高い振動音が発生し、仕上げ面が波をうったような状態になることがあります。この現象を**びびり**といいます。高速切削や重切削をしているときに発生しやすく、びびりが発生すると仕上げ面を悪くするだけでなく、工具や機械の損傷にもつながります。

びびりを防ぐには、切削抵抗を減らすことです。回転数や送りを小さくし、切れ刃が摩耗している場合には、新しいものに取り替えるなどの処置で、びびりの発生を防ぐことができます。また、不等間隔の切れ刃、不等角のリードをもつ切れ刃により、びびりの自励振動の発生を抑えるエンドミルが開発されています。

▼びびりが発生した仕上げ面

Chapter 6

六面体加工

　本章では、フライス盤加工の基本中の基本作業である六面体の加工について述べます。フライス盤加工では、例えば第8章、第9章で取り上げる技能検定課題のような加工の場合、まず正確な六面体をつくることから始めます。正確な六面体ができなければ、あとの加工はできません。

　基本の六面体の加工を通して、切削工具の選定、切削速度と送り速度の決め方、工作物の取り付け方などを身に付け、フライス盤のハンドルやレバーの操作に習熟しましょう。

6-1 六面体

フライス盤で六面体を製作する場合、材料が直方体である場合と、丸棒から削り出す場合とがあります。はじめに、材料が直方体である場合を取り上げます。

課題

図は第８章で取り上げる技能検定２級の課題の部品②について、材料から六面体に加工する例です。

六面体加工の材料と課題図

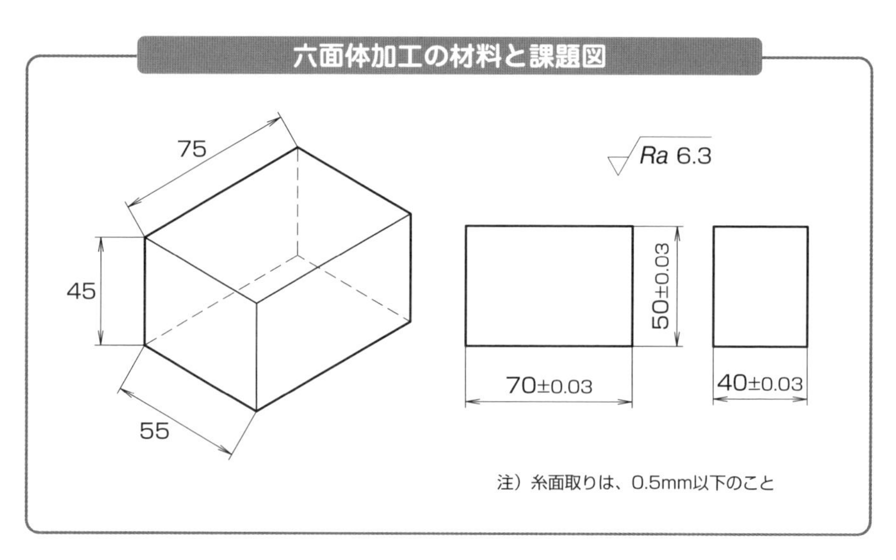

準備

材　料	SS400　45×55×75
工　具	正面フライス・保護口金・平行台・平やすり（細目）・プラスチックハンマ
測定器	ダイヤルゲージ（マグネット・スタンド付き）・ノギス・外側マイクロメータ（25～50mm、50～75mm）、台付き直角定規（スコヤ）・デプスゲージ
消耗品	潤滑油、ウエス、ブラシ

6-2 加工手順と準備

六面体は、各面がその後の加工の基準面になりますから、寸法的にも、形状的にも正確に仕上げられなければなりません。一見、容易な作業のようですが、形と寸法の精度のよいものに仕上げるには、加工手順がしっかりしていなくてはなりません。

六面体の各面の名称

はじめに、図面を見て加工手順を組み立てます。ここでは、説明の便宜上、図に示すように、各面を第１面～第６面と名付けておきます。

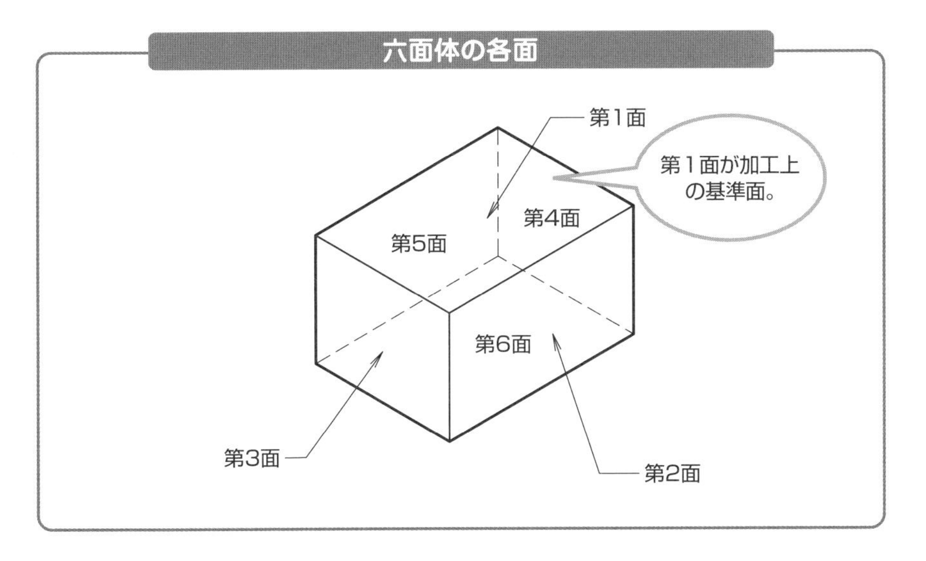

立てフライス盤は、作業前の点検と給油を実施し、各部に支障がないか確認しておきます。ハンドル、レバーをひととおり動かして、操作上の不具合がないか、点検しておきます。

平万力は、口金の平行度をダイヤルゲージで検査しておきます。平万力が正しく取り付けられていることが正確な六面体加工の条件です。

加工手順①　第１面の切削

はじめに、基準となる面を切削します。一般に六面体加工では、最も面積の広い面を加工上の基準面とします。ここでは第１面が加工上の基準面です。

工作物がはじめは黒皮の状態であるので、次ページの図に示すように、平万力に銅板の保護口金を使い、工作物をつかみます。工作物の高さが45mmなので、口金より上に出るように、バイスのすべり面に高さ20mm程度の平行台を置き、平行台を工作物の硬い黒皮で傷付けないために、工作物と平行台の間に紙を入れます。

黒皮のSS400材

正面フライスの回転数と工作物の送り速度を算定します。超硬合金のスローアウェイチップを取り付けた直径160mmの正面フライスでは、工作物の材質が一般構造用圧延鋼材(SS400)の炭素鋼ですから、ここでは5-4節の表から、切削速度120m/minとして計算します。120m/minは、表では荒削りと仕上げ削りを兼ねた切削速度ですが、仕上げ削りでは１～２段、回転数を高くします。

この技能検定の課題では、取り代（削り代）が5mmです。各面の取り代は2.5mmですから、荒削りで切込み2mmとし、0.5mmを２回に分けて仕上げることにします。

工作物の取り付け方（加工手順①）

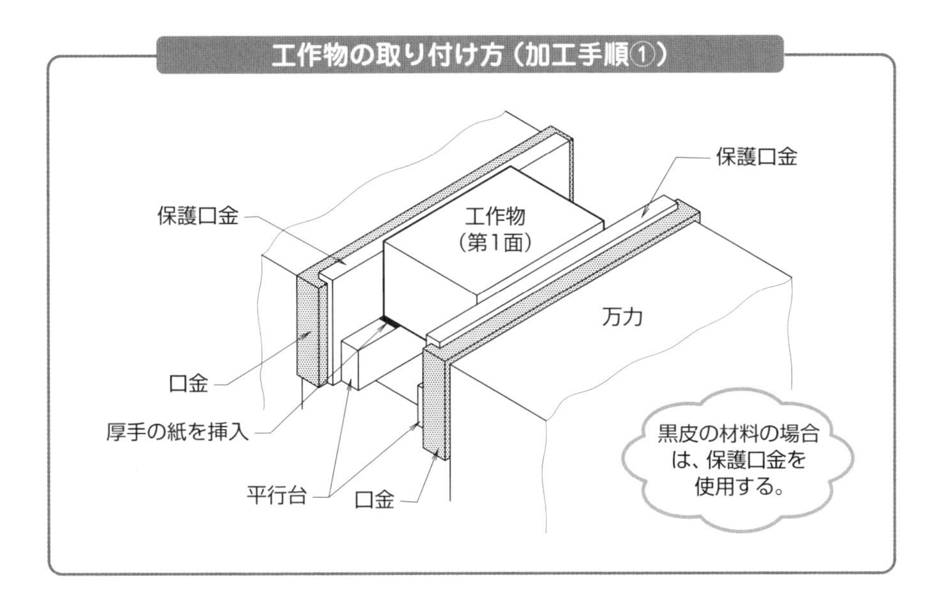

$$N = \frac{1000 \times V}{\pi \times D} = \frac{1000 \times 120}{\pi \times 160} \fallingdotseq 239 \quad (\mathrm{min}^{-1})$$

フライス盤の主軸回転数表から239min⁻¹に近い回転数を選択し、セットします。

2FM-V型立てフライス盤では、210min⁻¹と290min⁻¹が選択できる回転数です。低い回転で試し削りをしてから、回転数を切削状況に応じて上げるとよいでしょう。

仕上げ削りの場合は、切削速度は120～150m/minで計算します。荒削りのときの回転数のおよそ1～1.25倍の回転数です。荒削りと同様に、低い回転で試し削りをしてから、回転数を切削状況に応じて上げるとよいでしょう。

次に送り速度を算定しておきます。

5-4節の表から、炭素鋼の軟鋼では、1刃当たりの送り量は0.35mm/刃、正面フライスの刃数は8個の例で、送り速度Fを計算してみます。

$$F = NZf = 0.35 \times 8 \times 210 = 588 \quad (\mathrm{mm/min})$$

実際には、計算値より小さい値でセットし、試し削りをしながら徐々に大きくして最適値を求めるとよいでしょう。同じフライスであっても、刃先の摩耗や工作物の材質の変化により送り速度は変わります。計算値は確定したものではなく、目安に過ぎません。仕上げ削りの場合、中仕上げ加工で、荒削りの1／2程度の送り速度とし、仕上げ加工は、さらに送り速度を小さくします。1刃当たりの送り量は0.05～0.1mm／刃です。

●六面体加工の切削条件の例

使用機械	：2FM-V型立てフライス盤		
主軸回転数	：荒削り	210min^{-1}	(290min^{-1})
	仕上げ削り	390min^{-1}	(530min^{-1})
送り速度	：荒削り	600mm/min	
	仕上げ削り	300mm/min	

六面体・第1面の正面フライス削り

材料が黒皮の場合は保護口金を使用する。

切削後、工作物を万力から取り外し、やすりで糸面取り*（いとめんとり）をし、切削でできた角のばりを取り除きます。仕上げ削り後、仕上げ面の粗さを確認します。課題図では*Ra*6.3*の指示ですから、フライス盤加工では上仕上げ（じょうしあげ）です。

加工手順②　第2面の切削

第1面は、加工上の基準面ですから、図に示すように、加工した第1面を平万力の固定口金に当て、反対側の未加工の第6面を、直径10～20mm程度の当て棒を万力の移動口金の間に挟んで、万力に取り付けます。

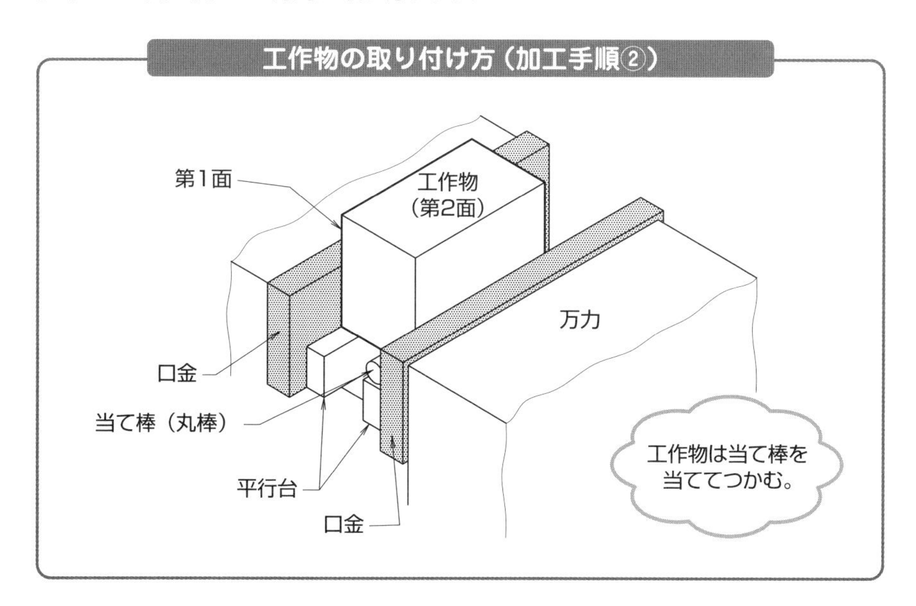

＊糸面取り　角の面取りで糸の太さ程度のわずかな量だけ行うこと。

＊*Ra*6.3　加工表面の凹凸を**表面粗さ**といい、*Ra*は加工表面の凹凸曲線とその平均線との高さの差の絶対値の平均を求めたもので、**算術平均粗さ**という。6.3の単位はμm。

六面体・第2面の正面フライス削り

切削条件は、第1面と同じです。荒削りで切込み2mmとし、0.5mmを2回に分けて仕上げます。仕上げ削り後、仕上げ面の粗さを確認します。

切削後、工作物を万力から取り外し、やすりで糸面取りをし、ばりを取り除きます。

加工手順③　第5面の切削

加工手順③では、工作物を反転してつかみます。図に示すように、加工した第2面を下にし、第5面を上にしてつかみます。第1面は、加工手順②と同じで、万力の固定口金に当てます。万力でつかむとき、工作物を締め付けながら第5面をプラスチックハンマでたたいて、第2面を平行台に密着させて固定します。このとき、平行台を指で押してみて、動かないのであれば、密着していることになります。この作業を怠ると、第2面と第5面の平行度を出すことができません。

工作物の取り付け方（加工手順③）

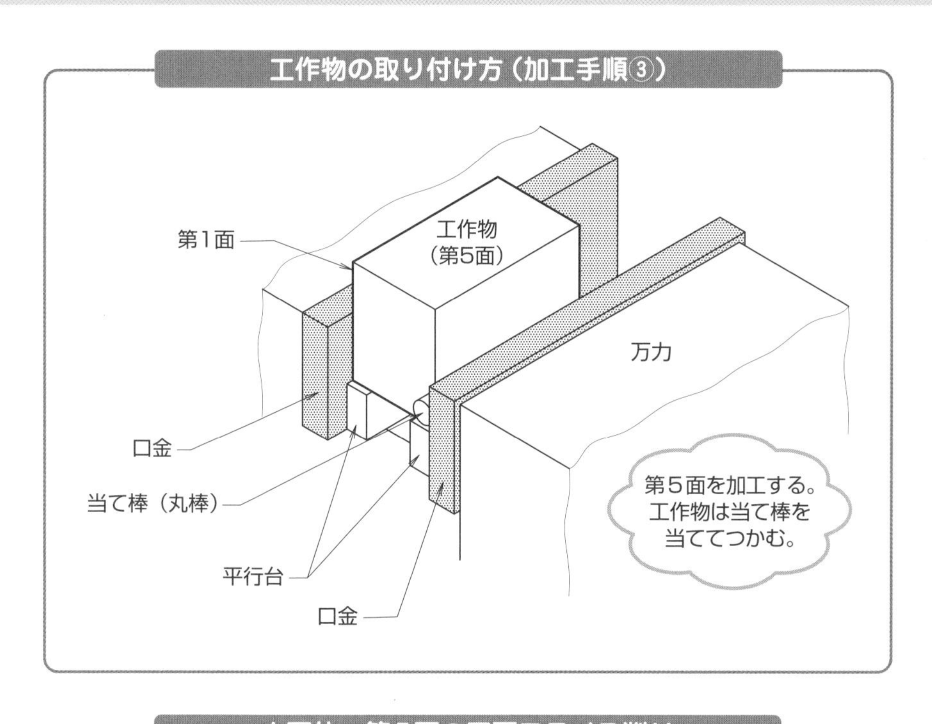

六面体・第5面の正面フライス削り

デプスゲージによる高さの測定

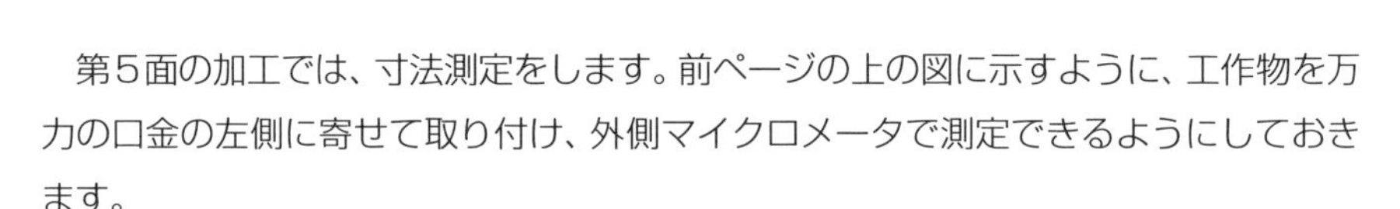

第5面の加工では、寸法測定をします。前ページの上の図に示すように、工作物を万力の口金の左側に寄せて取り付け、外側マイクロメータで測定できるようにしておきます。

外側マイクロメータで測定できないような工作物では、デプスゲージを用い、平行台から工作物の加工面までの高さを測定します。

切削条件は、第1面と同じです。荒削りで切込み2mmとし、0.5mmを2回に分けて、仕上げます。荒削りを終えた段階で、外側マイクロメータ(50～75mm)で測定します。取り代を2回に分けて仕上げ削りをし、1回目の仕上げ削り後、マイクロメータで最後の取り代を測定し、50±0.03の寸法に仕上げます。仕上げ削り後、仕上げ面の粗さを確認します。

切削後、工作物を万力から取り外し、やすりで糸面取りをし、ばりを取り除きます。工作物を万力から取り外したときに、再度、マイクロメータで工作物の両端の寸法を測定し、第2面と第5面間の平行度がでているか確認しておきます。

加工手順④　第６面の切削

加工手順④では、工作物の第２面を固定口金側、第５面を移動口金側にしてつかみます。図に示すように、基準面の第１面を下にし、未加工の第６面を上にしてつかみます。加工手順③と同じで、万力でつかむとき、工作物を締め付けながら第６面をプラスチックハンマでたたいて、第１面を平行台に密着させて固定します。このとき、平行台を指で押してみて動かないのであれば、密着していることになります。この作業を怠ると、第１面と第６面の平行度を出すことができません。

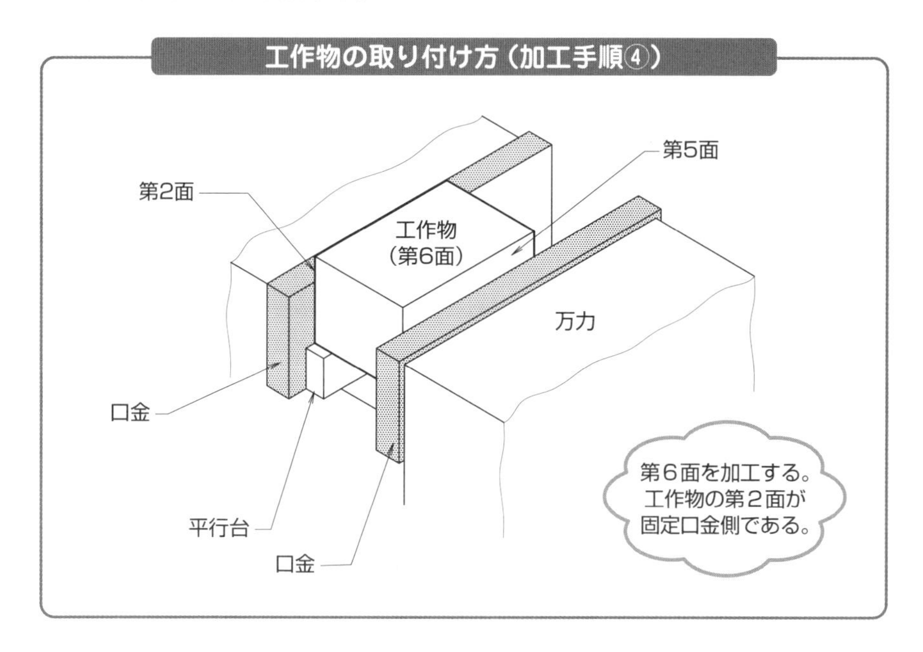

工作物の取り付け方（加工手順④）

第６面の加工では、加工手順③と同様に寸法測定をしますから、図に示すように、工作物を万力の口金の左側に寄せて取り付け、外側マイクロメータで測定できるようにしておきます。

切削条件は、第１面と同じです。荒削りで切込み2mmとし、0.5mmを２回に分けて、仕上げます。荒削りを終えた段階で、外側マイクロメータ(25～50mm)で測定します。取り代を２回に分けて仕上げ削りをし、１回目の仕上げ削り後、マイクロメータで最後の取り代を測定し、40±0.03の寸法に仕上げます。仕上げ削り後、仕上げ面の粗さを確認します。

六面体・第6面の正面フライス削り

切削後、工作物を万力から取り外し、やすりで糸面取りをし、ばりを取り除きます。

工作物を万力から取り外したときに、再度、マイクロメータで工作物の両端の寸法を測定し、第1面と第6面間の平行度がでているか確認しておきます。

加工手順⑤　第3面の切削

加工手順⑤では、工作物の第1面を固定口金側、第6面を移動口金側にしてつかみます。図に示すように、第4面を下にし、第3面を上にしてつかみます。

このとき、第4面は未加工ですから、図に示すように、万力の口金すべり面にスコヤ(直角定規)を置いて、第2面に当てて直角になるようにして工作物をつかみます。

ダイヤルゲージにより、直角度を測定しながら取り付ける方法もあります。精密に直角度を測定するにはダイヤルゲージを用いたほうがよい結果が得られます。技能検定では、試験時間が限られていますので、スコヤを用いての取り付けに慣れておきましょう。

切削条件は、第1面と同じです。荒削りで切込み2mmとし、0.5mmを2回に分けて仕上げます。仕上げ削り後、仕上げ面の粗さを確認します。

工作物の取り付け方（加工手順⑤）

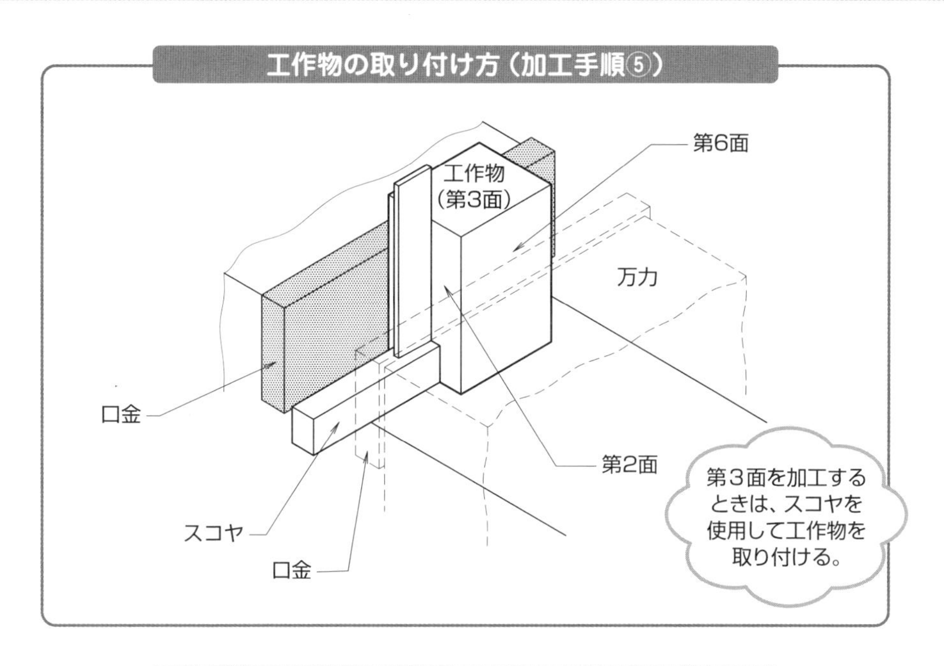

スコヤを使用して、取り付け時の直角度を検査

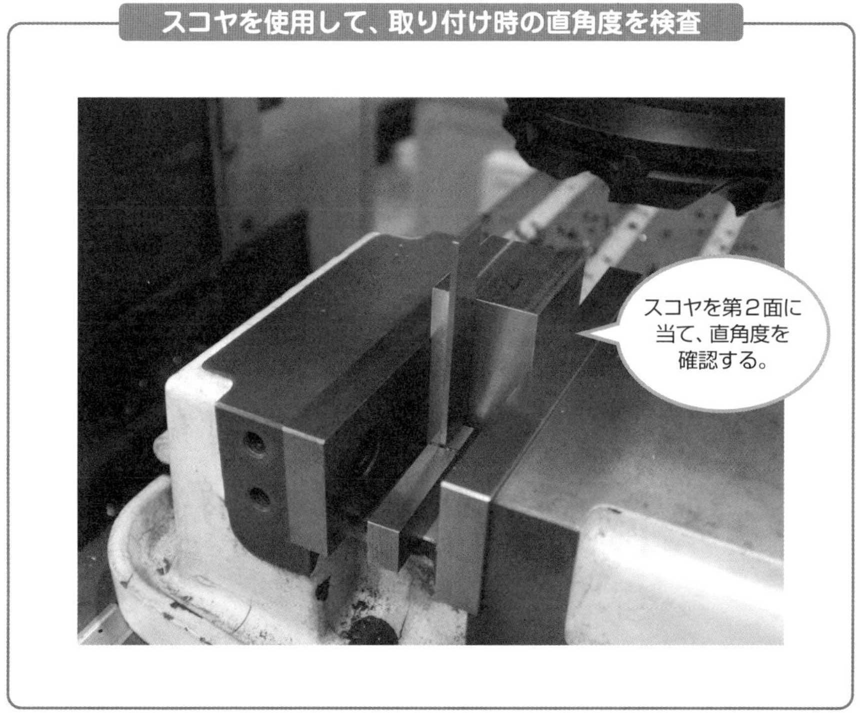

ダイヤルゲージによる直角度の測定

切削後、工作物を万力から取り外し、やすりで糸面取りをし、ばりを取り除きます。

工作物を万力から取り外したときに、第1面と第3面、第2面と第3面にスコヤを当てて、それぞれの直角度がでているか確認しておきます。

加工手順⑥　第4面の切削

加工手順⑥では、工作物の第1面を固定口金側、第6面を移動口金側にしてつかみます。図に示すように、加工した第3面を下にし、第4面を上にしてつかみます。

このとき、加工手順⑤と同様に万力の口金すべり面にスコヤ(直角定規)を置いて、第2面に当てて直角度を確認しながら工作物をつかみます。口金すべり面に第3面を密着させるために、第4面をプラスチックハンマでたたきます。

切削条件は、第1面と同じです。荒削りで切込み2mmとし、0.5mmを2回に分けて仕上げます。仕上げ削り後、仕上げ面の粗さを確認します。

取り代の測定は、取り付けたままの状態で、デプスゲージを用いて口金すべり面から加工面までの高さを測定して算出します。または、荒削り後に万力から工作物を取り外して、外側マイクロメータで測定します。このときに、ニー手送りハンドルのマイクロメータカラーを0にリセットしておきます。

工作物の取り付け方（加工手順⑥）

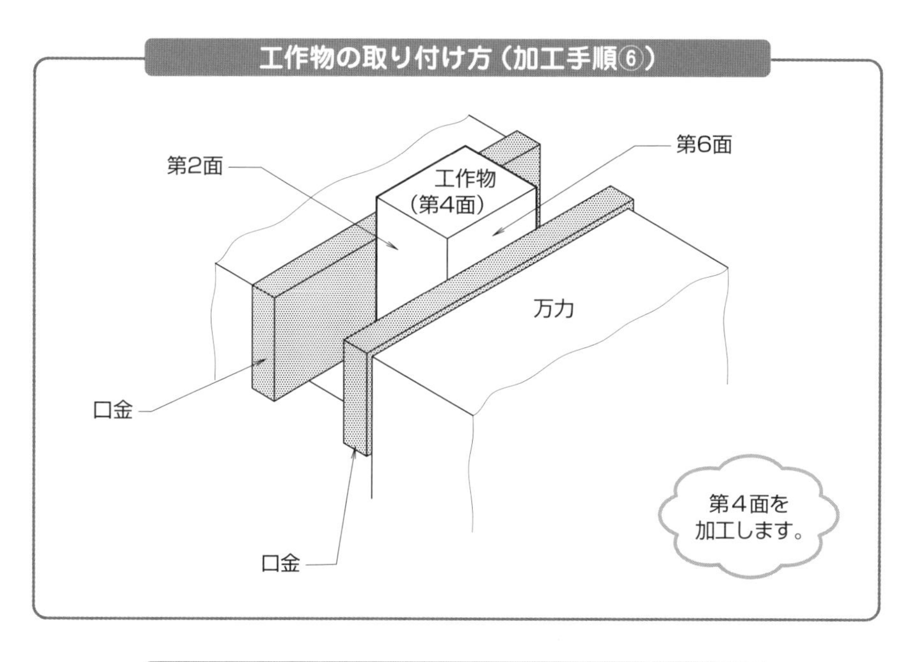

六面体・第4面の正面フライス削り

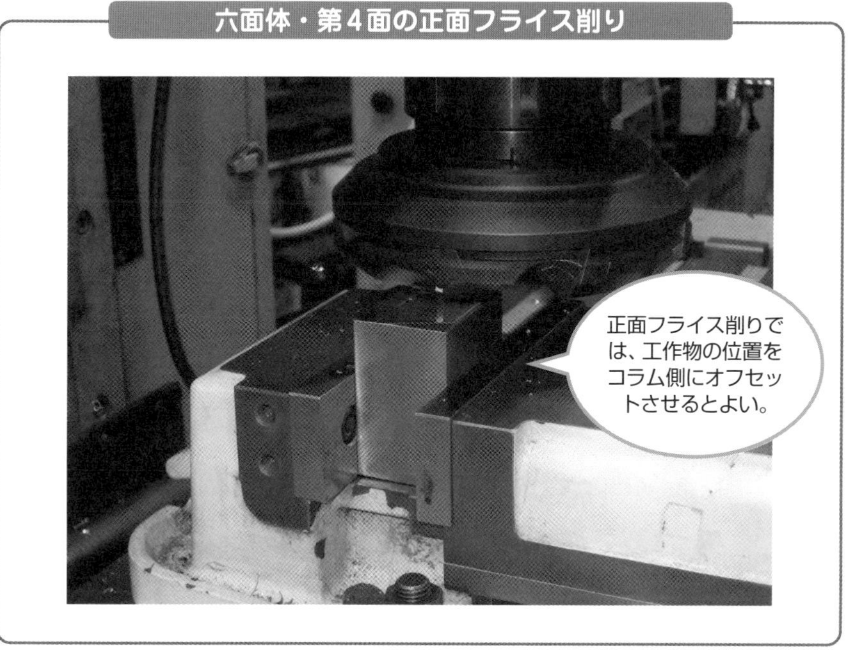

再び、万力に取り付けるとき、スコヤ(直角定規)を置いて、第2面に当てて直角度を確認しながら工作物をつかみます。測定した取り代を削りとって仕上げます。

切削後、工作物を万力から取り外し、やすりで糸面取りをし、ばりを取り除きます。

工作物を万力から取り外し、各寸法が公差内に入っているかマイクロメータで確認するとともに、第1面と第4面、第2面と第4面にスコヤを当てて、それぞれの直角度がでているか確認します。これで、六面体の完成です。

各部の寸法を外側マイクロメータで測定し、指定の寸法公差内に仕上げられているか確認する。

高速ミーリング

高速ミーリングは、切込みを浅くし、エンドミルの切れ刃の切削速度を高めて、高速で送る切削加工です。

切削速度を高めると切りくずがせん断形となり、切削抵抗が減少します。切削速度100～300m/minで良好な結果が得られます。あまり回転数を上げても、切削熱や機械の振動の問題があり、高速ミーリングにも限界があります。

高速ミーリングに適したネガティブすくい角の超硬エンドミルが開発されています。

6-3 丸棒から六面体加工

丸棒から六面体を加工する手順について述べます。一般には、材料が無駄になる部分が多いので丸棒から六面体を削り出すことはしませんが、フライス盤加工では、基本となる作業です。

 課題

図に示すように、材料SS400の丸棒から35×35×60の六面体に加工します。

使用工具と測定器、切削条件は前節の六面体加工と同じです。

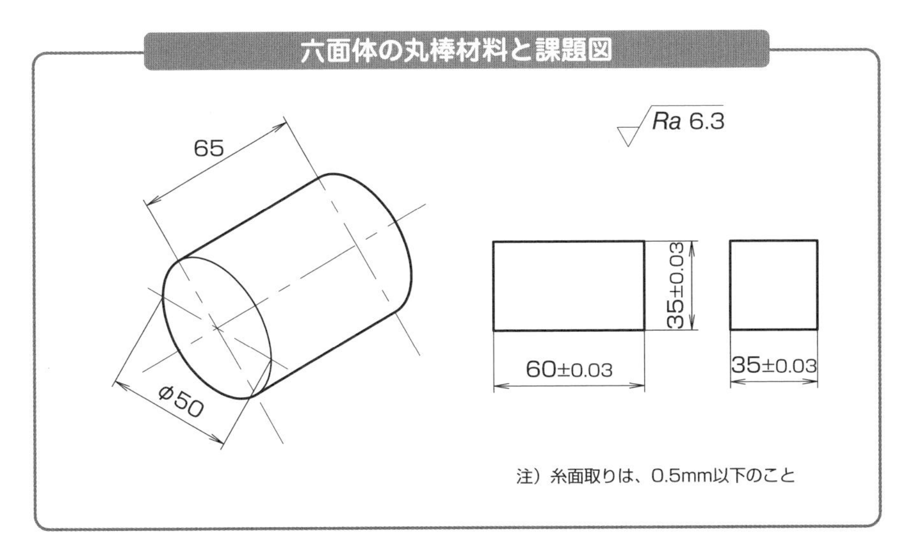

加工手順① 第1面の切削

工作物が黒皮の状態であるので、次ページの上の図に示すように、平万力に銅板の保護口金を使い、工作物をつかみます。工作物の直径が50mmなので、口金より上に出るように、バイスのすべり面に高さ20mm程度の平行台を置き、平行台を工作物の硬い黒皮で傷付けないために、工作物と平行台の間に紙を入れます。

はじめに、基準となる面を切削します。材料が丸棒の場合、両端面を第3面、第4面として、次ページの下の図に示すように基準となる第1面を加工します。

丸棒の工作物の取り付け方（加工手順①）

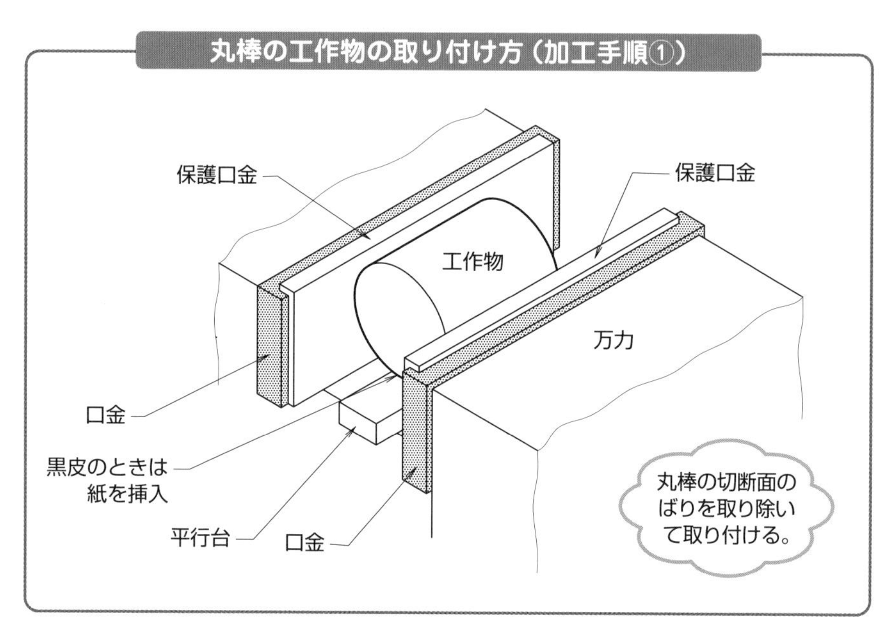

第１面の加工

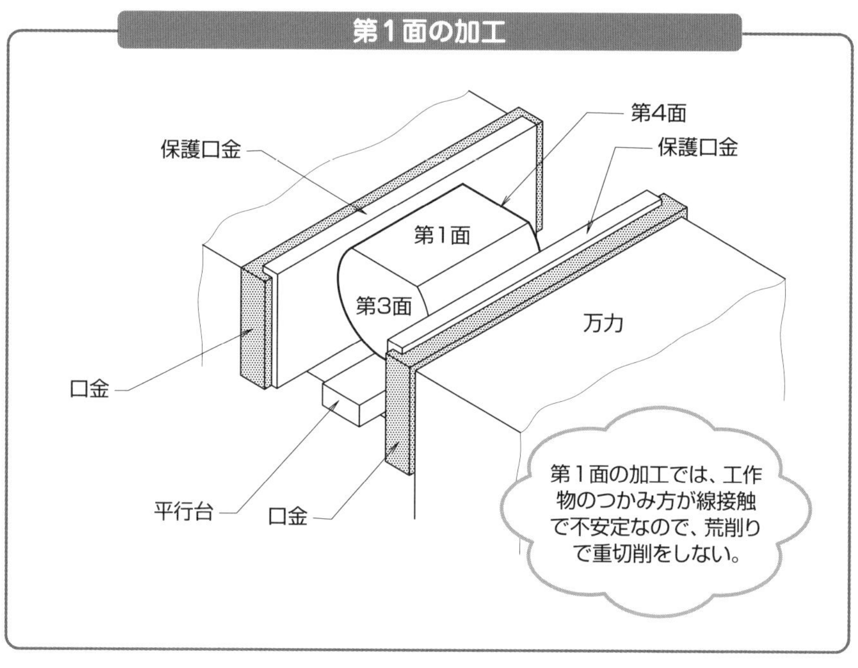

この課題では、材料の直径が50mmで、仕上がりは35mmの四角ですから、各面の取り代は、7.5mmです。荒削りで7mm、仕上げ削りで0.5mmの取り代とします。荒削りの1回の切込みは、2〜3mmとし、3回で荒削りを終えます。

仕上げ削り後、仕上げ面の粗さを確認します。課題図ではRa6.3ですから、フライス盤加工では上仕上げです。

丸棒から六面体・第1面の正面フライス削り

加工手順② 第2面の切削

第1面を加工の基準面として、次ページの上の図に示すように固定口金に当てます。反対側は黒皮の状態であるので、移動口金には銅板の保護口金を使い、工作物をつかみます。

加工手順①と同様に、工作物の直径が50mmなので、口金より上に出るように、バイスのすべり面に高さ20mm程度の平行台を置き、平行台を工作物の硬い黒皮で傷付けないために、工作物と平行台の間に紙を入れます。

第1面と同じ手順で、7mmの取り代を荒削りし、0.5mmを仕上げ削りします。

仕上げ削り後、仕上げ面の粗さを確認します。

丸棒の取り付け方と加工（加工手順②）

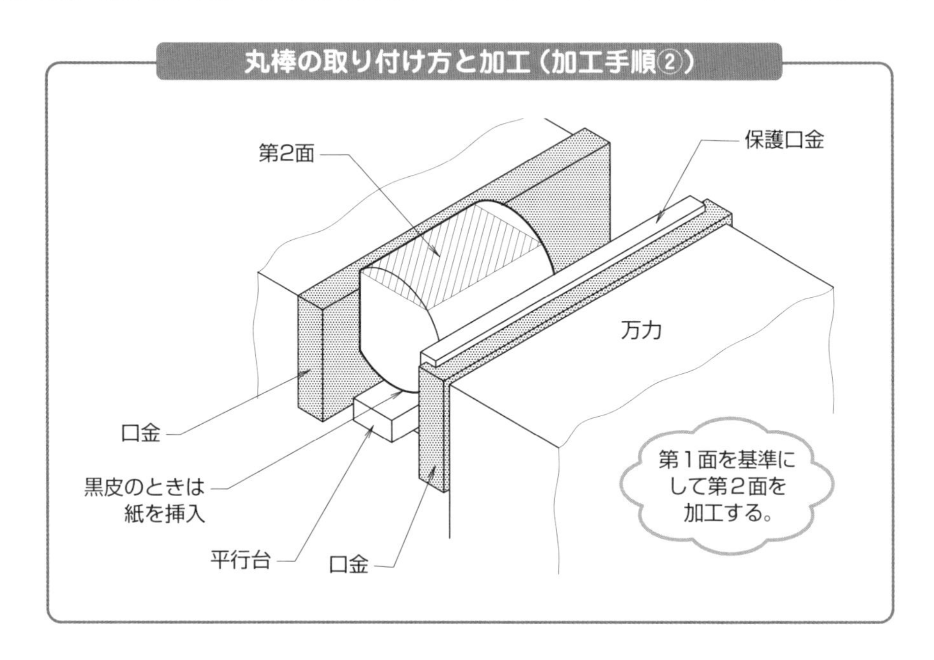

丸棒から六面体・第2面の正面フライス削り

切削後、工作物を万力から取り外し、やすりで糸面取りをし、ばりを取り除きます。

ばり取りと糸面取り

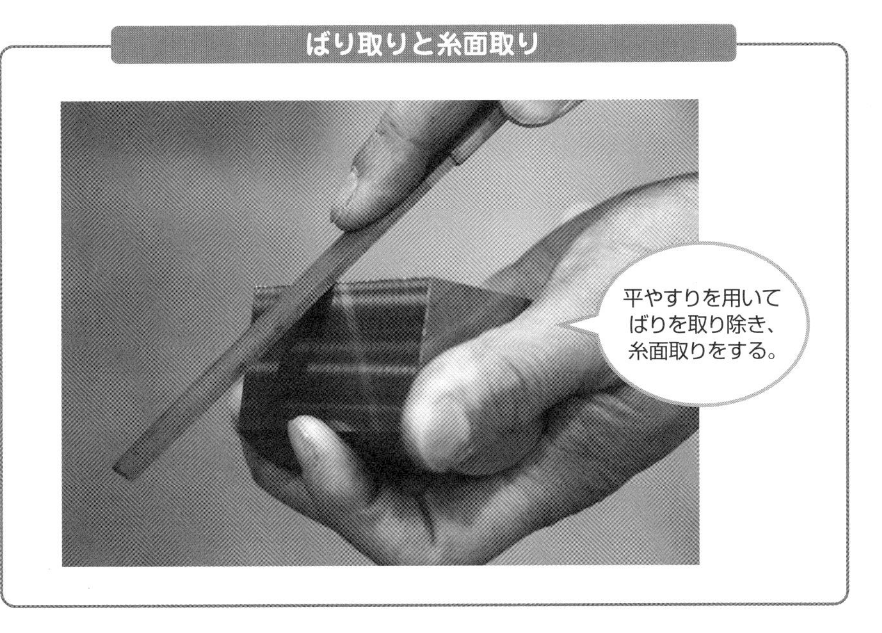

 加工手順③　第５面の切削

加工手順②と同様に第１面を加工の基準面として、次ページの上の図に示すように固定口金に当てます。反対側は黒皮の状態であるので、移動口金には銅板の保護口金を使い、工作物をつかみます。平行台を図のように置き、締付けのときに、プラスチックハンマで上からたたいて、第２面を平行台に密着させます。

第５面の加工では、寸法測定をします。図に示すように、工作物を万力の口金の左側に寄せて取り付け、外側マイクロメータで測定できるようにしておきます。

第１面と同じ手順で、7mmの取り代を荒削りします。荒削り後に外側マイクロメータ(25〜50mm)を用いて、取り代を測定します。取り代が例えば0.5mmの場合、２回に分けて仕上げ削りをし、35±0.03に仕上げます。仕上げ削り後、仕上げ面の粗さを確認します。

切削後、工作物を万力から取り外し、やすりで糸面取りをし、ばりを取り除きます。

工作物を万力から取り外したときに、再度、マイクロメータで工作物の両端の寸法を測定し、第２面と第５面間の平行度がでているか確認しておきます。

丸棒の工作物の取り付け方（加工手順③）

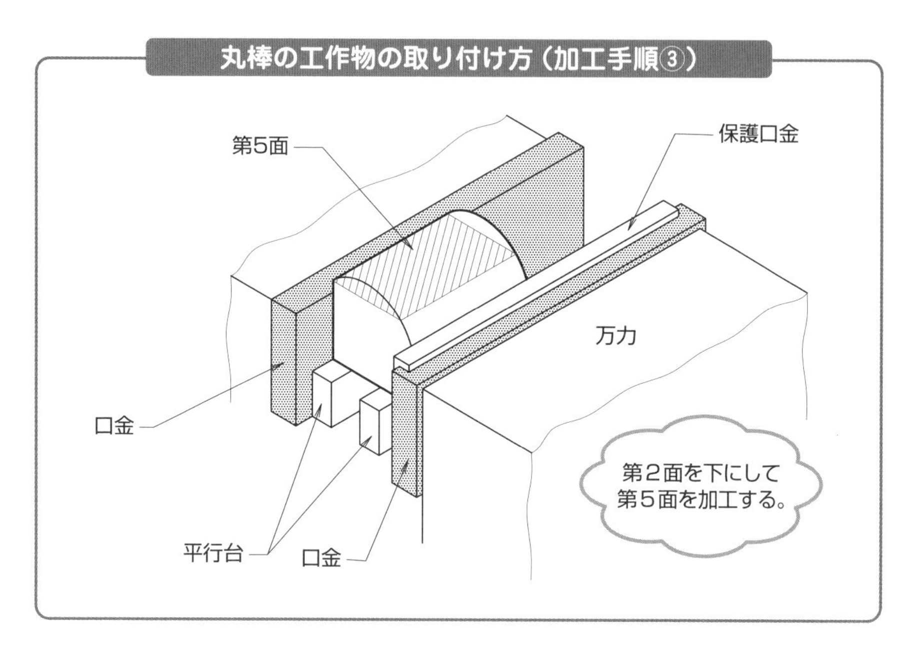

丸棒から六面体・第５面の正面フライス削り

加工手順④　第６面の切削

加工手順④では、第２面を図に示すように固定口金に当て、第５面を移動口金側にして、工作物をつかみます。平行台を図のように置き、第１面を下にして取り付けます。口金で工作物を締め付けるときに、プラスチックハンマで上からたたいて、第１面を平行台に密着させます。第６面の加工では、加工手順③と同様に寸法測定をします。図に示すように、工作物を万力の口金の左側に寄せて取り付け、外側マイクロメータで測定できるようにしておきます。

丸棒の工作物の取り付け方（加工手順④）

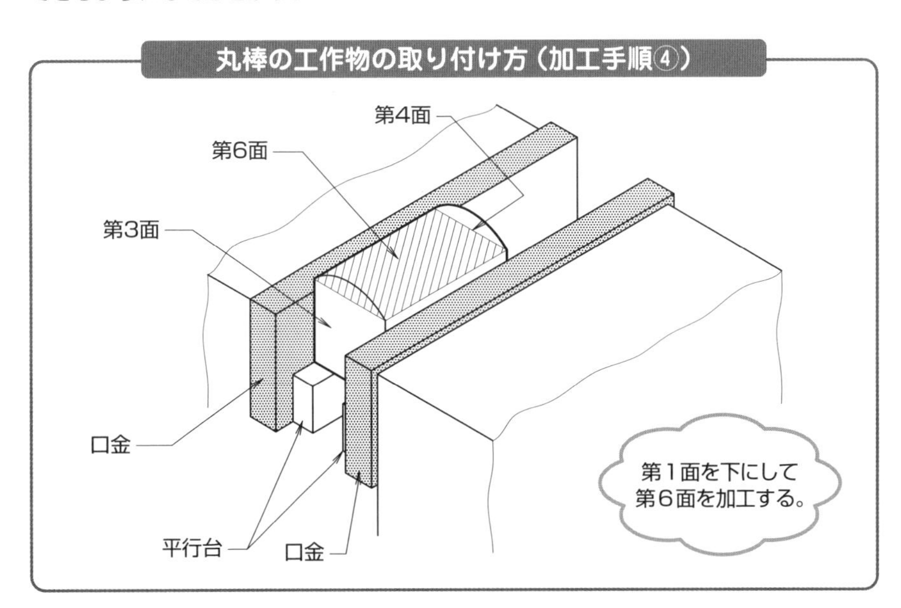

L / D問題

エンドミルの直径をD、工具ホルダから刃先までの突き出し長さをLとして、L/Dが大きくなるほど、エンドミルに加わる曲げモーメントは増大し、たわみが大きくなって逃げてしまいます。

Lは短いほどよいのですが、長くしなければならないときは、剛性の高い多刃エンドミルを選択します。

第6面加工のための取り付け

第1面と同じ手順で、7mmの取り代を荒削りします。荒削り後に外側マイクロメータ(25～50mm)を用いて、取り代を測定します。取り代は2回に分けて仕上げ削りをし、35±0.03に仕上げます。仕上げ削り後、仕上げ面の粗さを確認します。

丸棒から六面体・第6面の正面フライス削り

切削後、工作物を万力から取り外し、やすりで糸面取りをし、ばりを取り除きます。

工作物を万力から取り外したときに、再度、マイクロメータで工作物の両端の寸法を測定し、第１面と第６面間の平行度がでているか確認しておきます。

加工手順⑤⑥　第３面、第４面の切削

加工手順⑤、加工手順⑥の第３面と第４面の切削は、前節の角材の六面体加工の手順と同じ方法で加工し、六面体を完成させます。

丸棒から六面体・第３面の加工（加工手順⑤）

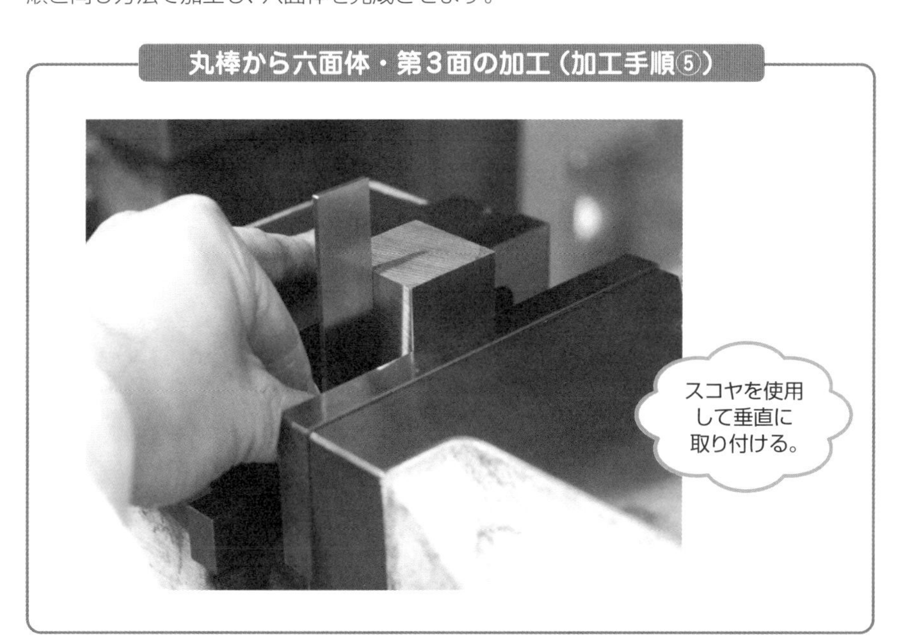

工具経路

工具経路は**カッタパス**ともいわれています。エンドミルでの加工において、どのような経路で加工すれば、短時間で良好な仕上げ面が得られるのか、名工の技の見せどころです。無駄な動きのない工具経路を考えましょう。

丸棒から六面体・第４面の正面フライス削り（加工手順⑥）

丸棒から削り出した六面体

Chapter 7

六面体加工演習（6本組木パズルの製作）

本章では、前章で学んだフライス盤加工の基本作業、六面体の加工の技に習熟するための演習課題として、6本組木パズルを取り上げます。6本組木パズルはもともと木工玩具の1つですが、6つの部品を組み合わせて1つの立体をつくります。6つの部品は、正確な六面体に加工されていないと組み合わせることができませんので、六面体加工の演習課題としては最適です。また、各部品の組み合わさる部分の溝はエンドミルで加工しますが、溝の幅や深さも、六面体と同様に正確な寸法に仕上げられていないと、組み合わせができません。6本組木パズルの製作を通して、正面フライスによる六面体加工と、エンドミルによる溝加工に習熟しましょう。

7-1 6本組木パズル

6本組木パズルは、写真に示すように、6つの4角棒の部品を組み合わせたものです。

6本組木の部品寸法

組み合わさる中央部の溝の幅は、3種類あります。角棒の1辺の長さをAとすると、溝の幅は、2A、A、1／2Aの3種類です。深さはいずれも1／2Aです。演習課題では、角棒の1辺の長さを16mmで設計しましたので、溝幅は、32mm、16mm、8mmのいずれかです。深さは、8mmです。

各部品の溝の形状により、6本組木パズルには、数百種もの組み合わせ方があるといわれています。ここでは組木A、組木B、組木Cをつくってみましょう。

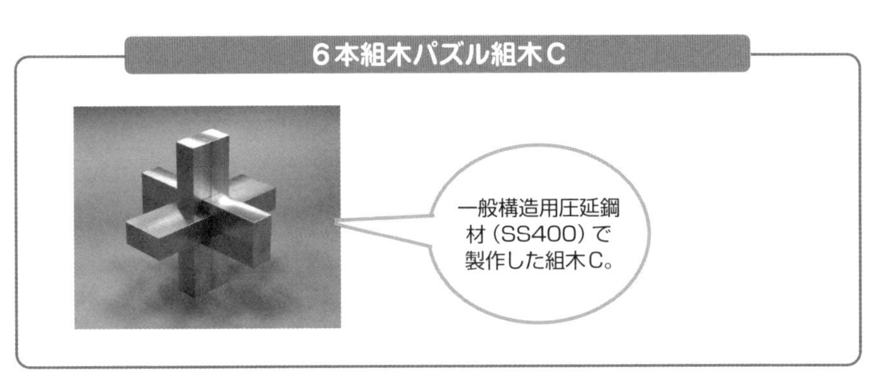

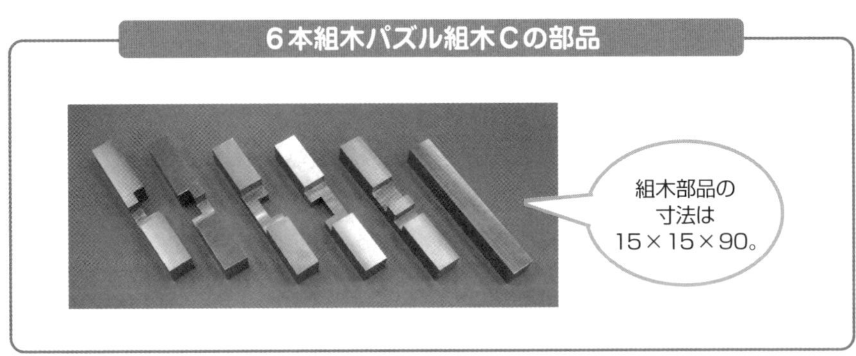

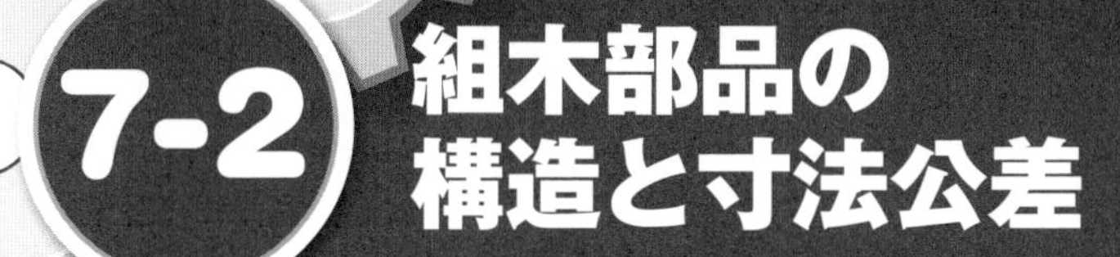

7-2 組木部品の構造と寸法公差

６本組木パズルは、図に示すように４角棒に３種類の溝がつくられています。

６本組木の寸法公差

組み合わせも３種類で、角棒１辺の長さ16mmが基準となっています。したがって、溝の部分を凹部とすると、基準寸法に対して＋0.02の寸法公差が与えられています。角棒の１辺は凸部であるので基準寸法に対して－0.02の寸法公差が与えられます。また、２つの溝がある場合には、溝と溝の位置が正確でなければならないので、加工基準に対し、±0.01の寸法公差です。

組木の溝の形状と組み合わせ方

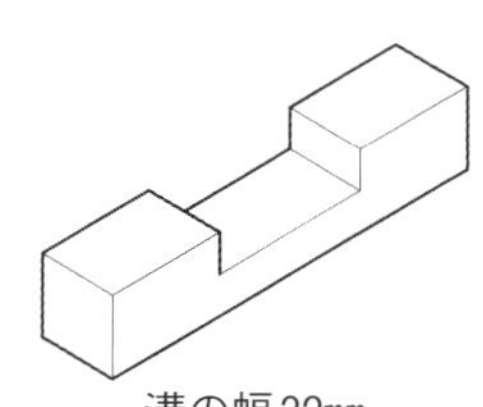

溝の幅32㎜
溝の深さ 8㎜

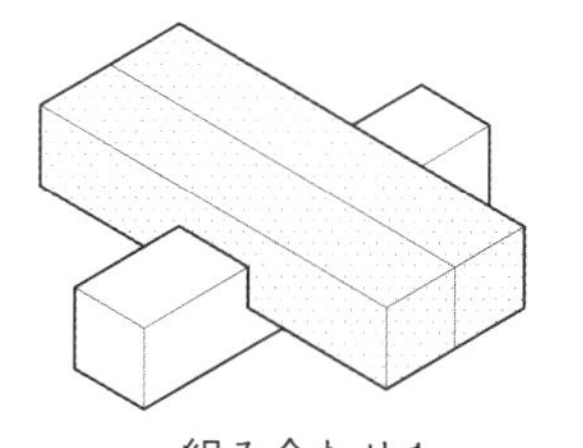

組み合わせ１

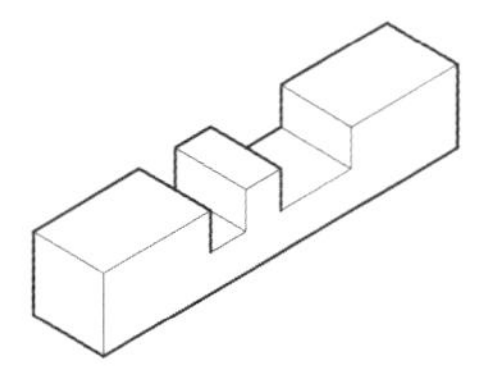

溝の幅8㎜と16㎜
溝の深さ 8㎜

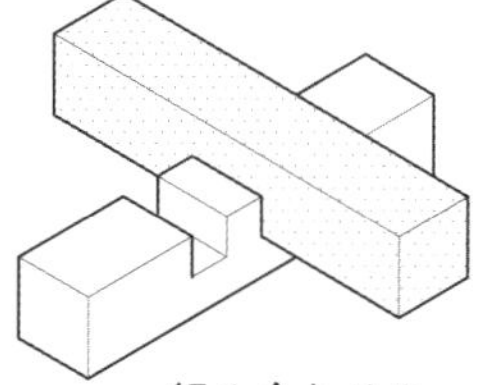

組み合わせ２

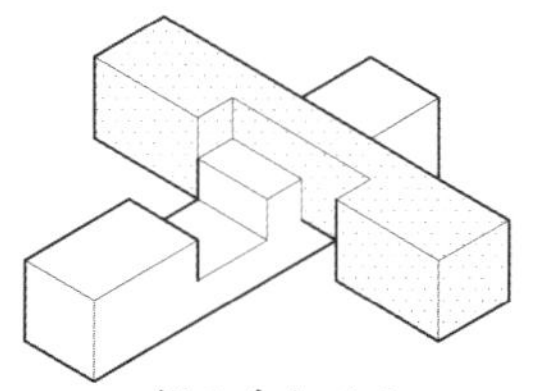

組み合わせ３

7-3 6本組木Aの立体図と部品図

6本組木Aは、図に示すように3種類6本の部品からなるので、比較的加工しやすいです。また、部品の組み立ても容易で初心者向けの組木パズルです。

6本組木Aの部品と組立図

部品①
1本

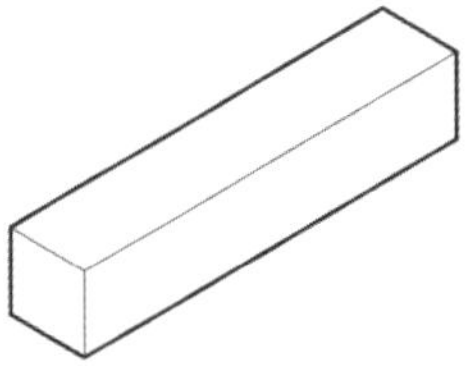

部品②
2本

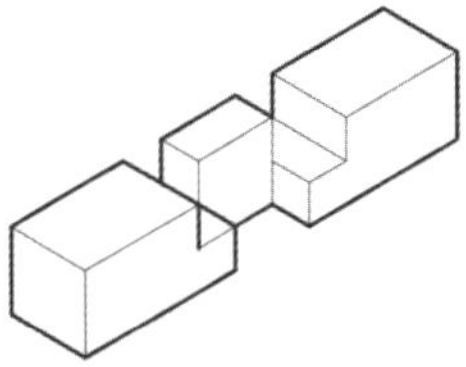

部品③
3本

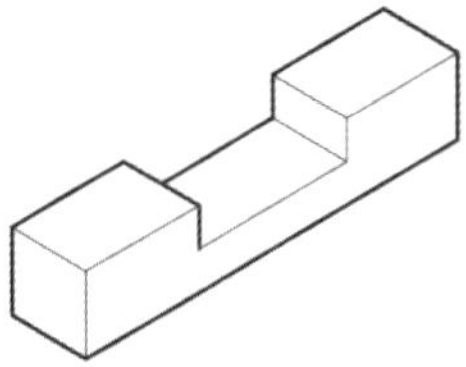

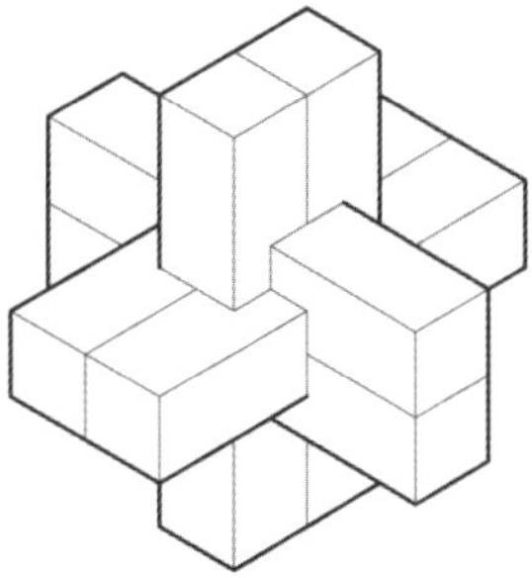

組立図

６本組木パズル・組木Ａの部品図です。

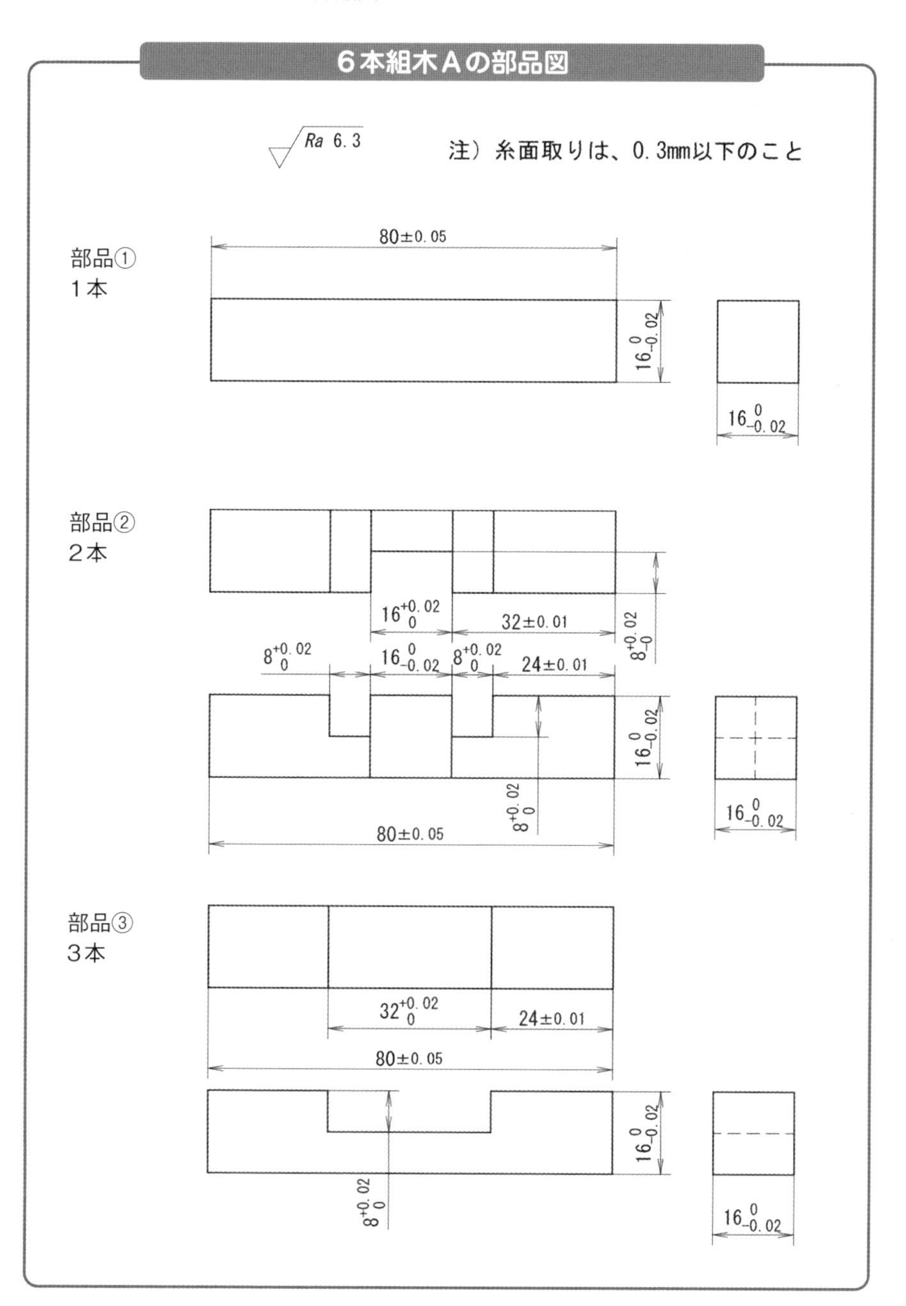

7-4 ６本組木パズルの材料と切削工具

６本組木パズルの材料は、フライス盤で加工できる材料であれば、なんでもよいです。ここでは、鋳造用木型の材料としてよく使われているケミカルウッドを使います。

ケミカルウッドの切削条件

ケミカルウッド（化学合成樹脂木材）は、文字どおり木のように使える樹脂木材です。木目がなく、軽くて削りやすい材料で、経年劣化が少ないなど、組木の材料として適しています。また、金属と違い、錆びることがなく、軽いので子供が玩具として使っても安全です。

●切削工具と切削条件（ケミカルウッドの場合）

・正面フライス：　回転数 1380min^{-1}
　　　　　　　　テーブル送り速度 400mm／min

・４枚刃エンドミル（２本）：φ10～12　　φ6

※２枚刃エンドミルでもよい。

ケミカルウッドの角棒

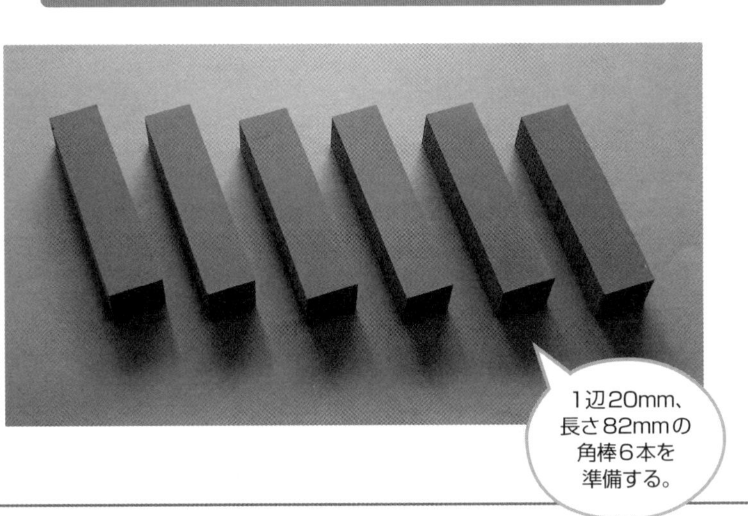

1辺20mm、長さ82mmの角棒６本を準備する。

7-5 正面フライス削り

組木部品をフライス盤で六面体に加工する場合、後章の技能検定課題のように6面すべてを削るのではなく、角棒の両端面は加工せずに、4面を正面フライスで削り、1辺が16mmの正確な角棒にします。

平行台は、16mmに加工したときに、万力の口金より2mm程度出ているような高さのものを選びます。

六面体加工の切削条件

切削条件は、材料に応じて適切な値に設定します。

六面体加工

材料がケミカルウッドの場合、万力で強く締め付けないように注意。

材料の取り付け方

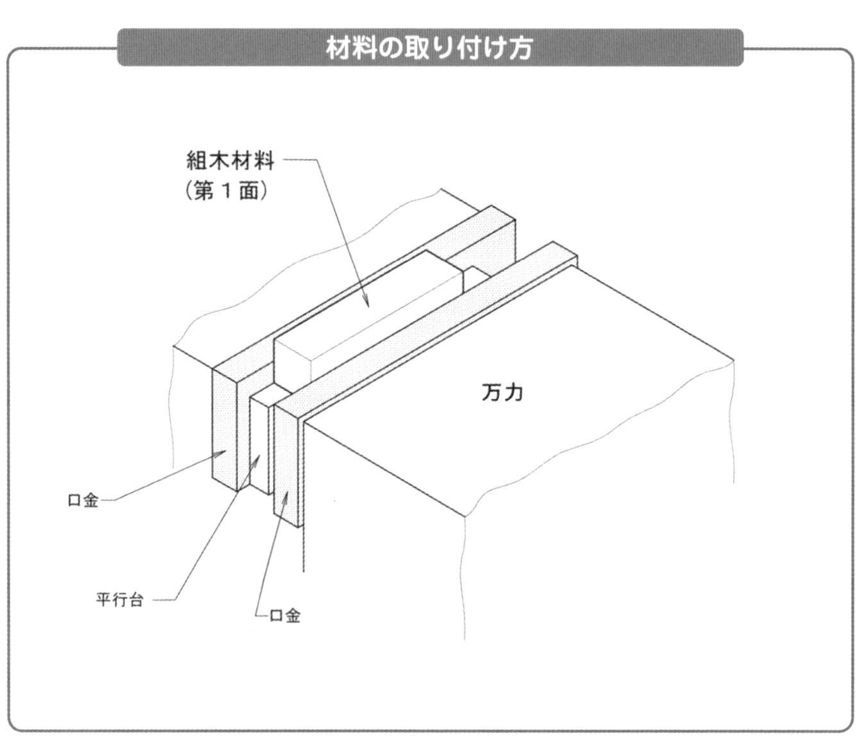

正面フライス加工

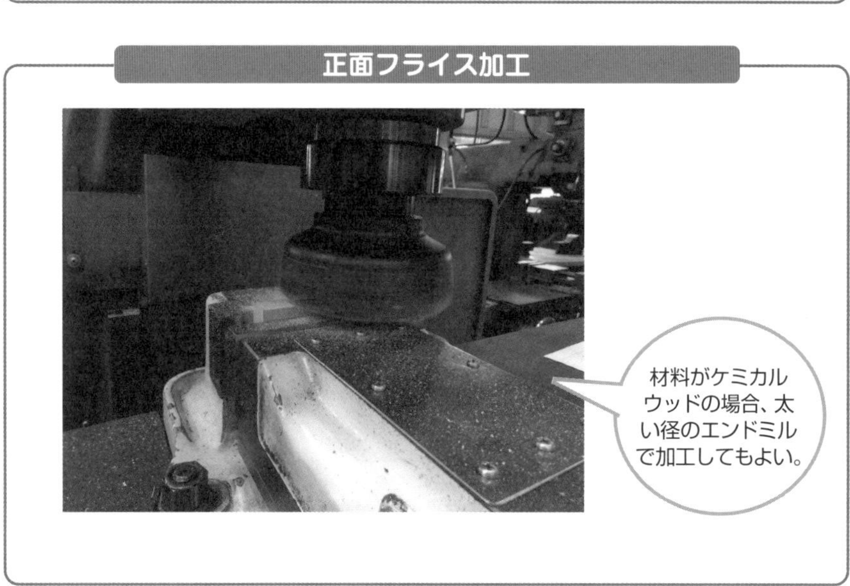

7-6 エンドミルによる溝加工

エンドミルによる溝加工について解説します。1辺16mmの角棒を図に示すように万力の口金の左端より3mm程度出して取り付けます。平行台は、溝加工したときに、エンドミルが口金に当たらない高さのものを使います。

エンドミルの切削条件

エンドミルは、加工する溝の幅よりも小さい径のものを選択します。切削条件は材料に合わせて決めますが、ケミカルウッドの場合は、主軸回転数は最高回転数でよいです。

エンドミルによる端面の加工

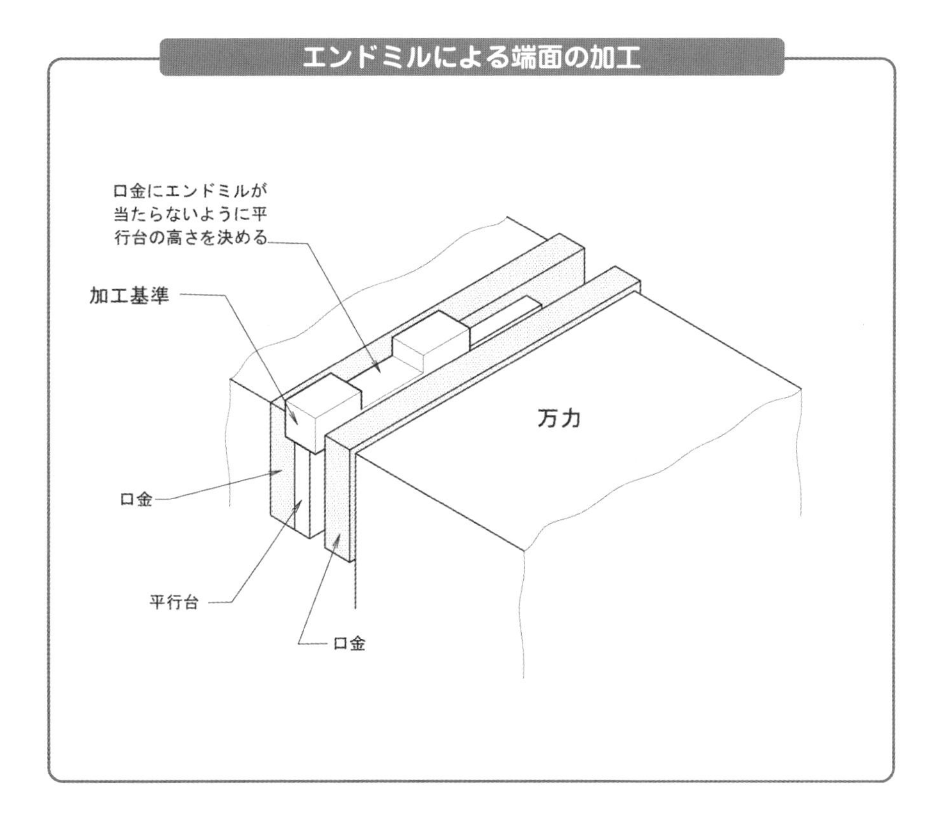

エンドミルによる溝加工

エンドミルで角棒の
端面を加工し、
加工基準とする。

削った端面を加工基準として、加工基準からの正確な位置に溝を加工します。

加工する溝が2つ以上ある場合、加工基準の端面からの位置を測定しながら加工します。

溝加工が終了したものは、角棒の全長を測定し、未加工の端面を加工して、全長80mmに仕上げます。

合成樹脂の切削

材料に適した切削工具を選択しなければなりませんが、金属ではないケミカルウッドなどの合成樹脂を削るには、1枚刃エンドミルのような切れ刃のすくい角の大きいものが適しています。

組木Aの部品の溝加工

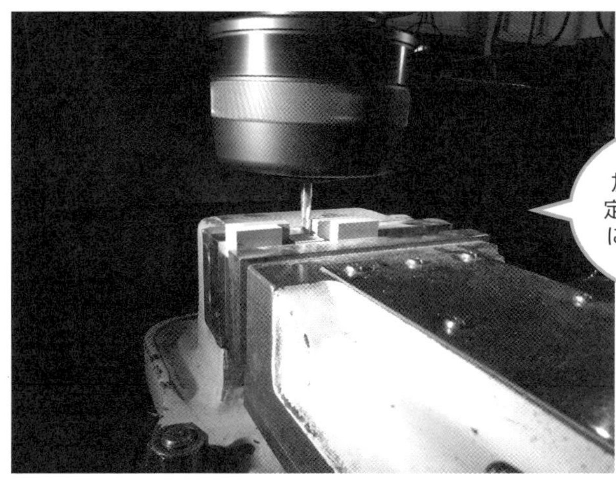

完成した6本組木Aの部品

ケミカルウッド
材を加工した
組木Aの部品。

7-7 6本組木Aの組み立て手順

部品がうまく組めないときは、溝の幅が角棒より狭いことが多いので、このときは400番程度のサンドペーパーを定盤の上に置いて、角棒の4面を少し削るとよいでしょう。

組木Aの組み立て手順

1 部品③ 部品③

2 部品③

3 部品②

4 部品②

5 部品③

6 部品①

7 完成

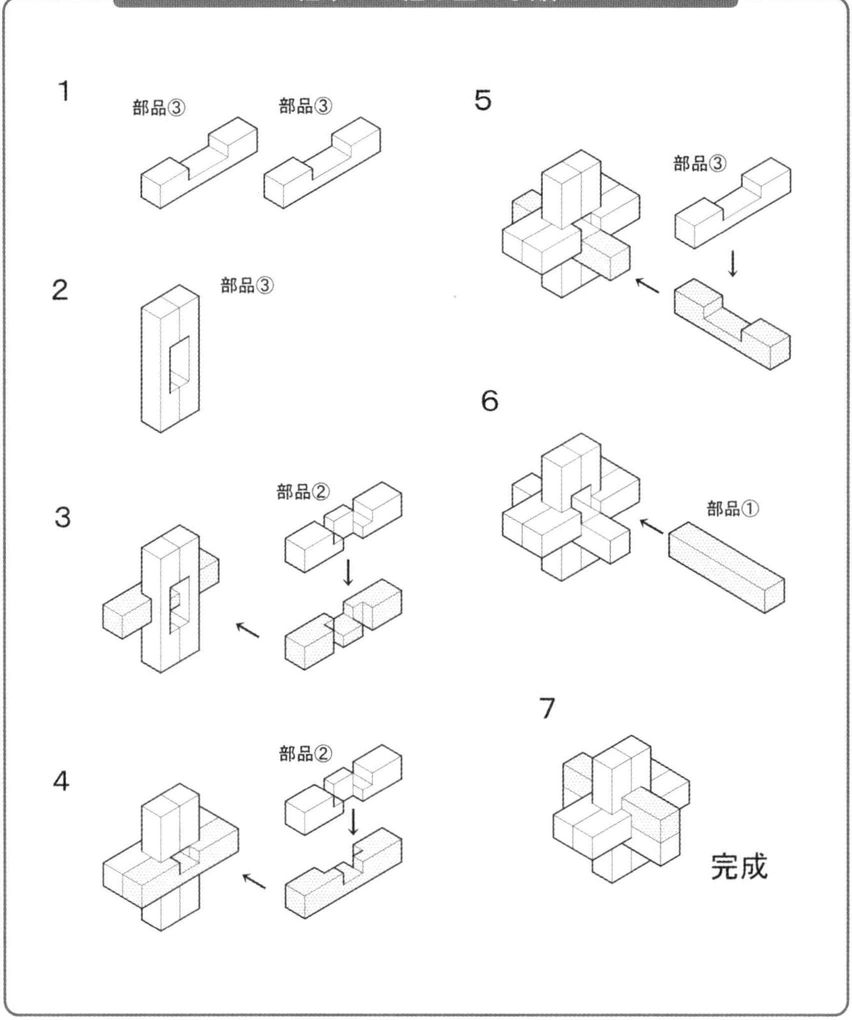

7-8 組木Bの立体図と部品図

組木Bは、組木Aの応用課題です。組木Aと違い、図に示すように６本とも溝の形が違います。部品①以外は、すべて２つの溝加工がありますので、加工基準をもとに正確な寸法に仕上げなければなりません。

６本組木Ｂの部品の立体図

部品①
1本

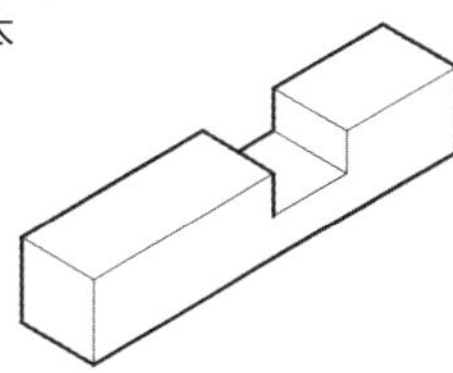

部品②
1本

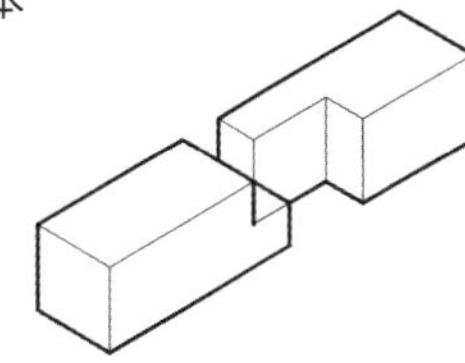

部品③
1本

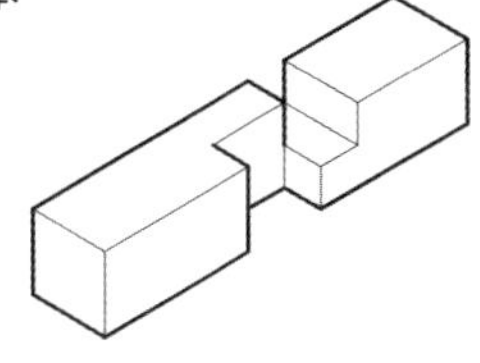

部品④
1本

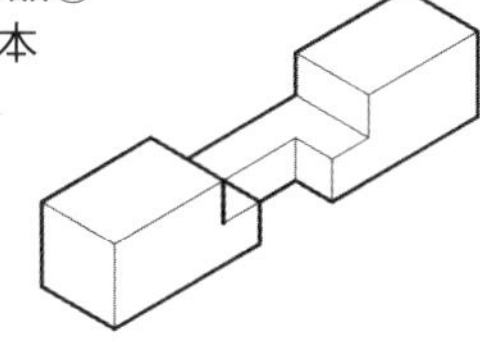

部品⑤
1本

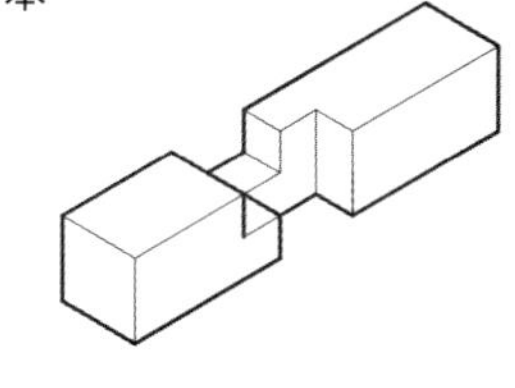

部品⑥
1本

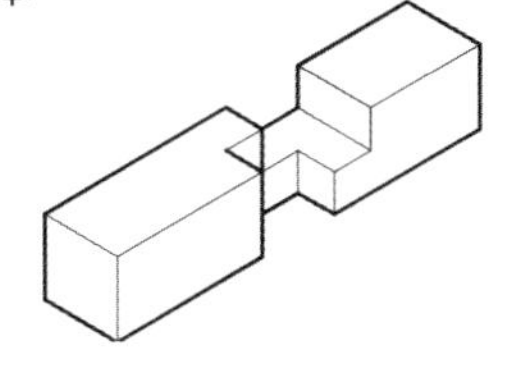

6本組木Bの部品

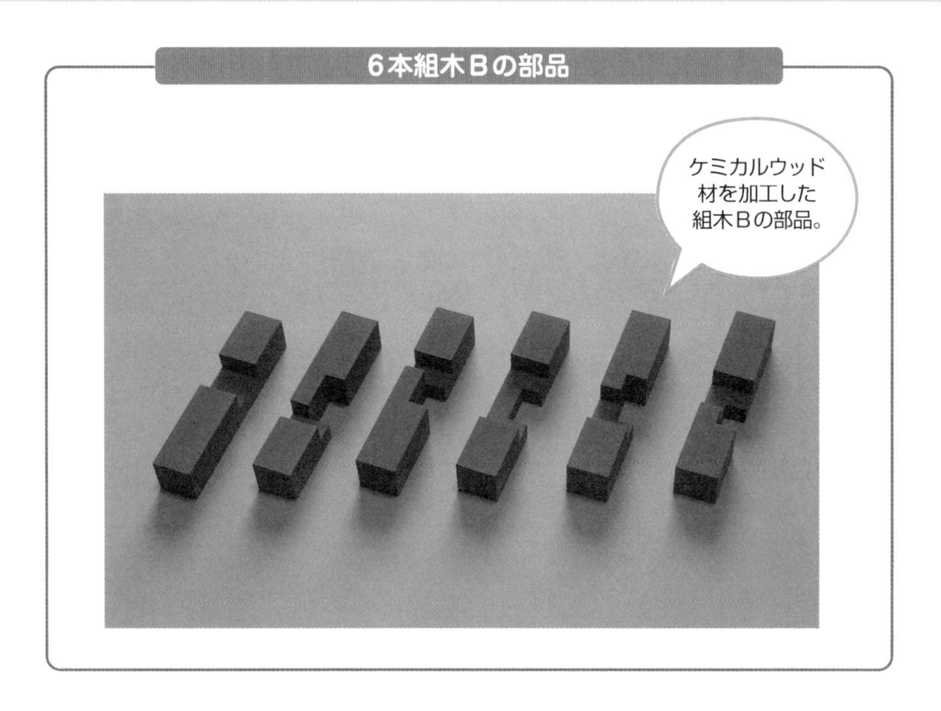

組み立て後の6本組木B

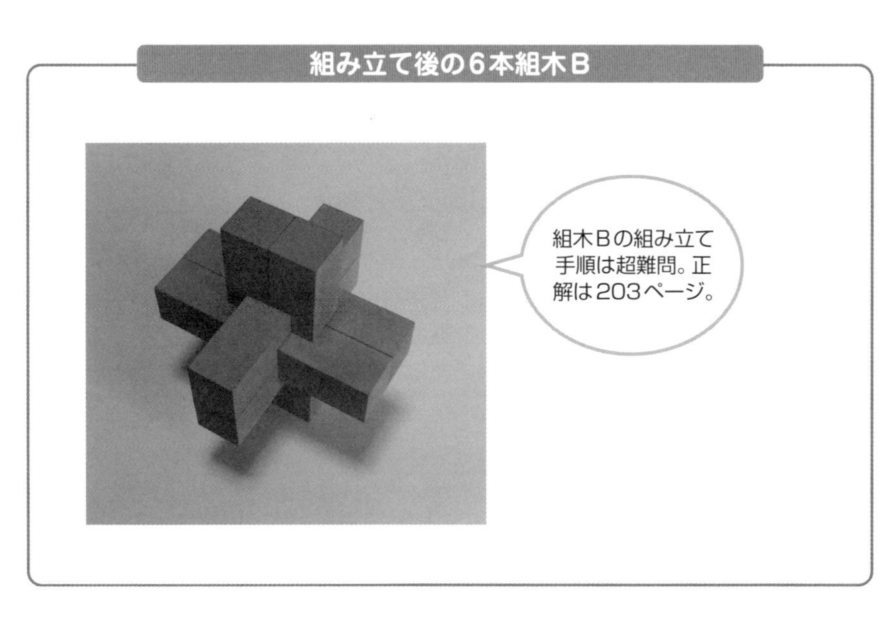

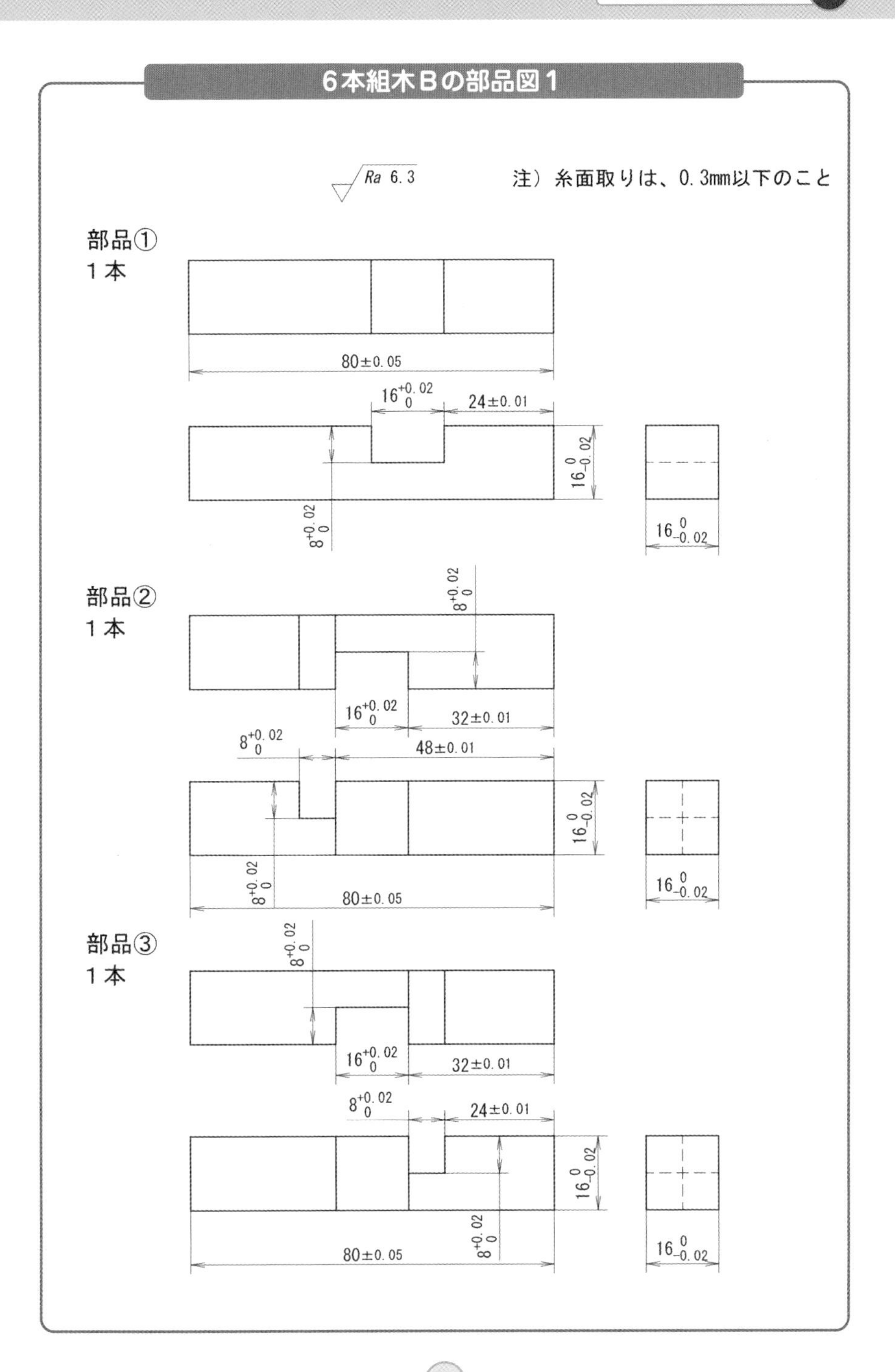
6本組木Bの部品図1
Ra 6.3
注）糸面取りは、0.3mm以下のこと
部品①
1本
80±0.05
16 +0.02 0
24±0.01
16 0 -0.02
8 +0.02 0
16 0 -0.02
部品②
1本
8 +0.02 0
16 +0.02 0
32±0.01
8 +0.02 0
48±0.01
16 0 -0.02
8 +0.02 0
80±0.05
16 0 -0.02
部品③
1本
8 +0.02 0
16 +0.02 0
32±0.01
8 +0.02 0
24±0.01
16 0 -0.02
8 +0.02 0
80±0.05
16 0 -0.02

6本組木Bの部品図2

Ra 6.3

注）糸面取りは、0.3mm以下のこと

部品④
1本

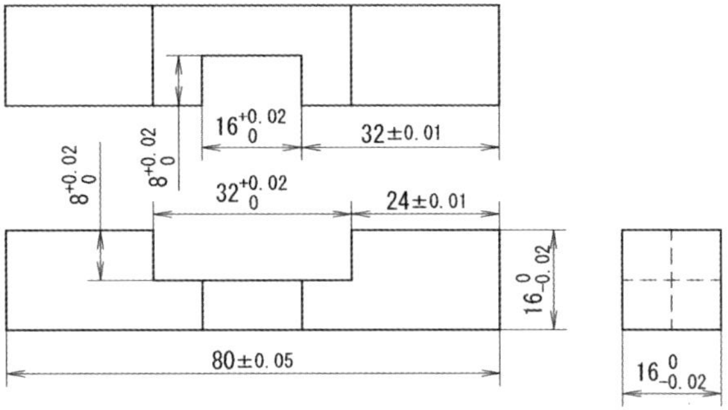

$16^{+0.02}_{0}$　32 ± 0.01　$8^{+0.02}_{0}$　$8^{+0.02}_{0}$　$32^{+0.02}_{0}$　24 ± 0.01　$16^{0}_{-0.02}$　80 ± 0.05　$16^{0}_{-0.02}$

部品⑤
1本

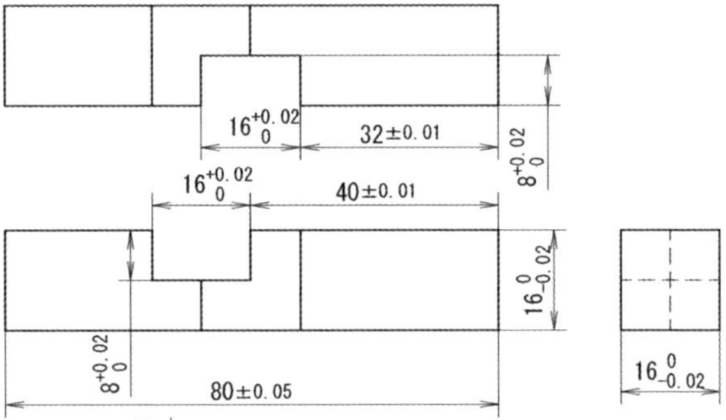

$16^{+0.02}_{0}$　32 ± 0.01　$8^{+0.02}_{0}$　$16^{+0.02}_{0}$　40 ± 0.01　$16^{0}_{-0.02}$　$8^{+0.02}_{0}$　80 ± 0.05　$16^{0}_{-0.02}$

部品⑥
1本

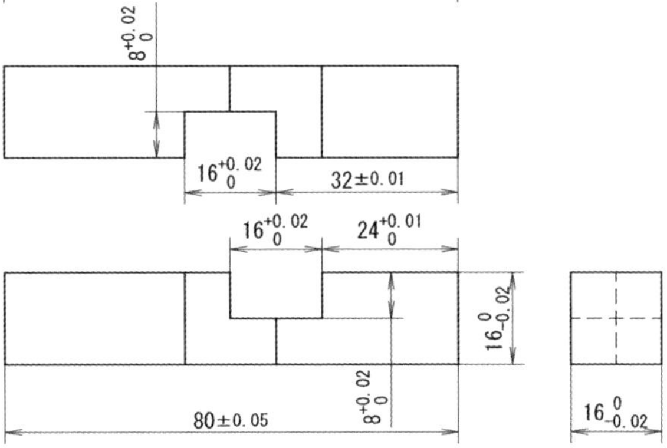

$8^{+0.02}_{0}$　$16^{+0.02}_{0}$　32 ± 0.01　$16^{+0.02}_{0}$　$24^{+0.01}_{0}$　$16^{0}_{-0.02}$　$8^{+0.02}_{0}$　80 ± 0.05　$16^{0}_{-0.02}$

6本組木Bの組み立て手順

1

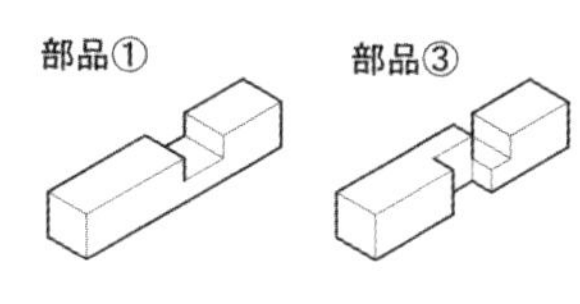

2

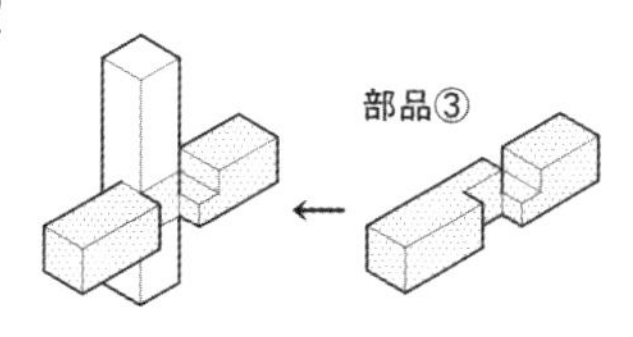

3

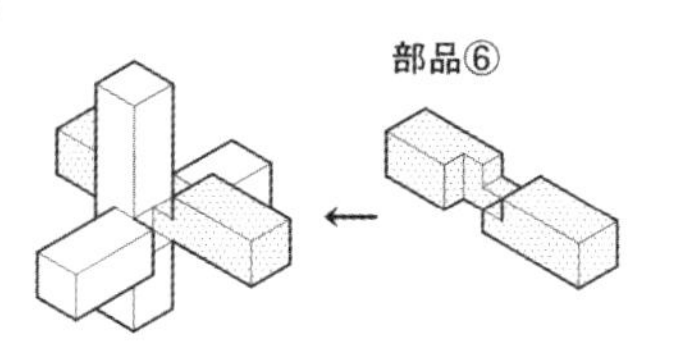

4

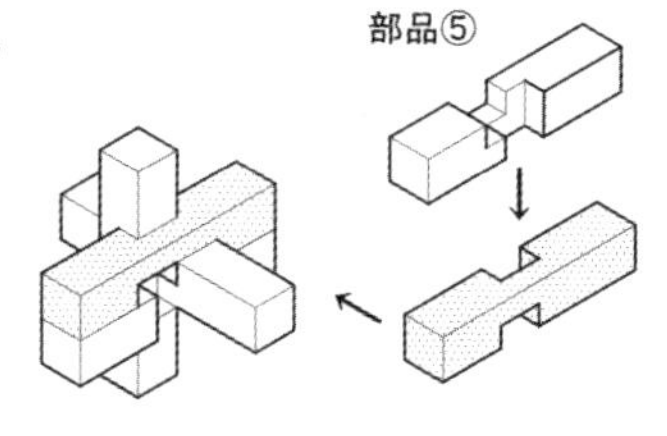

5

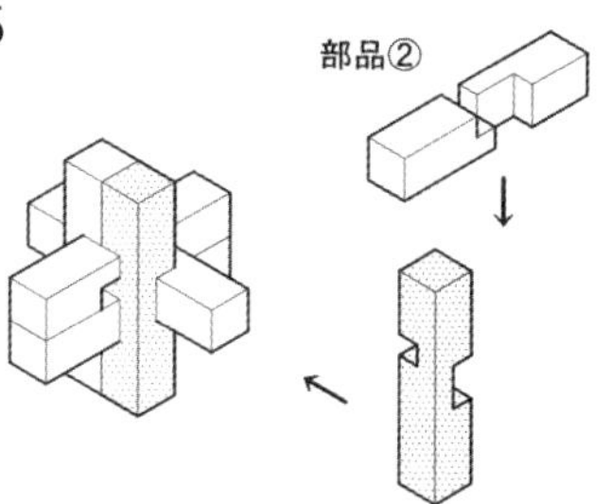

6

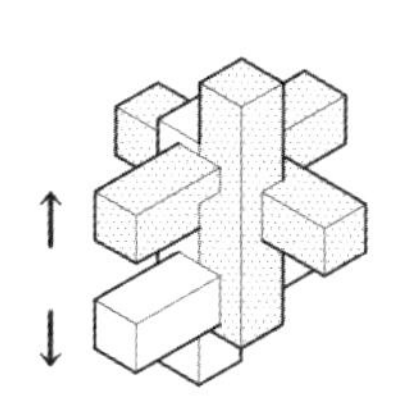

7

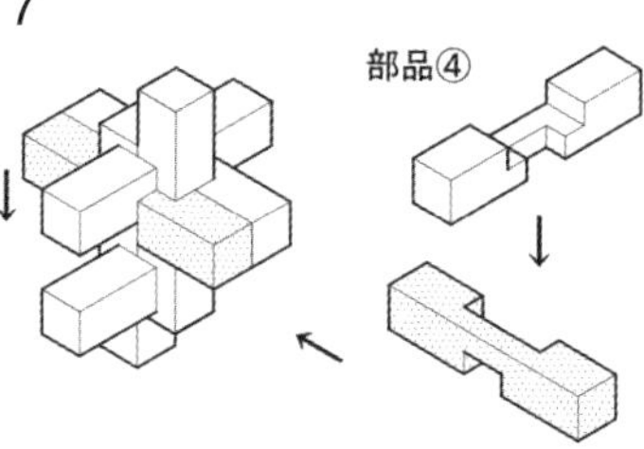

完成

7-9 組木Cの立体図と部品図

組木Cは、6本組木パズルとしては木工玩具としてよく知られているタイプの組木です。組木Bよりはやさしく、組木Aよりはやや加工がむずかしい課題です。加工手順や精度には変わりがありませんので、図面どおりに加工できるように、フライス加工の技に習熟しましょう。

6本組木Cの部品と組立図

部品①
1本

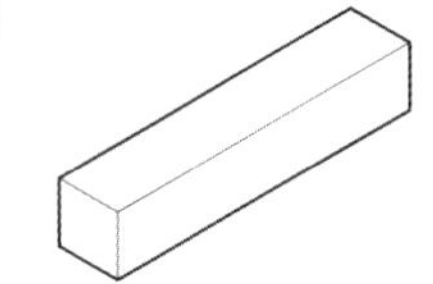

部品④
1本

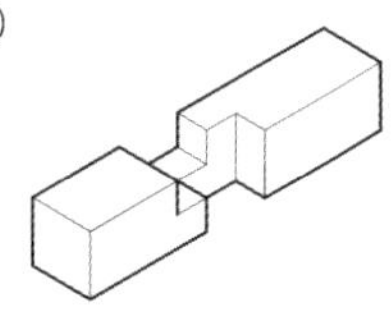

部品②
2本

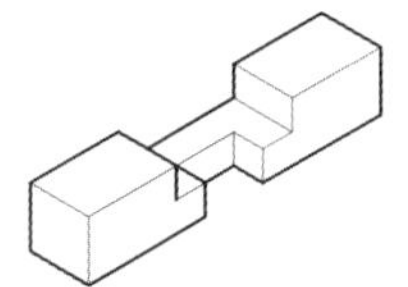

部品⑤
1本

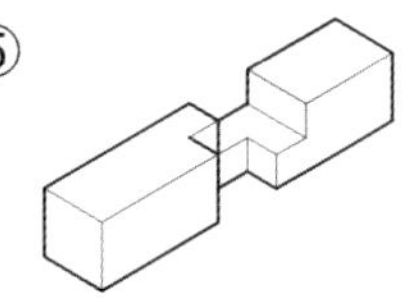

部品③
1本

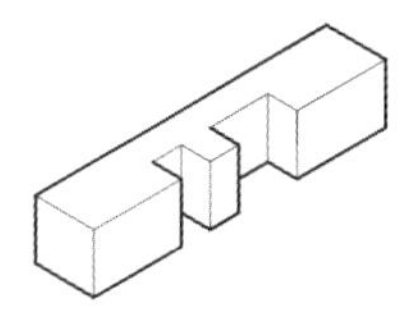

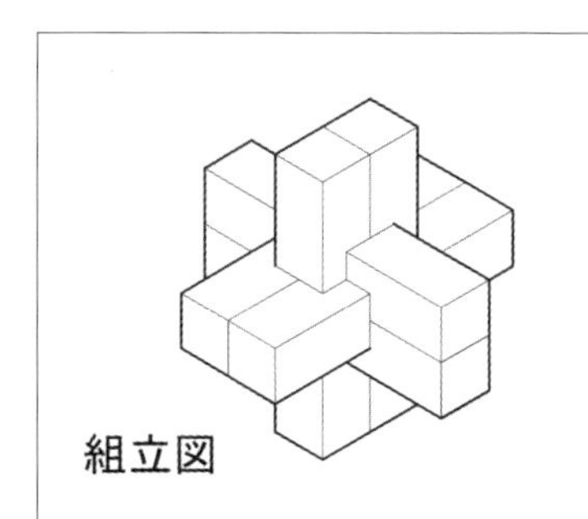

組立図

6本組木Cの部品図1

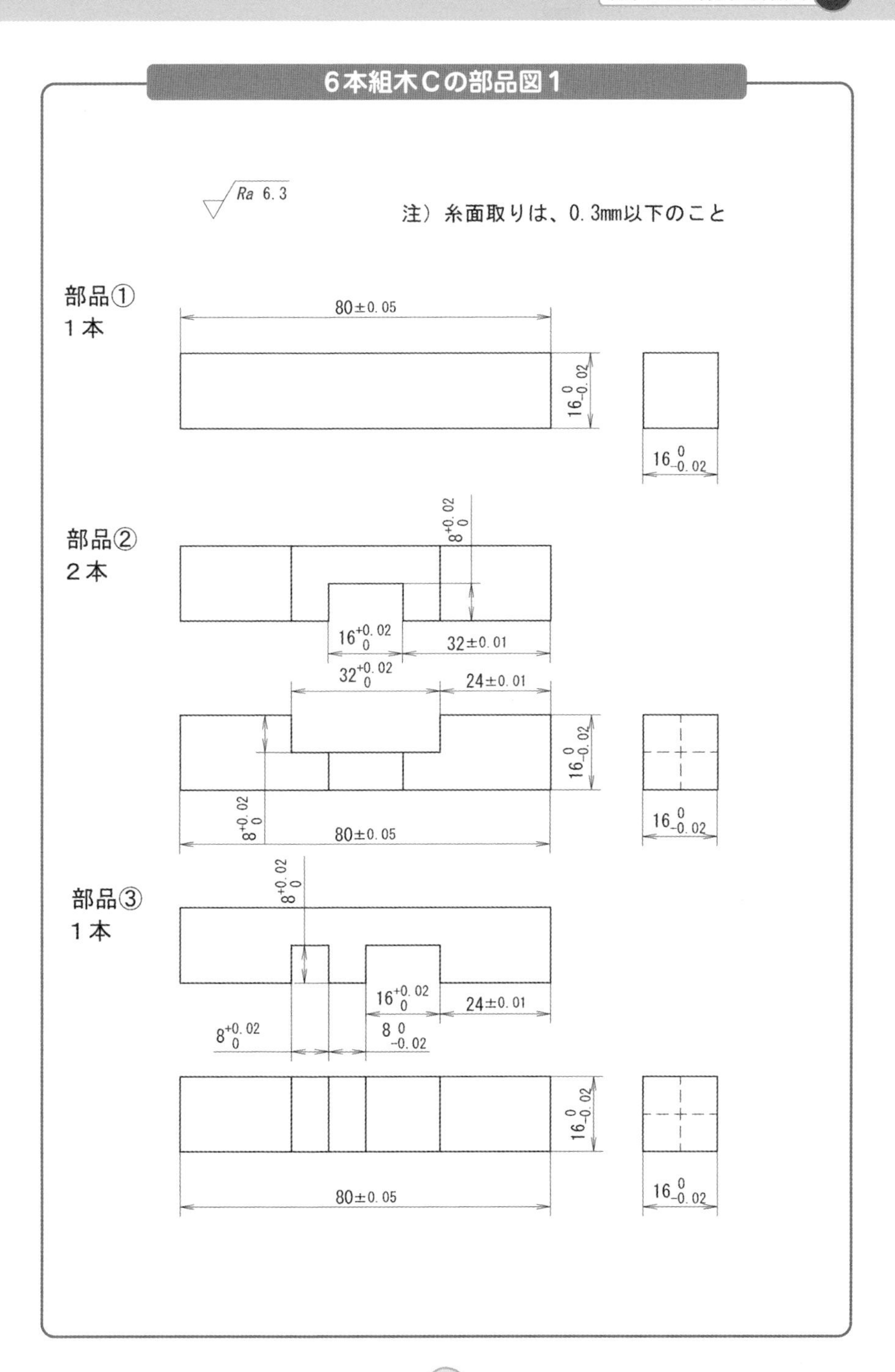
Ra 6.3
注）糸面取りは、0.3mm以下のこと
部品①
1本
80±0.05
16 0 -0.02
16 0 -0.02
部品②
2本
8 +0.02 0
16 +0.02 0
32±0.01
32 +0.02 0
24±0.01
16 0 -0.02
8 +0.02 0
80±0.05
16 0 -0.02
部品③
1本
8 +0.02 0
16 +0.02 0
24±0.01
8 +0.02 0
8 0 -0.02
16 0 -0.02
80±0.05
16 0 -0.02

6本組木Cの部品図2

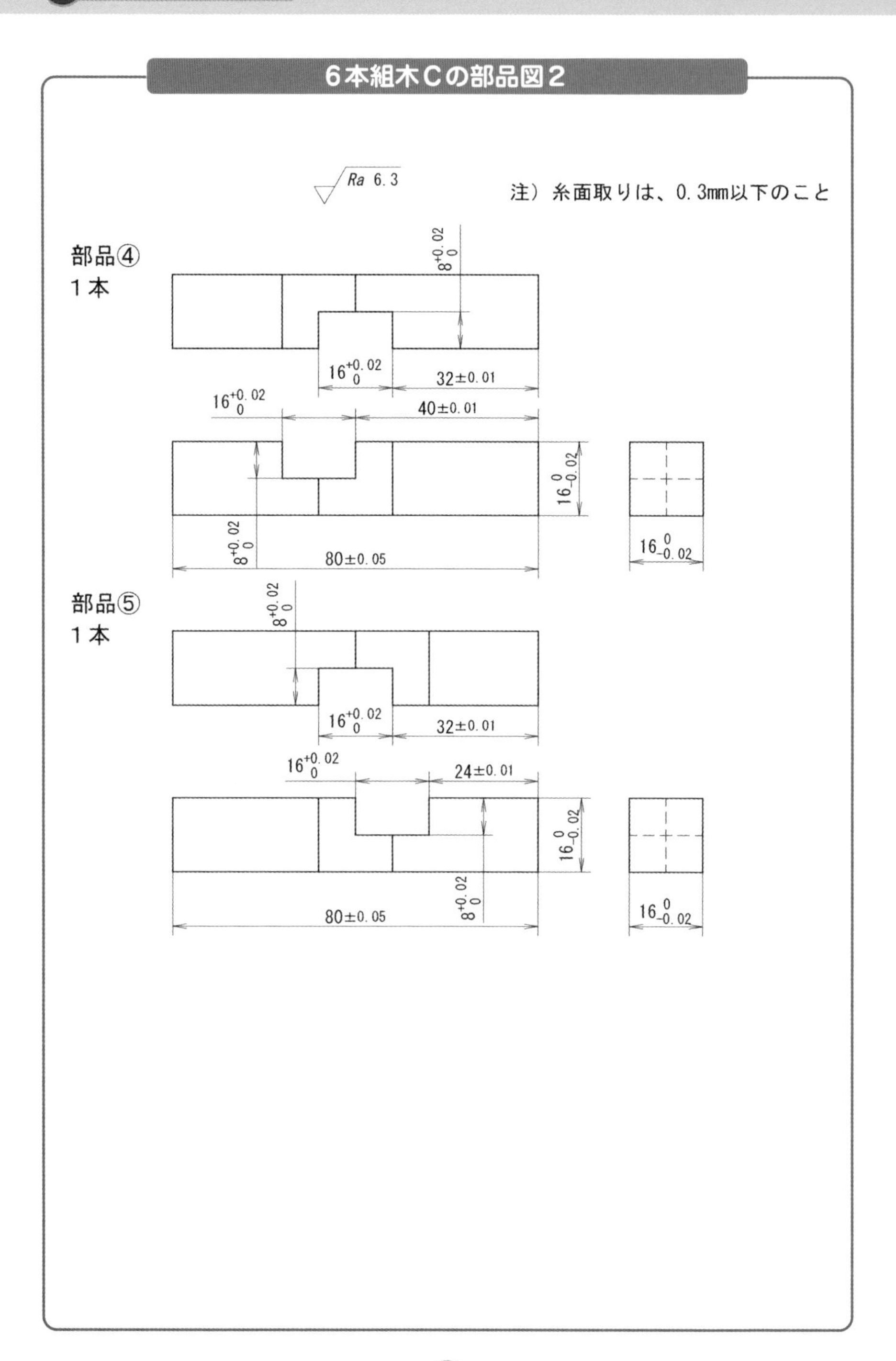
Ra 6.3
注）糸面取りは、0.3mm以下のこと
部品④
1本
8 +0.02 0
16 +0.02 0
32±0.01
16 +0.02 0
40±0.01
16 0 -0.02
8 +0.02 0
80±0.05
16 0 -0.02
部品⑤
1本
8 +0.02 0
16 +0.02 0
32±0.01
16 +0.02 0
24±0.01
16 0 -0.02
8 +0.02 0
80±0.05
16 0 -0.02

6本組木Cの組み立て手順

1

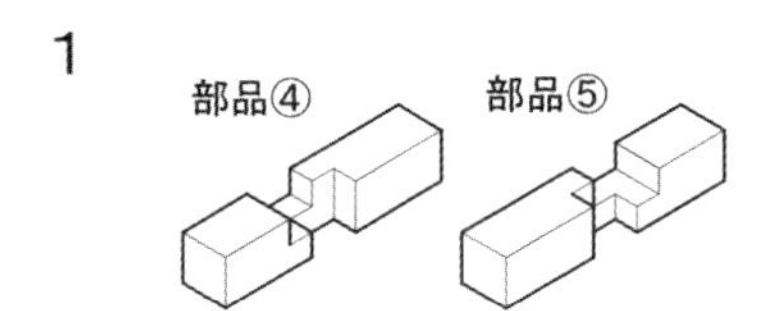

2

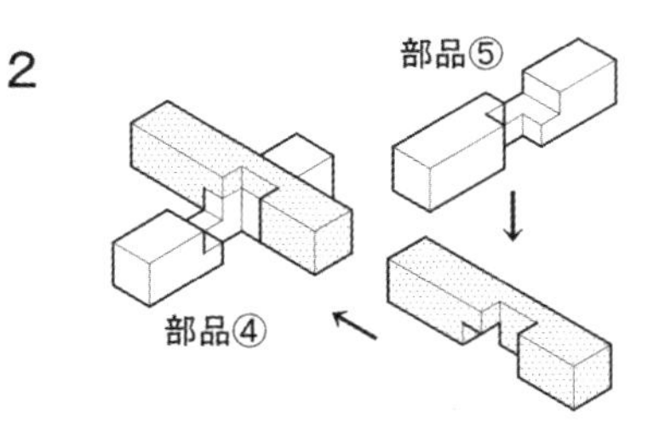

3

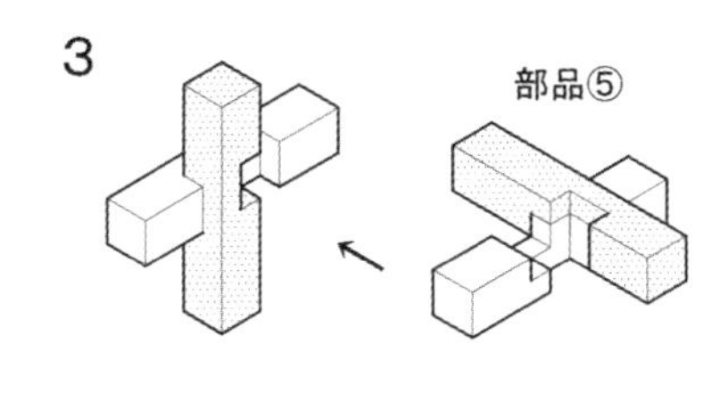

4

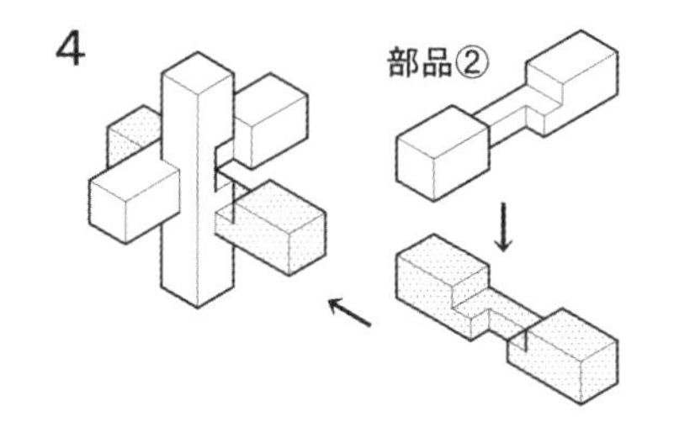

5

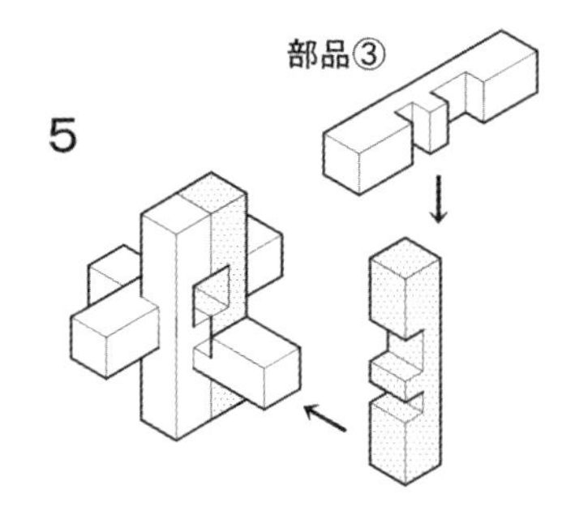

6

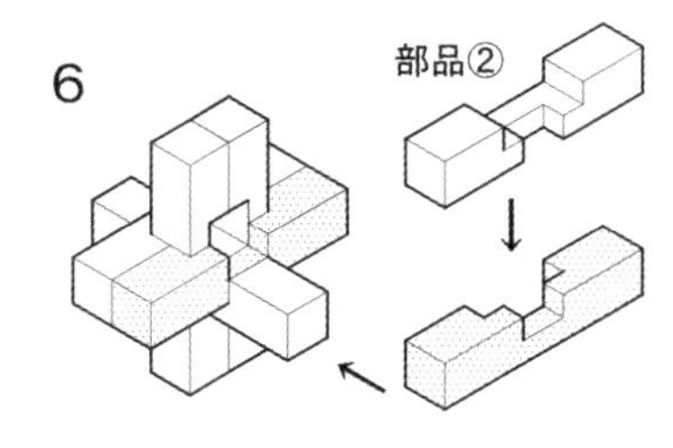

7

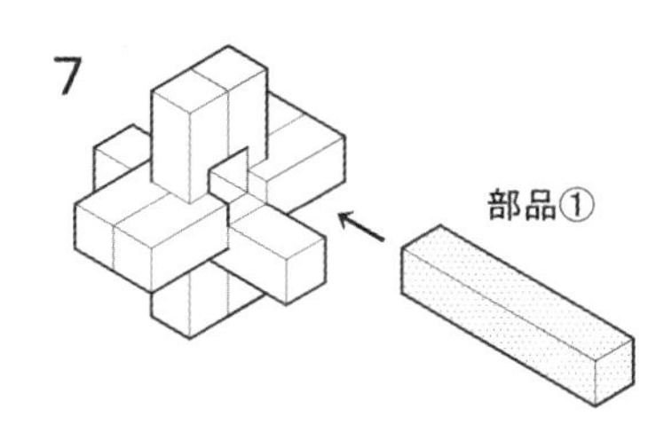

完成

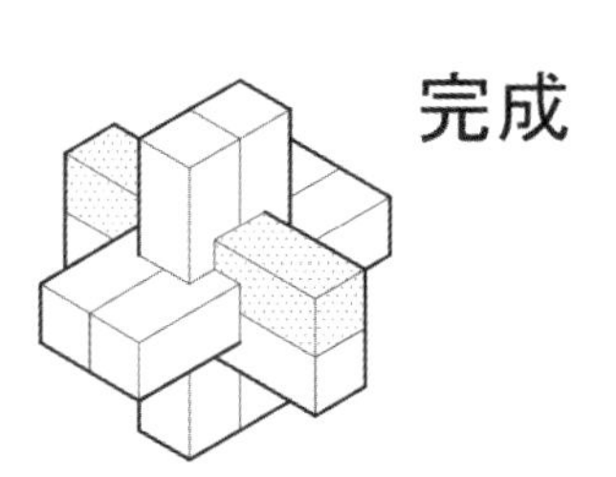

MEMO

Chapter 8

段取りと加工手順（技能検定2級実技課題）

「段取り」とは、その昔、斜面に石段を築くとき、そのこう配を見て何段にするのか見積もることからきています。石段がうまくできれば、段取りがいいといわれました。歌舞伎では、「段」は芝居の筋の区切りをいい、芝居がうまく展開していくように、段を構成することを「段取り」といいます。現代では、事がうまく運ぶようにあらかじめ、必要な道具を準備し、仕事や作業の手順を組み立てることを「段取り」といいます。

本章では、フライス盤加工における段取りと加工手順の考え方、その実技について、技能検定2級機械加工（フライス盤作業）の実技課題の製作を事例として紹介します。

8-1 技能検定２級の実技課題の概要

フライス盤加工における段取りとは、図面を見て加工手順を組み立てて、各手順ごとに、工作物の取り付け方法を決め、必要な切削工具を選択し、主軸回転数、切込み量、送り速度などの加工条件を決めることです。

本章で紹介する加工手順は、一例に過ぎません。本書の手順をもとにして、実際の検定試験に使われる機械や工具に適した加工手順を考えてみましょう。

技能検定２級の実技試験問題

次ページの図は2019年（平成31）年度技能検定２級・機械加工（フライス盤作業）の実技試験問題の課題図で、写真は課題の完成品です。部品①と部品②があり、はめあい部、こう配部があって、それぞれ一定の精度で部品①と部品②を組み合わすことができなければなりません。

技能検定２級・実技試験の作品

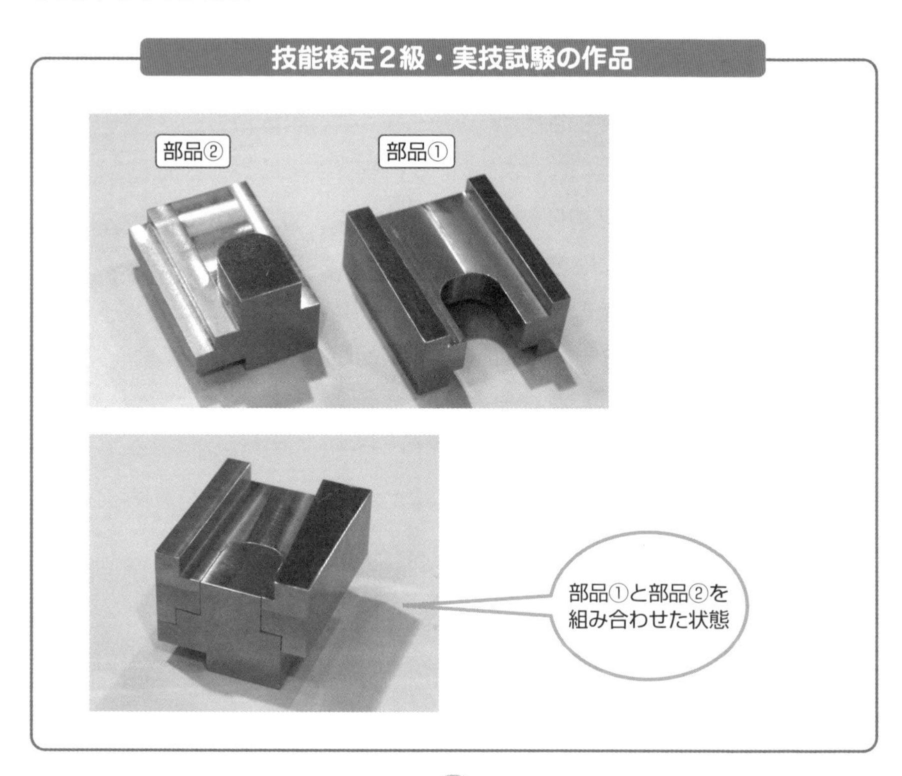

試験時間は標準時間３時間です。打ち切り時間は３時間30分ですが、標準時間を過ぎると減点になります。

2019年度技能検定２級・実技試験問題の課題図＊

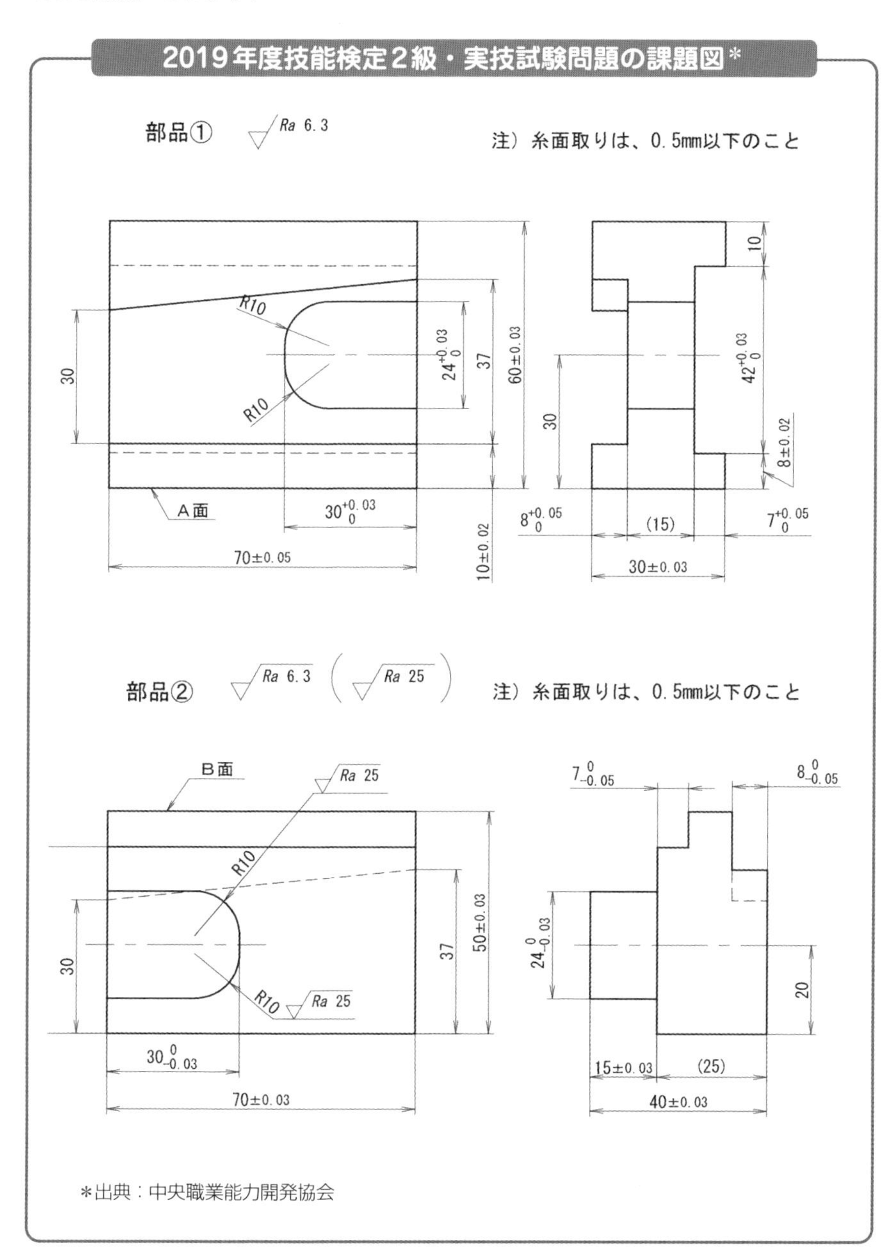

＊出典：中央職業能力開発協会

8-2 準備

試験問題の実施要項に沿って、受検者が持参する工具と測定器を考えてみましょう。受検者が持参するものとして、工具、測定具、その他(保護眼鏡、作業着など)に区分されて示されています。

工具など

受検者が持参する工具は、次のとおりです。

❶**バイスとスパナ**:バイス(旋回台付き平万力は不可)は試験場にも準備されていますが、練習で使い慣れているものを持参するとよいでしょう。スパナは、バイス取り付け用のものを準備します。

❷**クイックチェンジチャック**:検定試験に使われる機械に付いているクイックチェンジアダプタに適合したものを準備します。エンドミル用なので、コレットを使用するミーリングチャックを準備します。

❸**正面フライス**:正面フライスは、φ160以下と指定されており、材料の最大寸法が70mmであるのでφ120〜φ160のスローアウェイ式正面フライスを準備します。正面フライスには、クイックチェンジアダプタに適合するアーバを取り付けておきます。

❹**エンドミル**:エンドミルはSKH＊φ18〜32と指定されていますが、課題図のR10に合わせてφ20のラフィングエンドミル2本と仕上げ用にφ20の4枚刃エンドミル3本を準備します。超硬エンドミルは使用できないことになっていますが、コーティング付きのエンドミルは使用してよいので、切れ刃が長寿命で刃持ちのよいコーティングされたエンドミルを用意するとよいです。ストレートシャンクのエンドミルを使うことにすれば、シャンク抜き用のくさびは不要です。

＊**SKH**　高速度工具鋼(ハイス)のこと。

平行台（パラレルブロック）

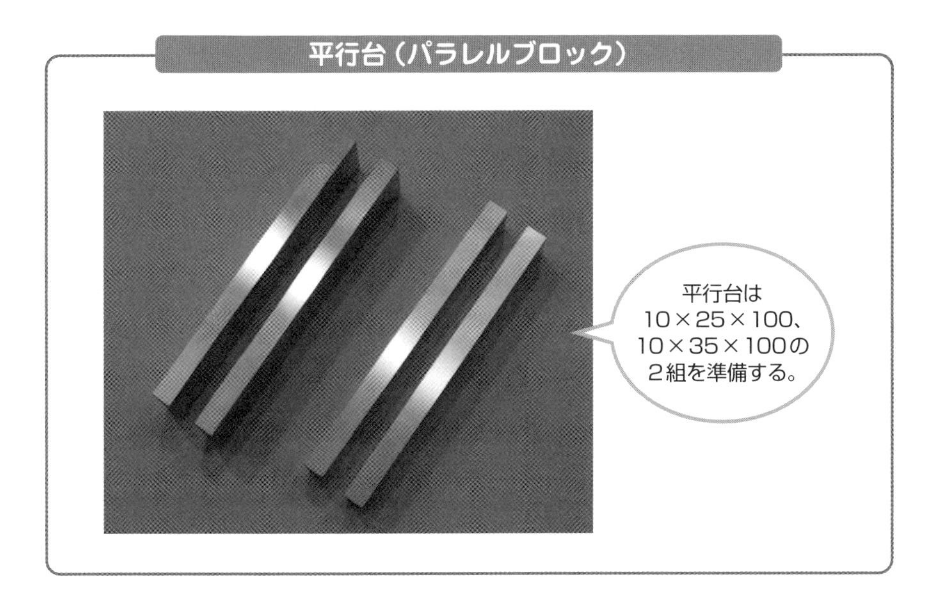

❺**正直台**：正直台（しょうじきだい）とは、バイス（平万力）で使用する2本の平行台（パラレルブロック）のことです。工作物とバイスの口金のサイズに適合したサイズの平行台を使用しなければなりません。ここでは、バイスの口金の高さ50mm、工作物の高さの最小値30mmとして、平行台は10×25×100、10×35×100のサイズのもの2組を用意します。このほかに、補助口金として使う平行台15×55×100を1組用意します。

❻**当て棒**：六面体削りに使用します。

❼**やすり**：ばり取り、糸面取りに使用するやすりです。油目（あぶらめ）のものを2本準備します。加工面の修正をやすりで行ってはならないことになっています。

❽**片手ハンマ**：プラスチック製または木製の片手ハンマを用意します。金属製ハンマは、使用しないので準備しなくてもよいです。

❾**ハイトゲージ**：けがき用に、ハイトゲージを準備し、けがき作業は、会場の精密定盤の上で行うことにします。ハイトゲージが用意できない場合は、けがき針、トースカンを用いてけがき作業を行います。けがき用に青竹などを適宜用意します。

❿**油砥石**：ばり取り、糸面取りなどに使用します。加工面の修正を砥石で行ってはならないことになっています。

⓫**光明丹**：こう配部などのはめあい作業用として適宜用意します。

⓬**その他**：だんご針など、その他の工具は、特に用意しなくても支障はありません。

測定具

3-1節で紹介した、技能検定1級で使用する測定器一式のうち、分度器と平行ピンを除いた測定器類を準備します。なお、検定では、ノギスやマイクロメータで、測定値の表示方法がデジタル式のものを用いてもよいことになっています。使い慣れた測定器を準備するとよいでしょう。

写真は、実際に技能検定試験で使われた測定器類です。

技能検定2級で使用する測定器

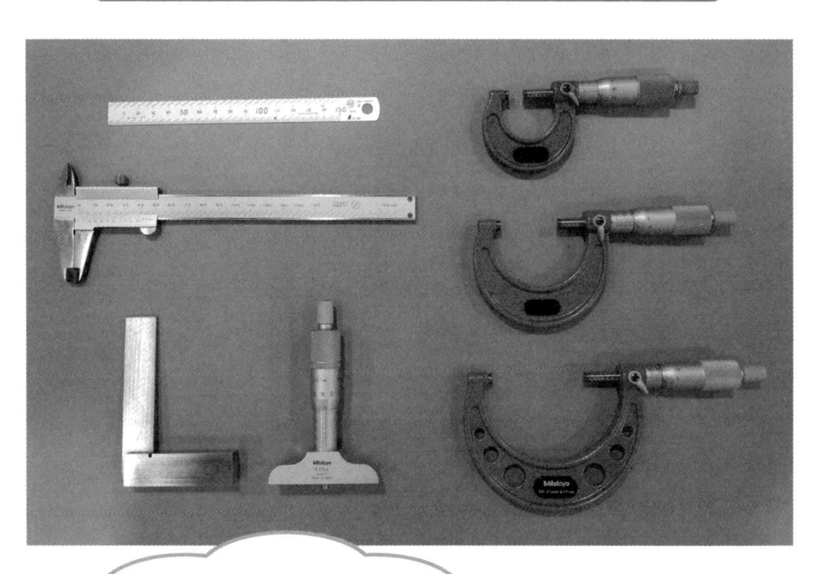

左は上から鋼製直尺（150mm）、ノギス・スコヤ（左）とデプスマイクロメータ、右は外側マイクロメータ（上から0～25、25～50、50～75の3種）

8-3 加工手順と切削条件

課題図を見て、加工手順と使用する切削工具を考えてみましょう。そのうえで、主軸の回転数と送り速度を決めておきます。

技能検定２級の実技試験問題の材料と各面

２級の課題は、部品①、部品②の材料の全長のみ同一寸法であることに注目しておきましょう。ここで、説明の便宜上、部品①の６面をＡ(第１面)、Ｂ(第２面)、Ｃ(第３面)、Ｄ(第４面)、Ｅ(第５面)、Ｆ(第６面) と名付けておきます。部品②の６面はａ(第１面)、ｂ(第２面)、ｃ(第３面)、ｄ(第４面)、ｅ(第５面)、ｆ(第６面) と名付けておきます。ともに第１面のＡ面、ａ面が基準面です。

２級の試験問題の部品①の材料と各面

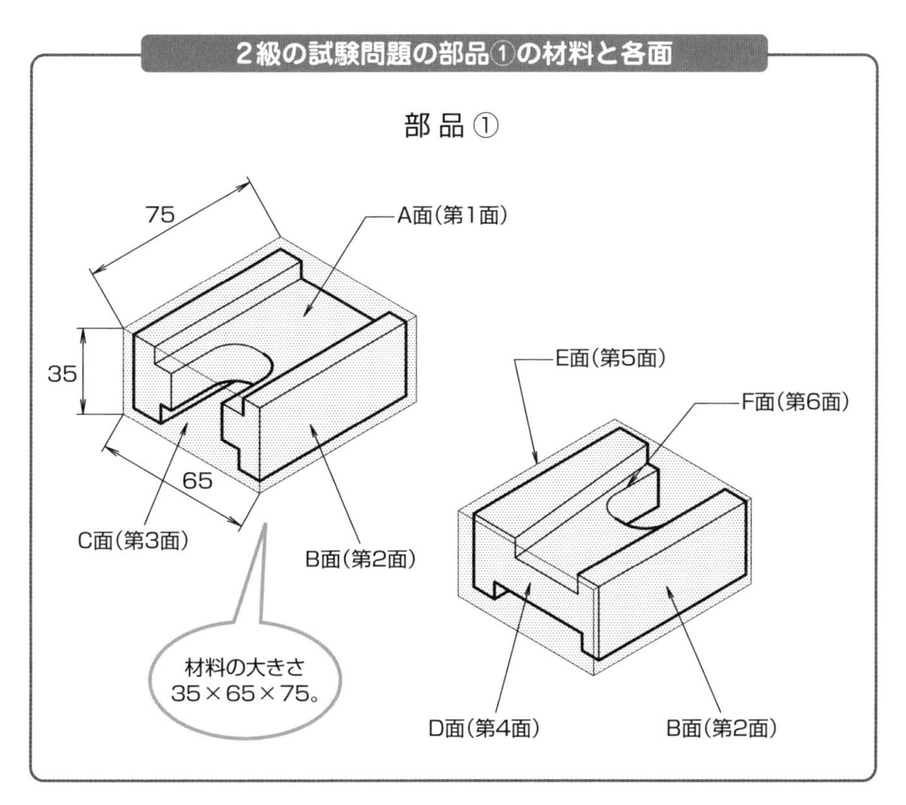

2級の試験問題の部品②の材料と各面

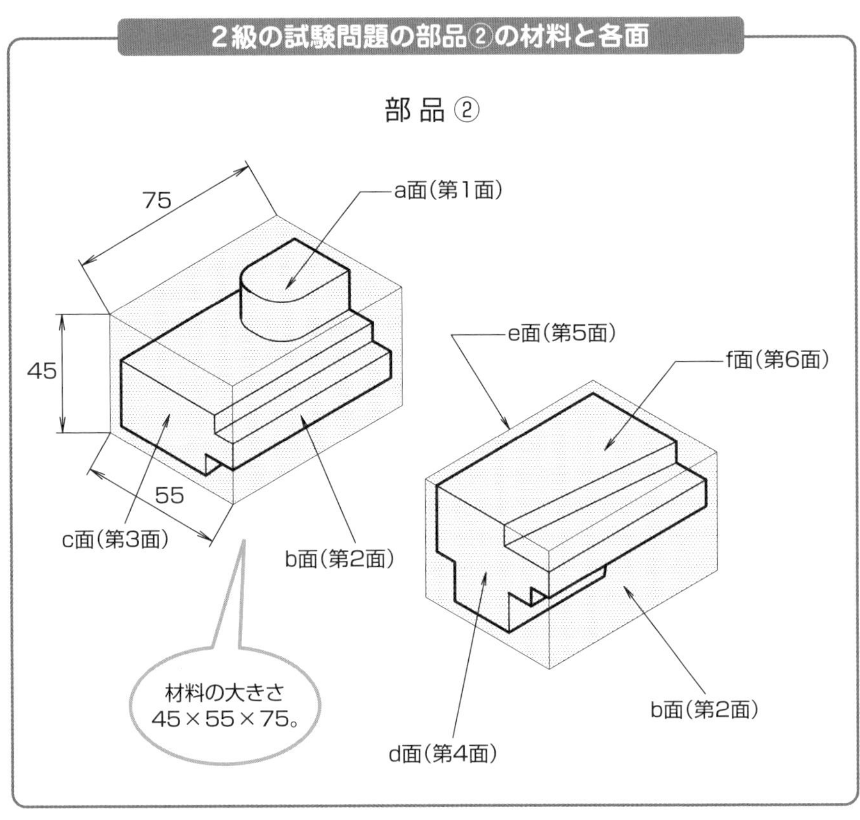

実技試験問題の材料

 加工手順の考え方

検定試験では、試験時間3時間という限られた時間内に、課題の2つの部品を製作し、各部が図面の指示どおりの公差内に入っていることと、2つの部品をこう配部ではめ合わせたとき、30mm側の段差が0.15mm以内、R直溝（みぞ）部（U字形溝部）で組み合わせたときの段差が0.1mm以内であることが、試験に合格する条件となっています。

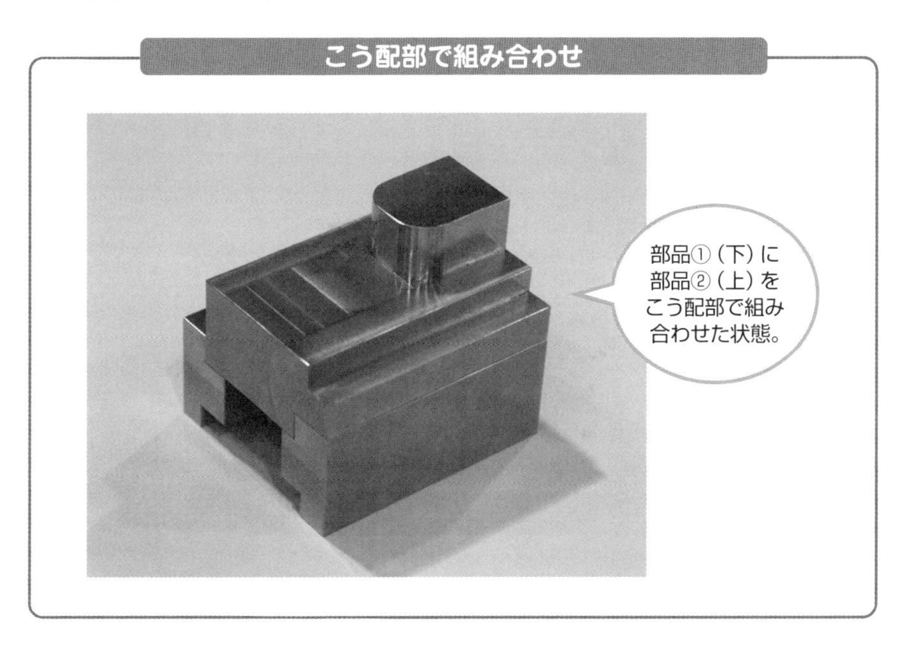

こう配部で組み合わせ

試験の内容で加工がむずかしい部分は、R直溝部の組み合わせ部とこう配部の組み合わせ部です。とりわけこう配部は、こう配が1／10ですから、部品①と部品②を組み合わせたときに許容される段差0.15mmは、取り代で考えると0.015mmとなります。また、部品①のこう配は、平万力（バイス）を傾けて加工しなければなりません。

平万力をこう配加工のためにいったん動かして、その後、もとの位置に戻して口金の平行度の検査をやっていると、多くの試験時間を費やしてしまうことになります。したがって、ここでは部品①のこう配の仕上げ加工が最後になるように加工手順を組み立てます。

技能検定試験では、与えられる材料は、決められた寸法に機械加工されていますから、第6章で使ったような黒皮材料ではないことを前提に、六面体の加工手順を考えます。

材料が黒皮でない場合は、保護口金を使いませんが、六面体加工の手順は同じです。技能検定では、部品①、部品②とも30分の練習時間内に各1面を試し削りしてもよいことになっています。試し削りでは、加工上の基準となるA面（第1面）、a面（第1面）を3mm削っておきます。

加工手順については、なるべく工具交換をしないように、同一の作業は、部品①、部品②と交互に各面を切削するように手順を組むとよいでしょう。フライス盤加工では、削った工作物を取り外したときは、その都度、ばり取りをしなければなりません。したがって、部品①の切削加工をしているときは部品②のばり取りをする、というように、並列に作業を進めていき、試験時間を節約します。

フライス盤加工では最初に六面体を仕上げることが基本ですが、検定課題では、例えば部品①のような形状では、エンドミルでU字溝を加工すると、鋼材の内部応力が解放されて、六面体の寸法が変化し、仕上げたはずの寸法公差から外れてしまうことがあります。したがって、六面体は、各面0.5mmの仕上げ代を残しておきます。エンドミルでの荒削り加工を終えた段階で、六面体の仕上げ切削を行うように加工手順を組みます。

材料が鋳鉄の場合は、熱膨張が大きいので、測定の際は、加工物を冷やした状態で測定するようにしましょう。材質によっても、手順が変わることを理解しておきましょう。

切削条件

使用する正面フライスとエンドミルの回転数と送り速度を決めておきます。

ここでは例として、次の切削工具を使用する場合について考えてみます。

検定試験で使う切削工具

- スローアウェイ式正面フライス：刃先径160mm、8枚刃
- 荒削りエンドミル（ラフィングエンドミル）：ϕ20、4枚刃
- ストレートエンドミル：ϕ20、4枚刃

●正面フライスの切削速度と送り速度

正面フライスは、六面体加工の荒削り用と仕上げ用として使います。荒削りの場合は、刃先が超硬チップであり、材料はSS400の軟鋼ですから、荒削りの周速度V＝120m/min、仕上げ時の周速度V＝150m/minとして計算します。

5-4節の式から

荒削り　回転数N = 238.85min^{-1}
仕上げ　回転数N = 298.57min^{-1}

使用する機械は2MF-V型立てフライス盤ですから、機械の回転数表から次の回転数を選択します。実際には、加工状態に応じて、回転数を上げ下げします。

荒削り　回転数N = 210min^{-1}
仕上げ　回転数N = 290min^{-1}

送り速度は、5-4節の表から、1刃当たりの送り量を0.35mm/刃として計算します。仕上げは、目安として荒削りの1／2程度とします。送り速度も、実際の加工状態に応じて増減します。

荒削り　送り速度F = 588mm/min
仕上げ　送り速度F = 294mm/min

切込みは、取り代が5mmありますので、片面3mmともう一方の片面1mmという1回ずつの切込みで荒削りを終えるようにします。

仕上げは各面0.5mmの取り代ですから、0.25mm程度切込みで2回で仕上げられるように手順を組みます。

●エンドミル

技能検定では、エンドミルは、高速度工具鋼のもの以外は使用できません。工具が高速度工具鋼で材料が軟鋼の場合の荒削り・仕上げの切削速度は、V＝27m/minです。

エンドミルの回転数 $N = 429.93 \mathrm{min}^{-1}$

立てフライス盤の回転数表から

エンドミルの回転数 $N = 530 \mathrm{min}^{-1}$ または $N = 390 \mathrm{min}^{-1}$

実際には、加工状態に応じて、回転数を上げ下げします。

送り速度は、同様に表から、1刃当たりの送り量を0.13mm/刃として計算します。送り速度も、実際の加工状態に応じて増減します。仕上げの場合は、回転数と送り速度をそれぞれ少し下げます。切削油剤使用の有無によっても切削条件は変わってきます。

送り速度 $F = 275.6 \mathrm{mm/min}$ （回転数 $N = 530 \mathrm{min}^{-1}$）

加工基準

図面を見て、使用工具と加工手順を考えるのが「段取り」です。段取りが悪くては、よい仕事になりません。工作物の加工基準がどこにあるのか見極めましょう。機械側の加工基準は、バイスの固定口金です。

8-4 加工の勘どころ

技能検定課題のすべての加工手順は、章末の8-5節にありますが、ここでは、その中から主なものを手順を追って説明します。

準備

平万力をテーブルに取り付けます。このとき、万力の底面にあるキーはあらかじめ取り外しておきます。最終のこう配の加工時に、万力をテーブル上で傾けなくてはならないからです。

取り付けた平万力の固定口金の平行度をダイヤルゲージを用いて検査し、平行度がでている状態で、クランプを用いてテーブルに固定します。平万力は、テーブル上ではどの位置に取り付けてもよいことになっていますが、テーブル左右送りハンドルの操作性を考慮して、センターよりも少しテーブル送りハンドル側に寄せてセットするとよいでしょう。

平万力の固定口金の平行度検査

正面フライス削り

試し削りの時間に、基準面を加工しておきますが、試験でははじめに六面体を加工します。正面フライスは、テーブルを左手から右手の方向に送るように自動送りをかけます。正面フライス削りの場合、切削力が常に固定口金に作用するように削るのが基本です。反対に送ると、切りくずが作業者側に飛ぶようになり、危険です。したがって、テーブルは左から右へとX軸の正の方向に送ります。

検定課題のように、正面フライスの刃径よりも工作物が小さい場合には、エンゲージ角が小さくなるように、正面フライスの回転中心を写真のように工作物の送り方向の中心よりも作業者側にずらす（**オフセット**という）とよい結果が得られます。また、加工で生じるばりも小さくすることができます。

正面フライス削り

平万力の口金端よりも工作物を出して取り付ける

口金からはみ出した部分で測定

工作物の取り付け位置

平万力の口金で挟んで工作物を固定しますが、口金の範囲内であればどの位置でもよい、というわけではありません。加工や測定のために口金の端に取り付ける場合があります。特に仕上げでは、取り付けたままで測定できるように口金につかませます。

前ページの上の写真は、部品①のC面（第3面）を口金に少しはみ出して取り付けた例です。

U字形溝の仕上げ削りのとき、前ページの下の写真に示すように、外周面からの寸法をマイクロメータで測定する必要があるからです。また、平行台を使うことにより、下面からの高さもマイクロメータやノギスで測定することができます。

捨てボス

部品②の加工手順21では、図に示すように、加工上の**捨てボス**を残して荒削りをします。これは、バイスの口金でつかむときに、安定よく、しっかりとバイスにつかませるためです。この捨てボスを設けずに加工する方法もありますが、c面・d面でつかむため、作業時間がかかります。また、測定用の捨てボスも残しておきます。これがないと仕上げ時に、凸部の測定ができません。捨てボスは、仕上げ時に仕上げ用エンドミルで削り落とします。

部品②の捨てボス

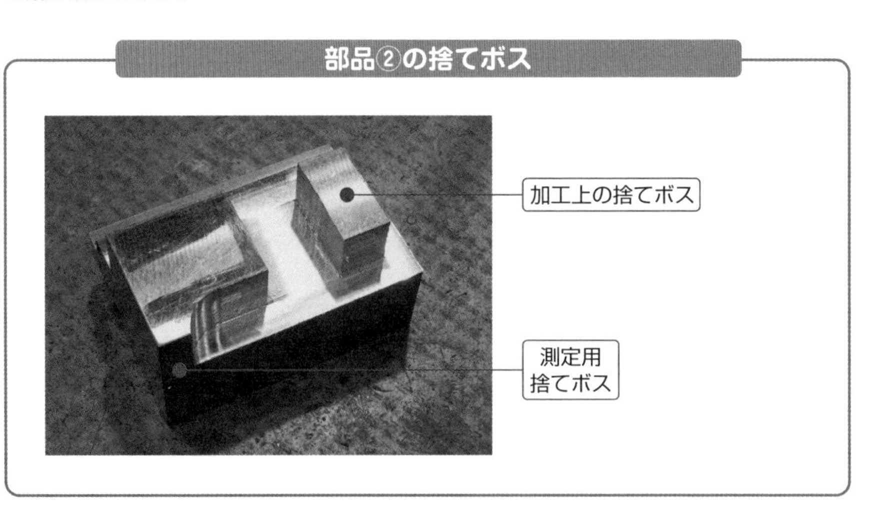

工作物取り付けの工夫

部品①の加工手順28および30のB面、E面の仕上げ加工では、バイスの口金の高さが50mmであるので、工作物の溝の部分をつかむことになります。C面とD面を口金に当ててつかませる形でもよいのですが、さらに安定した状態に固定するには、下の写真に示すように、あらかじめ用意した平行台（補助口金）と当て棒を使用して取り付けます。

平行台の高さは、口金の高さ50mmよりも高く、工作物の高さ60mmよりも低いものでなければなりません。平行台の高さ55～58mmのものを準備しておきます。

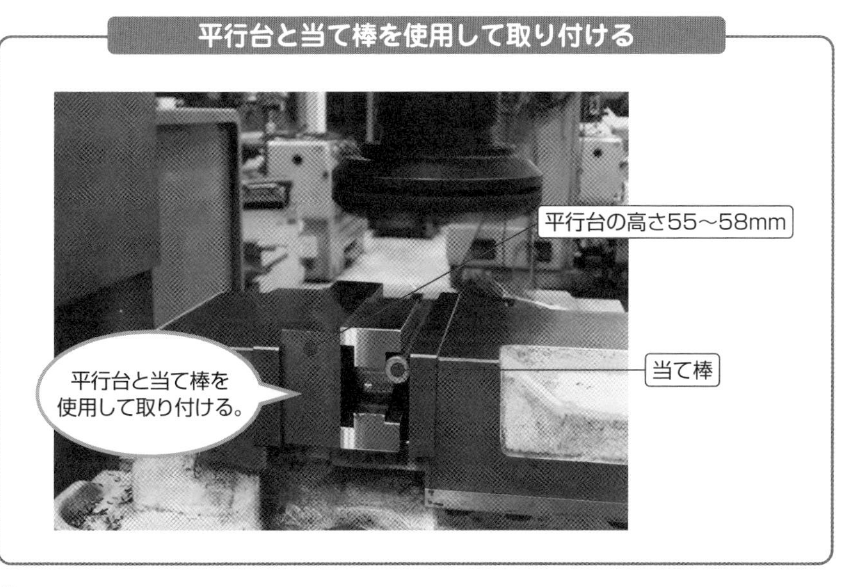

輪郭削り

部品②のa面の凸部のR 10の輪郭削りでは、テーブル（X軸）手送りハンドルとサドル（Y軸）手送りハンドルを手動で動かして削っていきます。加工はじめのエンドミルを本文227ページの上の図に示す位置に置き、テーブルとサドルの手送りハンドルのマイクロメータカラーを0にリセットしておきます。あとは、同じページの表に従ってテーブルとサドルを動かします。エンドミルの中心は、図に示す軌跡を描き、R10の円弧を削り出すことができます。円弧の輪郭削りのはじめの位置は、Y軸方向に4mm移動させます。表や図は、試験会場に持ち込むことは禁止されているので、暗誦しておきます。

エンドミルの軌跡

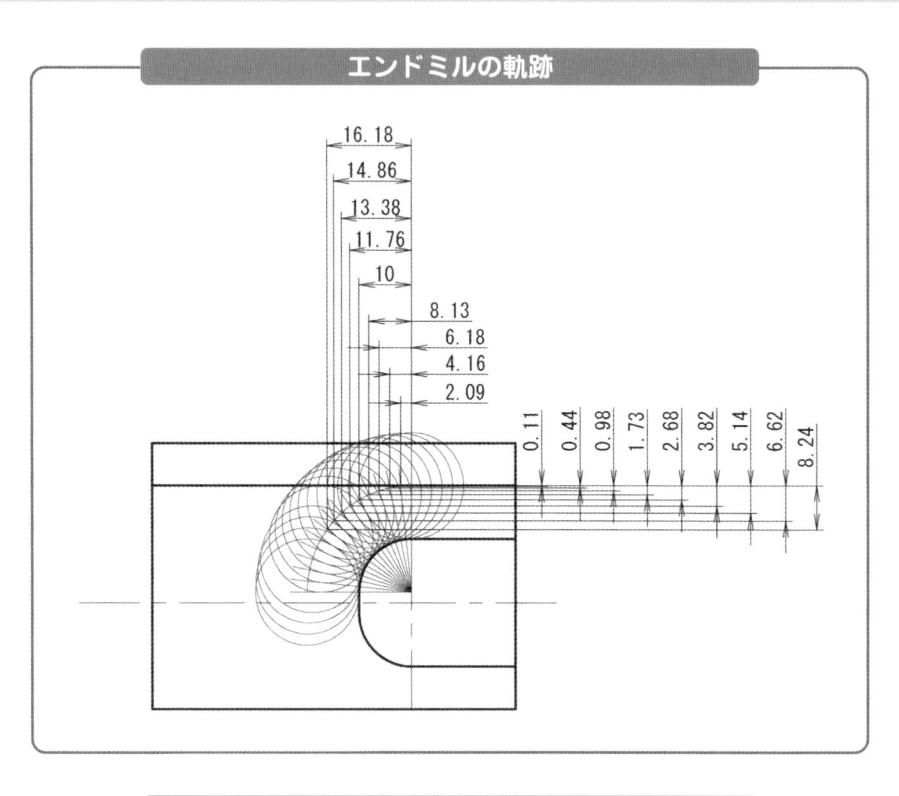

部品②のR部輪郭削り

R部輪郭削りでは、表に従ってテーブルとサドルを動かす。

エンドミルの位置

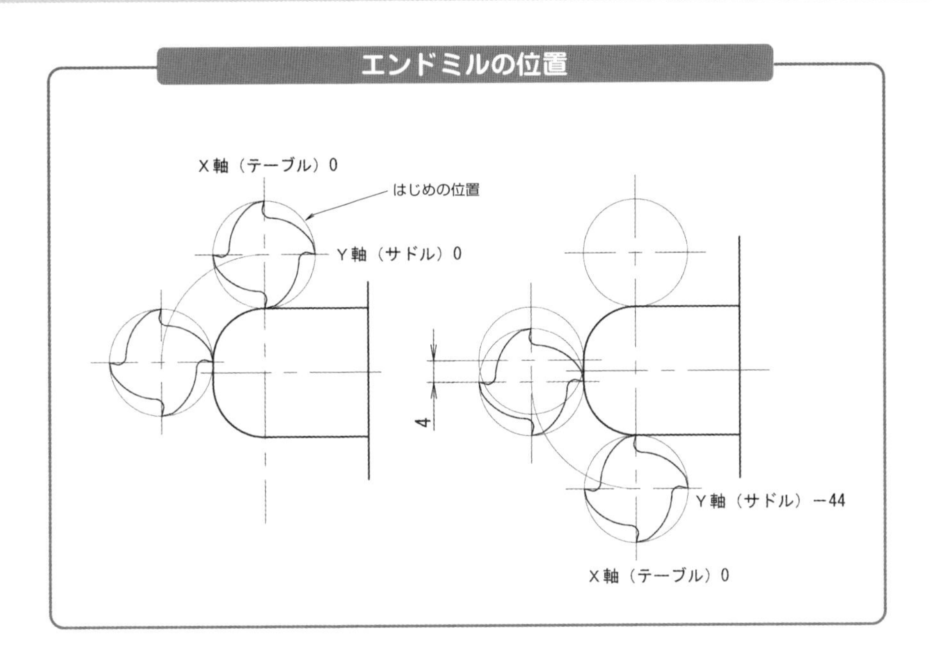

▼R部のテーブル送り、サドル送り

テーブル	サドル
0.00	0.00
2.09	0.11
4.16	0.44
0.18	0.98
2.13	1.73
4.00	2.68
5.76	3.82
1.38	5.14
2.86	0.62
4.18	2.24
5.32	4.00
0.27	5.87
1.02	1.82
1.56	3.84
1.89	5.90
2.00	2.00

サドル	テーブル
0.00	2.00
2.09	1.89
4.16	1.56
0.18	1.02
2.13	0.27
4.00	5.32
5.76	4.18
1.38	2.86
2.86	1.38
4.18	5.76
5.32	4.00
0.27	2.13
1.02	0.18
1.56	4.16
1.89	2.10
2.00	0.00

こう配の加工

部品①、部品②のこう配部の荒削りは、ラフィングエンドミルで行います。あらかじめけがき線で仕上げ代を描いておきます。テーブル送りは自動送り（機械送り）として、エンドミルがけがき線に沿って削っていくように、サドル手送りハンドルを手で回します。このとき、エンドミルがけがき線から離れていく方向にテーブルを送るようにすると、サドル手送りハンドルの操作ミスで削りすぎてしまうことを防げます。

部品②のf面のこう配の荒削り

こう配の仕上げは、部品②を先に行います。部品②は、次ページの上の写真に示すように、ダイヤルゲージで測定し、こう配1／10になるように工作物を傾けて口金につかませます。

部品①のこう配は、平万力を傾けなければならないので、最後の工程になります。

万力の傾きをだすには、口金にダイヤルゲージの測定子を当てる方法、あるいは仕上げた部品②を取り付けてそのこう配面に測定子を当てる方法があります。

部品①と部品②のこう配ははめあいになっていますので、部品①の加工途中で、仕上げた部品②を組み合わせ、段差をデプスマイクロメータで測定します。こう配1／10ですから、段差1mmに付き、0.1mmが仕上げ代となります。

部品②のこう配の測定

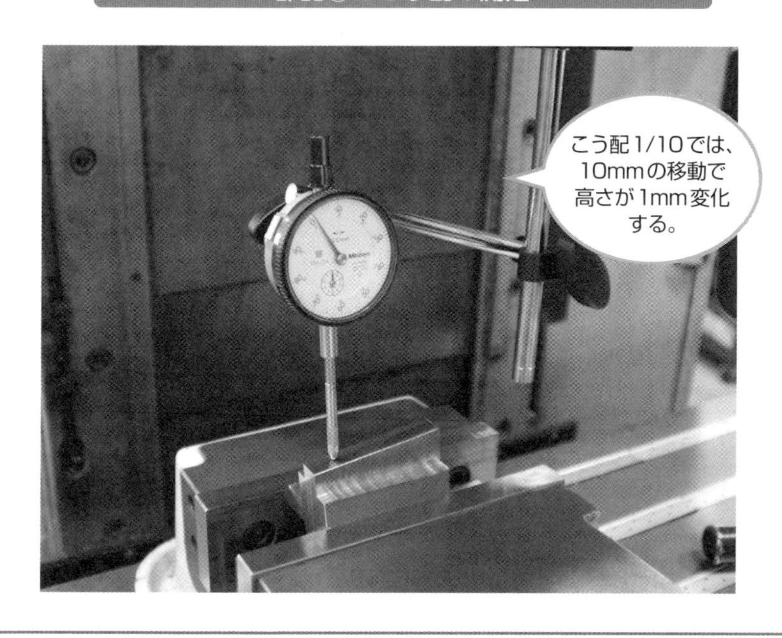

部品①に部品②をはめ合わせ、段差を測定する

8-5 ２級実技試験問題の加工手順

段取りと加工手順がフライス盤加工のすべてです。機械の性能と使用工具に合わせてベストな加工手順を考えてみましょう。

２級実技試験問題の加工手順

２級実技試験問題の全加工手順の一例を次ページ以下に示します。

材料の状態から完成まで、部品①と部品②を合わせて、42の加工手順があります。使用工具、主軸回転数、送り速度などの加工データは、一例です。実際に使用される工具や使用するフライス盤の機種によって変わります。この加工手順をもとに、検定試験に使う工具とフライス盤の性能（主軸回転数の段）に基づいて、適切な手順を組み立てて、検定試験にチャレンジしてみましょう。

２級の課題の加工手順は、部品①と部品②を交互に加工していくように組み立てます。最後に部品①のこう配部を仕上げるように加工手順を組むことが要点です。

注意

本文231～235ページ「立てフライス盤・技能検定２級の実技課題の加工手順」では、左列は部品①の加工手順、右列は部品②の加工手順を示す。各手順図の左上の番号は実際の加工手順を示し、原則として、部品①と部品②を交互に加工していく。

加工手順

加工手順は、図面ごとにあるわけですが、考え方は共通です。

６面すべてが基準となるような正確な六面体をつくり、その六面体からの加工手順を組み立てるのがフライス盤加工の基本です。この考え方を身に付けましょう。

立てフライス盤・技能検定２級の実技課題の加工手順①

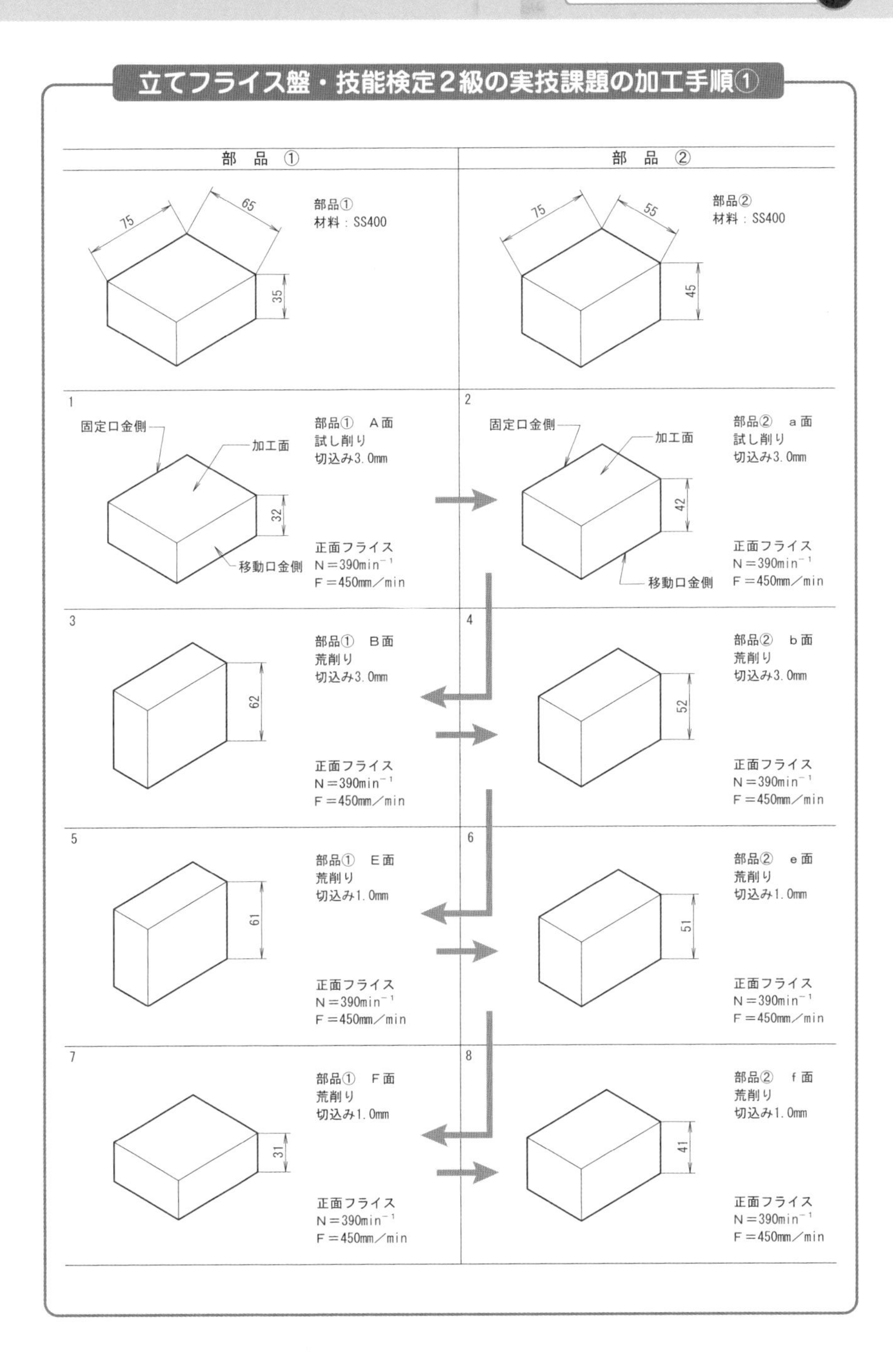

立てフライス盤・技能検定2級の実技課題の加工手順②

部　品　①	部　品　②
9 部品①　C面 荒削り 切込み3.0mm 72 正面フライス N＝390min^{-1} F＝450mm／min	10 部品②　c面 荒削り 切込み3.0mm 72 正面フライス N＝390min^{-1} F＝450mm／min
11 部品①　D面 荒削り 切込み1.0mm 71 正面フライス N＝390min^{-1} F＝450mm／min	12 部品②　d面 荒削り 切込み1.0mm 71 正面フライス N＝390min^{-1} F＝450mm／min
13 部品①　F面 けがき 36　11　40	15 部品②　a面 けがき 8　25　8　31
14 部品①　A面 けがき 11　9	16 部品②　f面 けがき 31　38
18 部品①　A面 溝部　荒削り 11　41　9　7 荒削りエンドミル N＝530min^{-1} F＝150mm／min	17 部品②　f面 こう配部、けがき線に沿って荒削り こう配1/10　8 荒削りエンドミル N＝530min^{-1} F＝120mm／min Y軸は手送り

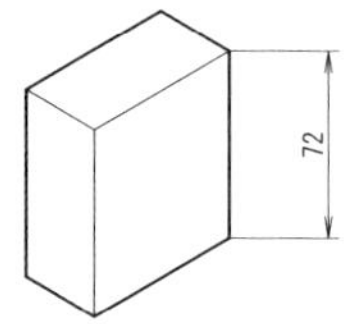

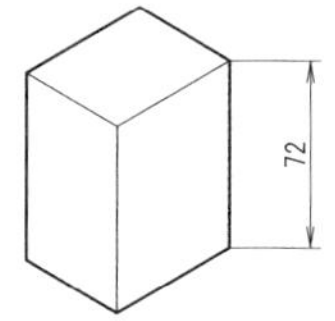

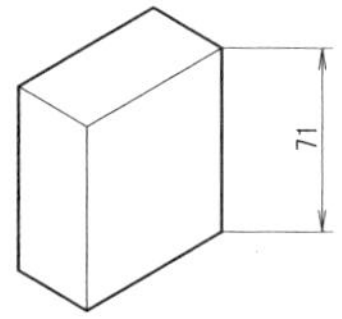

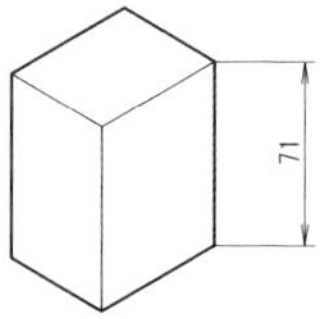

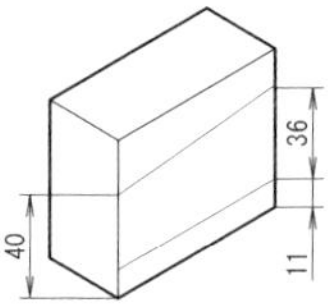

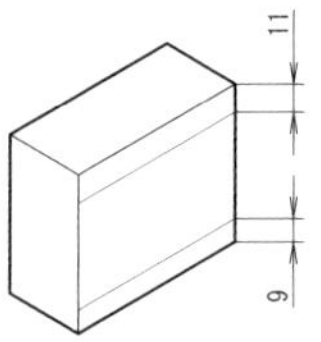

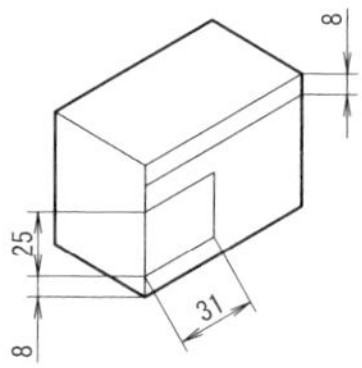

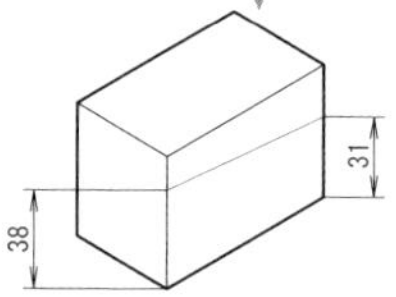

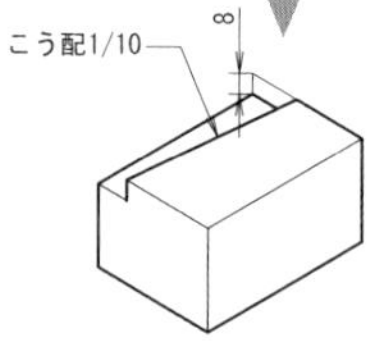

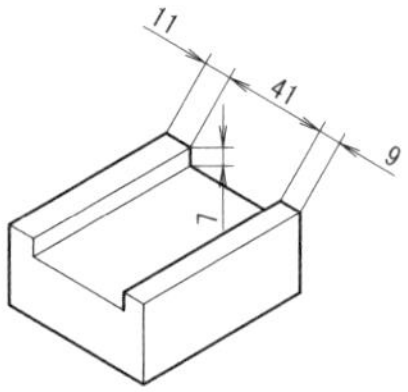

立てフライス盤・技能検定2級の実技課題の加工手順③

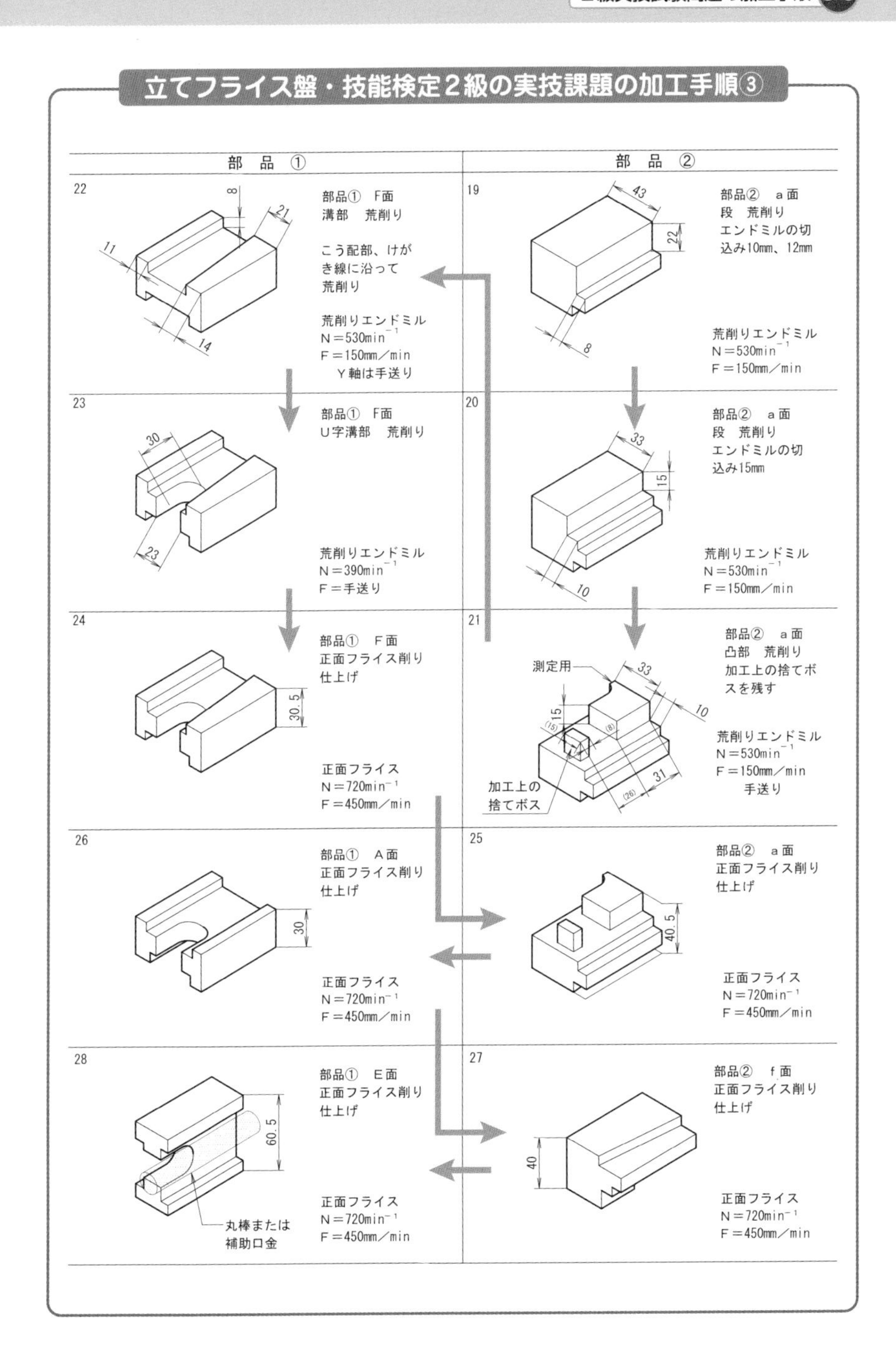

立てフライス盤・技能検定2級の実技課題の加工手順④

部　品　①	部　品　②
30 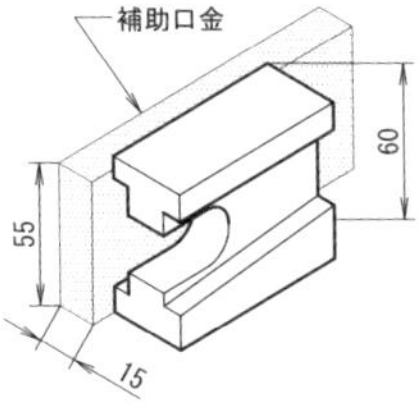 補助口金 部品①　B面 正面フライス削り 仕上げ 正面フライス N＝720min⁻¹ F＝450mm／min	29 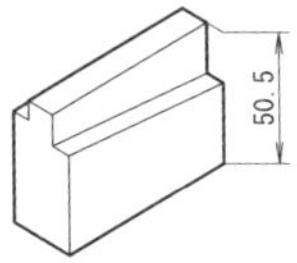 部品②　b面 正面フライス削り 仕上げ 正面フライス N＝730min⁻¹ F＝450mm／min
32 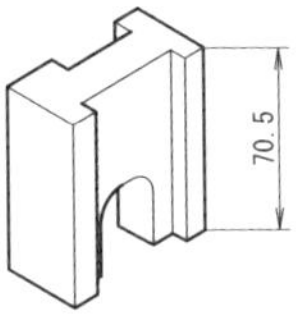 部品①　D面 正面フライス削り 仕上げ 正面フライス N＝720min⁻¹ F＝450mm／min	31 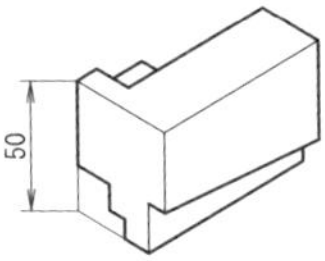 部品②　e面 正面フライス削り 仕上げ 正面フライス N＝720min⁻¹ F＝450mm／min
34 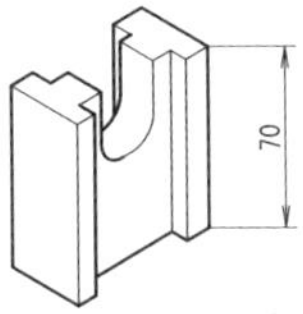 部品①　C面 正面フライス削り 仕上げ 正面フライス N＝720min⁻¹ F＝450mm／min	33 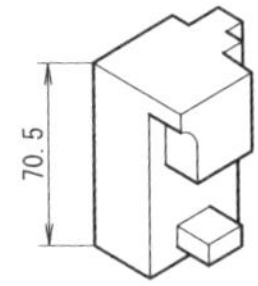 部品②　d面 正面フライス削り 仕上げ 正面フライス N＝720min⁻¹ F＝450mm／min
37 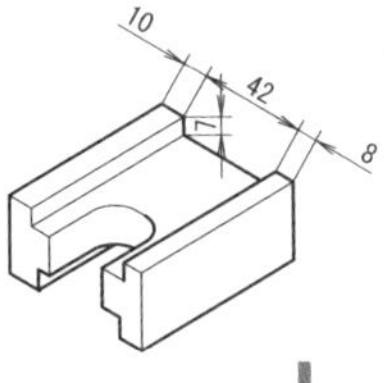 部品①　A面 溝部　仕上げ削り 4枚刃エンドミル N＝720min⁻¹ F＝250mm／min	35 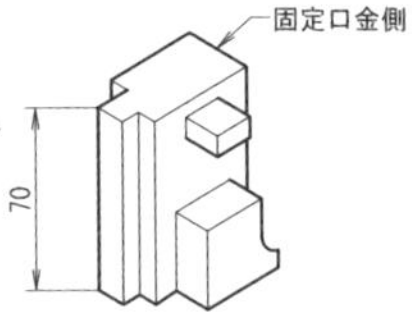 固定口金側 部品②　c面 正面フライス削り 仕上げ 正面フライス N＝720min⁻¹ F＝450mm／min
38 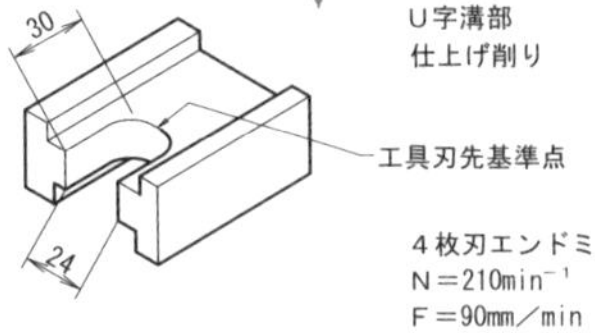 部品①　A面 U字溝部 仕上げ削り 工具刃先基準点 4枚刃エンドミル N＝210min⁻¹ F＝90mm／min	36 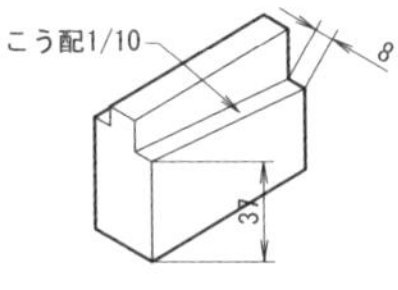 部品②　a面 こう配部 仕上げ削り こう配1/10 4枚刃エンドミル N＝720min⁻¹ F＝250mm／min

立てフライス盤・技能検定2級の実技課題の加工手順⑤

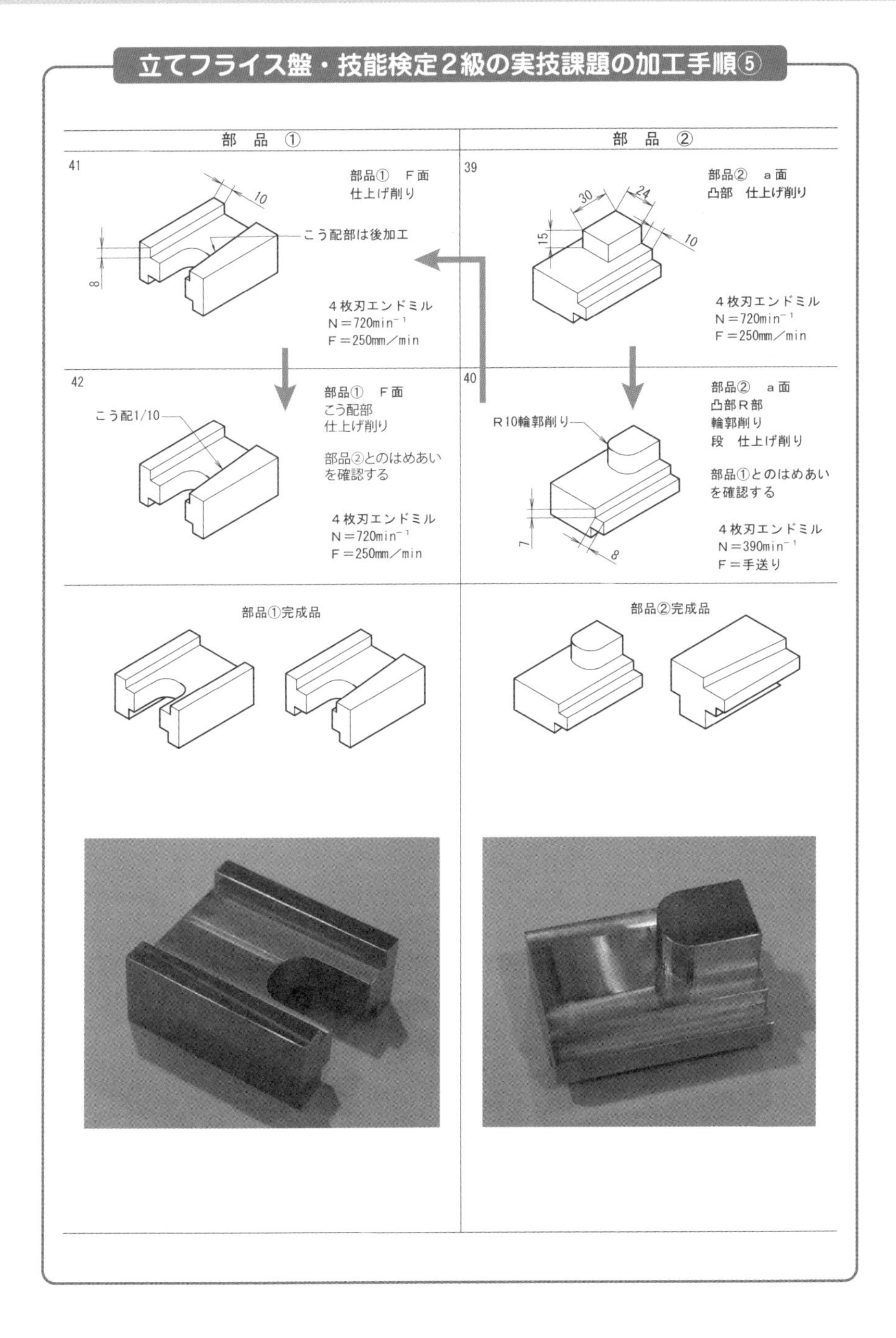

MEMO

Chapter 9

技能検定1級にチャレンジ！

本章は第8章の応用編です。

技能検定の実技課題には、立てフライス盤加工の基本作業のすべてが組み込まれています。フライス盤加工に限らず、機械加工では、段取りと加工手順をいかに組むかが決定的に重要です。とりわけ、技能検定では加工時間が限られています。段取りや加工手順が悪いと、時間内に課題を仕上げることができません。

本章で紹介する加工手順は、一例に過ぎません。本書の手順をもとにして、実際の検定試験に使われる機械や工具に適した加工手順を考えてみましょう。

9-1 技能検定1級の実技課題の概要

フライス盤加工の場合、加工手順は決まりきったものではありません。使用するフライス盤の形式や性能、切削工具や測定器によって、段取りと加工手順は変わってきます。加工手順は異なっても、段取りや手順を組む基本的な考え方は同じものです。

技能検定1級の実技試験問題

本文240ページの図は2019（平成31）年度技能検定1級・機械加工（フライス盤作業）の実技試験問題の課題図で、写真は課題の完成品です。部品①と部品②があり、はめあい部、あり溝部、こう配部があり、それぞれ一定の精度で部品①と部品②を組み合わせることができなければなりません。

試験時間は標準時間3時間30分です。打ち切り時間は4時間ですが、標準時間を過ぎると減点になります。

技能検定1級・実技試験の作品

部品①

部品②

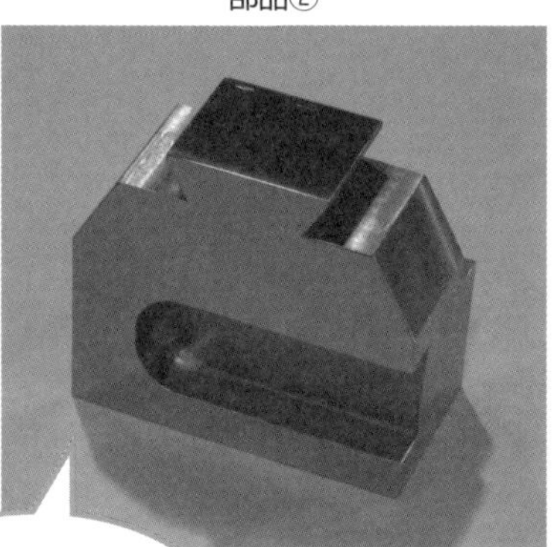

3時間30分で部品①と部品②を仕上げなければならない。

部品①と部品②のあり溝のはめあい

部品①のあり溝と部品②のありを組み合わせた状態。

COLUMN あり溝とあり

技能検定１級の実技課題では、**あり溝**（みぞ）の加工があります。この「あり溝」は、英語ではダブテイル（dovetail）といい、鳩の尾の形を意味しています。漢字で書くと「蟻溝」で、日本語では、蟻の頭の形が由来です。あり溝とそれに組み合うありは、木工の継ぎ手の一種で、あり継ぎ、あり桟（ざん）などの言葉があります。あり桟はありの形をした桟で、板裏のあり穴（溝）に通して、板の分離や反り返りを防いでいます。あり桟は吸い付き桟ともいいます。

機械では、旋盤の往復台や刃物台のしゅう動面にあり、溝加工がなされています。また、がたがなく動かすために、あり溝とありがはまり合う片方の溝には、こう配をもった「かみそり」（ジブ）が入っていて、あり溝とありのすきまを調整できるようになっています。

▼旋盤の往復台のあり溝とかみそり

2019年度技能検定１級・実技試験問題の課題図*

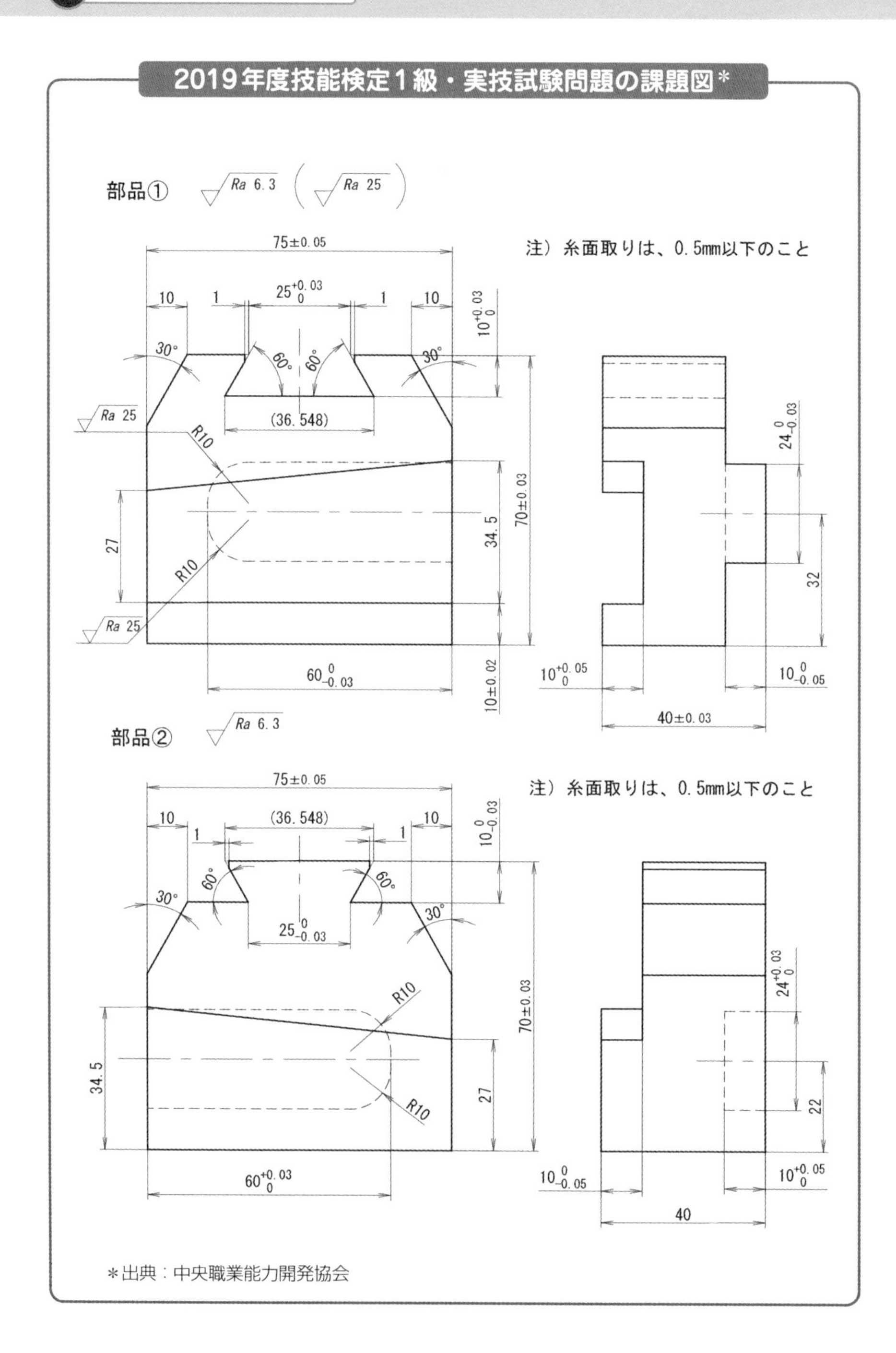

＊出典：中央職業能力開発協会

9-2 準備

試験問題の実施要項に沿って、受検者が持参する工具と測定器を考えてみましょう。受検者が持参するものとして、工具、測定具、その他（保護眼鏡、作業着など）に区分されて示されています。

工具など

受検者が持参する工具を以下に紹介します。

❶**バイスとスパナ**：バイス（旋回台付き平万力は不可）は試験場にも準備されていますが、練習で使い慣れているものを持参するとよいでしょう。スパナは、バイス取り付け用のものを準備します。

❷**クイックチェンジチャック**：検定試験に使われる機械に付いているクイックチェンジアダプタに適合したものを準備します。エンドミル用なので、コレットを使用するミーリングチャックを準備します。

❸**正面フライス**：正面フライスは、φ160以下と指定されており、材料の最大寸法が80mmであるのでφ120～φ160のスローアウェイ式正面フライスを準備します。正面フライスには、クイックチェンジアダプタに適合するアーバを取り付けておきます。

❹**エンドミル**：エンドミルはSKHφ18～32と指定されていますが、課題図のR10に合わせてφ20のラフィングエンドミル2本と仕上げ用にφ20の4枚刃エンドミル3本を準備します。超硬エンドミルは使用できないことになっていますが、コーティング付きのエンドミルは使用してよいので、切れ刃が長寿命で刃持ちのよいコーティングされたエンドミルを用意するとよいです。

❺**あり溝フライス**：呼び寸法φ30程度×60°、2本（1本は予備）準備します。

❻**正直台**：正直台とは、バイス（平万力）で使用する2本の平行台（パラレルブロック）のことです。工作物とバイスの口金のサイズに適合したサイズの平行台を使用しなければなりません。ここでは、バイスの口金の高さ50mm、工作物の高さの最小値40mmとして、平行台は10×25×100のサイズのもの1組を用意します。

❼**当て棒**：六面体削りで使用します。

❽**やすり**：ばり取り、糸面取りに使用するやすりです。油目のものを2本準備します。加工面の修正をやすりで行ってはならないことになっています。

❾**片手ハンマ**：プラスチック製または木製の片手ハンマを用意します。金属製ハンマは、使用しないので準備しなくてもよいです。

❿**ハイトゲージ**：けがき用に、ハイトゲージを準備し、けがき作業は、会場の精密定盤の上で行います。ハイトゲージが用意できない場合は、けがき針、トースカンを用いてけがき作業を行います。けがき用に青竹などを適宜用意します。

⓫**油砥石**：ばり取り、糸面取りなどに使用します。加工面の修正を砥石で行ってはならないことになっています。

⓬**光明丹**：こう配部などのはめあい作業用として適宜用意します。

⓭**その他**：だんご針など、その他の工具は、特に用意しなくても支障はありません。

測定具

3-1節で紹介した測定器一式を準備します。なお、検定では、ノギスやマイクロメータで、測定値の表示方法がデジタル式のものを用いてもよいことになっています。使い慣れた測定器を準備するとよいでしょう。

下の写真は、実際に技能検定試験で使われた測定器類です。

技能検定1級に用いる測定器と工具

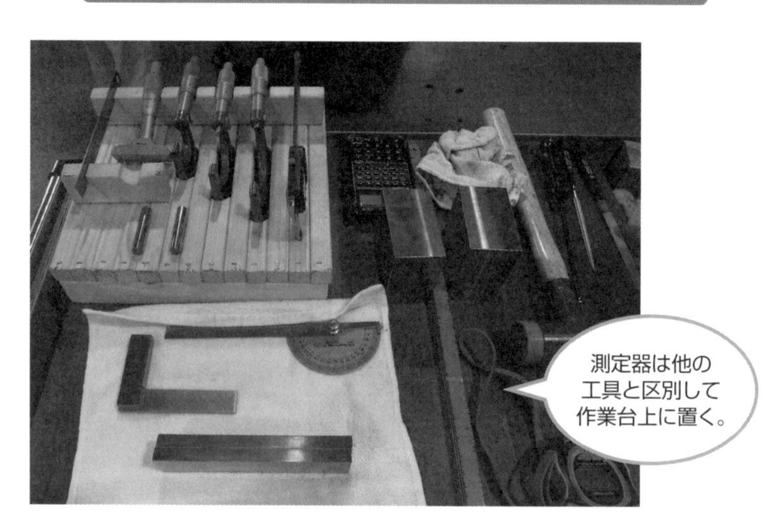

9-3 加工手順の考え方

技能検定１級の加工手順を考えてみましょう。加工手順の考え方の基本は、技能検定２級と同じです。

技能検定１級の実技試験課題の形状と各面

課題図を見て、加工手順と使用する切削工具を考えてみましょう。そのうえで、主軸の回転数と自動送り速度を決めておきます。

１級の課題は、部品①、部品②の材料が同一寸法であることに注目しておきましょう。ここで、説明の便宜上、部品①の６面をA（第１面）、B（第２面）、C（第３面）、D（第４面）、E（第５面）、F（第６面）と名付けておきます。部品②の６面はa（第１面）、b（第２面）、c（第３面）、d（第４面）、e（第５面）、f（第６面）と名付けておきます。ともに第１面のA面、a面が基準面です。

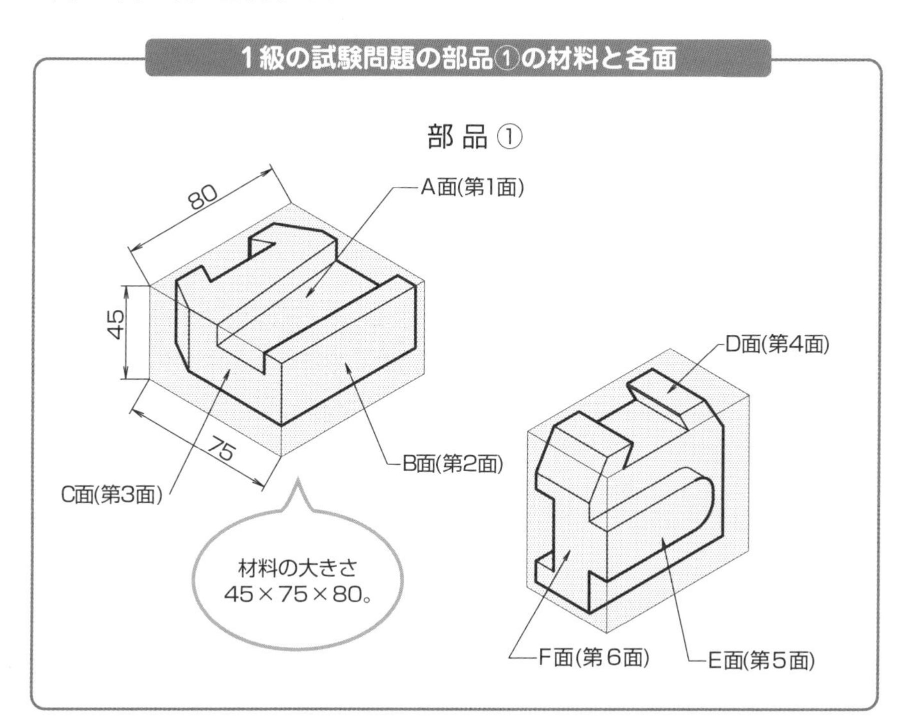

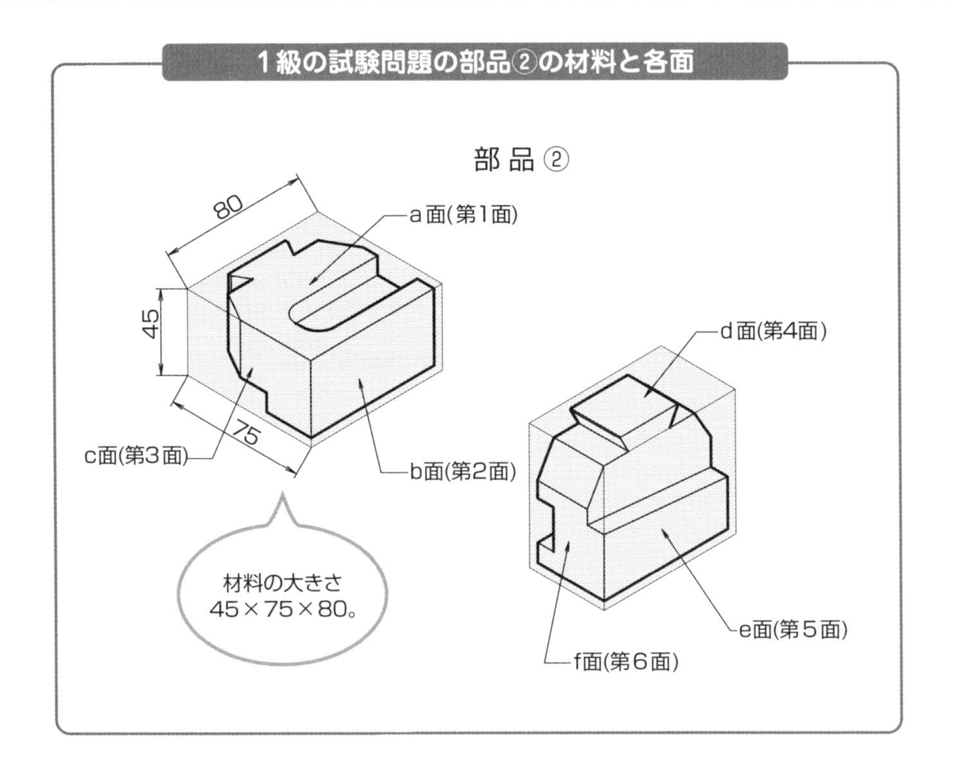

加工手順の考え方のポイント

加工手順の考え方の基本は、加工上の基準面をどこにとるか、ということです。第8章で述べた、技能検定2級の試験課題と同様に、ここでは、部品①と部品②、ともに第1面を基準面として、各面の直角度、平行度のでている正確な六面体をつくります。荒削りの段階で正確な六面体にします。正確な六面体ができれば、6面のどれもが加工上の基準面となります。機械の加工上の基準面は、バイス(平万力)を使用するときは固定口金です。したがって、工作物をバイスに取り付けるときには、工作物の基準面とバイスの基準面を密着させるようにします。また、取り付けた状態での測定も考慮して、加工手順を組み立てます。

また、技能検定1級の課題では、こう配部の加工があります。部品①のこう配部の加工では、バイスをテーブル上で傾ける必要があります。その段取りに多くの作業時間が必要となりますから、これが最後の加工となるように手順を考えるのがポイントです。

9-5節に技能検定1級の課題の全加工手順とそれぞれの加工条件（切削速度、送り速度）を図で説明しています。これをもとに、使用機械と切削工具などに応じた最適な手順を組み立ててみましょう。

COLUMN 最初の互換性生産方式の実現＜フライス盤の歴史7＞

アメリカの南北戦争（1861～1865年）は、銃の大量生産を促しました。大量生産をするには、どの部品を組み合わせても製品ができるという、各部品の互換性がなければなりません。有名なコルトの連発銃は、最初の互換性生産方式で製造されました。互換性を保つためには、高精度、高性能の工作機械が必要でした。例えば、銃の部品には、多数の正確な穴をあけなければなりません。穴あけに使われるドリルとしては、ねじれ溝をもったドリルが必要でした。しかしながら、棒鋼にねじれ溝（らせん溝）を加工できる機械はまだなく、職人が棒鋼に細長い丸やすりで辛抱強くねじれ溝を削っていました。1861年、フレデリック・ハウは、この手間のかかるねじれ溝削り作業を見かねて、なんとか機械でできないか、とブラウン・アンド・シャープ社のジョセフ・ブラウンにもちかけました。

工作機械メーカーの名門、ブラウン・アンド・シャープ社は、1833年にデヴィット・ブラウンとその息子ジョセフによって創立され、1850年にルシアン・シャープが協力者として加わりました。ジョセフは、同社の技師長として活躍し、ハウの依頼により、1862年、丸棒にねじれ溝を加工できる**万能フライス盤**を開発しました。この画期的なフライス盤の登場により、ねじれドリルが容易につくられるようになり、そのドリルによってボール盤の穴あけの切削速度と精度は飛躍的に向上し、互換性のある銃部品などの大量生産が可能になったのです。また、この万能フライス盤では、適切な歯形のフライスを用いれば、各種の歯車が加工できましたから、ブラウン・アンド・シャープ社には、生産が追い付かないほどの注文が殺到したのでした。

▼ブラウン・アンド・シャープ社の万能フライス盤第1号（1862年）

出典：L. T. C. Rolt, *Tools for the Job, A Short History of Machine Tools*, 1965

9-4 加工のテクニック

技能検定１級の課題を加工するうえで、留意すべき加工のテクニックについて解説します。

六面体製作

第６章で述べたように、フライス盤加工において六面体加工は、作業内容はシンプルなものですが、直角度、平行度が高い精度でできている正確な六面体の加工は、熟練の技です。

この章でも述べるあり溝加工やこう配の加工は、六面体が正確に精度よくできていることが前提となるからです。

はじめに、部品①と部品②は、六面体としては同じ形です。技能検定は、限られた時間内での技能照査です。段取りや加工手順が悪いと無駄な時間を浪費することになってしまいます。

技能検定においては、作業時間を要するのは、バイス（平万力）のテーブルへの取り付けや、切削工具（フライス）の交換などです。フライス盤作業では、工作物の着脱時や測定前に必ずやらなければならない面取りのやすりがけ作業は、意外に時間を要します。正味の切削時間は、おおよそ試験時間の１／３以下です。

第６章では、黒皮材料の六面体加工について述べましたが、検定試験では、規定の寸法に切削加工された材料が支給されます。また、試験開始前の30分間の練習時間内で、各部品の任意の１面は、試し加工が許されていますから、この試し加工で、A面、a面を加工上の基準面としてつくっておきましょう。

部品①、部品②は、六面体として形状が同じですから、交互に加工していけば、段取りの変更や工具交換の手間を省くことができます。

六面体加工：工作物の取り付け

正面フライスによる六面体の加工

前後送り

フライス盤では、テーブルが動く方向に送り、切削するのが基本ですが、一方では、安定よく工作物を万力に固定しなくてはなりません。写真に示すように、あり溝部の加工は、サドルの前後送りで切削します。ただし、前後送りでは、切削力が固定口金を押すように働かないので、正面フライスによる重切削は不向きです。

前後送りによるエンドミル仕上げ加工

プロトラクター

2級の技能検定課題にはない作業の1つが、30°の傾斜面の加工です。

こう配のように、高い精度が要求されているものではありませんが、すばやくセットするにはプロトラクター（分度器）の取り扱いに慣れておく必要があります。

マシニングセンタ

いまや名工でもかなわない、金型の複雑な曲面の切削も正確にこなすマシニングセンタですが、この機械自身は、段取りや加工手順を考えることはできません。名工の技がプログラム作成に活用されて、マシニングセンタはよい仕事ができるのです。

プロトラクターの取り扱い例

あり溝の加工

あり溝とありの加工は、1級の技能検定課題にしかない加工です。部品①があり溝、部品②がありですが、いずれもあり溝フライスという特殊なフライスを使用しますので、工具の特徴をよく理解しておきましょう。

また、あり溝は、直接測定することができません。本文251ページの写真に示すように、平行ピンを用いて測定します。したがって、その下地となる、溝部のエンドミル加工が、公差内に入るように加工されていることが前提条件です。

軟削材の加工

放電加工に用いられる電極には、銅合金が使われます。銅と銅合金は軟らかく、構成刃先ができやすいので、たいへん削りにくい材料の1つです。軟らかな材料には潤滑性に優れるCrNコーティングのエンドミルを使うとよいでしょう。

あり溝フライスによるあり溝の加工

部品①

あり溝フライスによる部品①のあり溝の加工。

部品②

部品②のありを仕上げた段階で、部品①とのはめあいを確認する。

あり溝部の測定

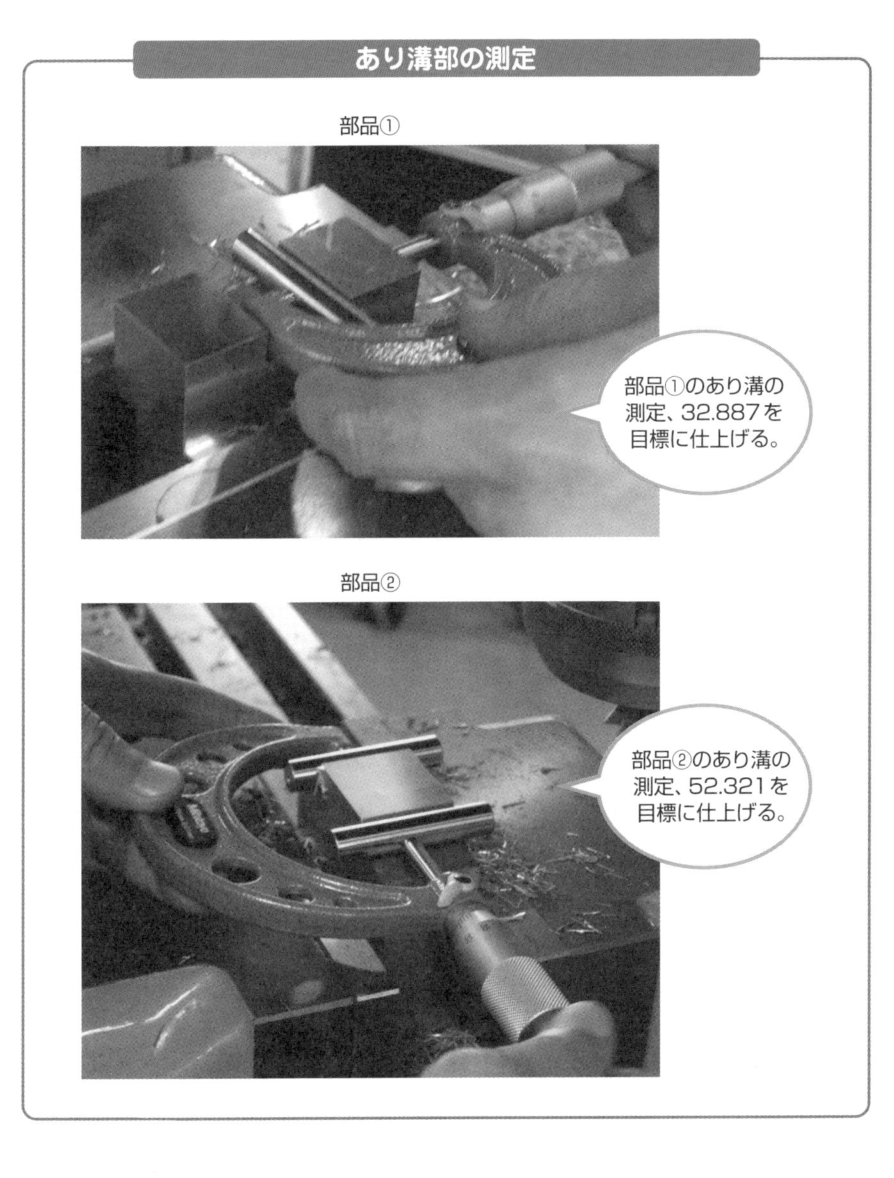

平行ピンを用いてのあり溝の測定は、3-10節で述べた式により算出します。試験場では、計算メモなどは持ち込むことが禁止されていますので、あらかじめ計算し、覚えておきます。

平行ピンの直径が10mmである場合、それぞれの箇所の寸法は次ページの図に示すようになります。

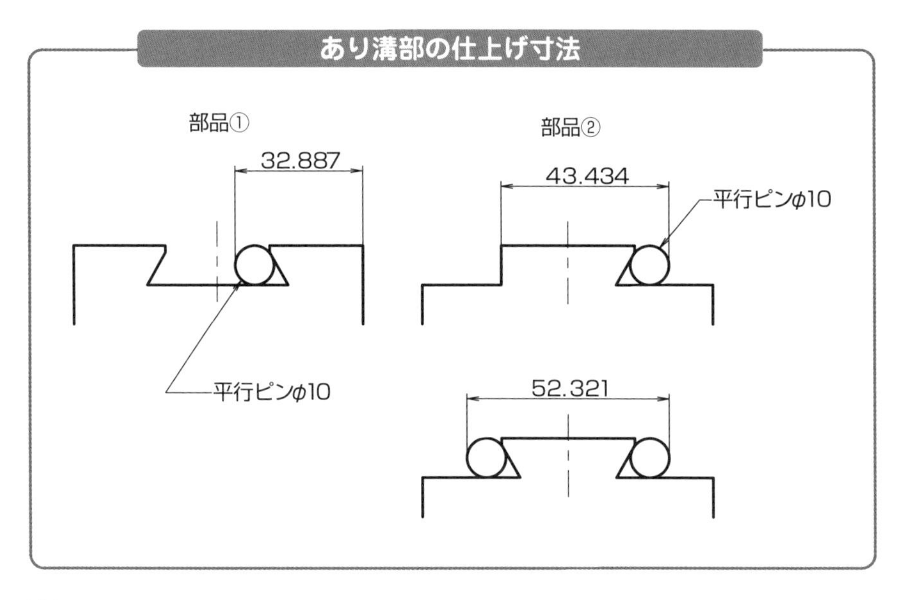

こう配の加工

こう配の加工ついては、部品①の場合、工作物を水平に回転させなければ加工ができません。バイスをテーブル上で傾けなければなりません。いったんバイスを動かすと、もとの状態に戻し、固定口金の平行度検査をしなければなりませんから、この加工が最後になるように加工手順を組み立てます。

ステンレス鋼の加工

ステンレス鋼は熱伝導率が低いため、切削時に発生する熱が工具の刃先に集中し、工具摩耗が著しく速く進む難削材です。

切込み量を小さくし、送り速度、切削速度を速くするのがステンレス切削の勘どころです。

ダイヤルゲージを用いて、こう配1/10を測定

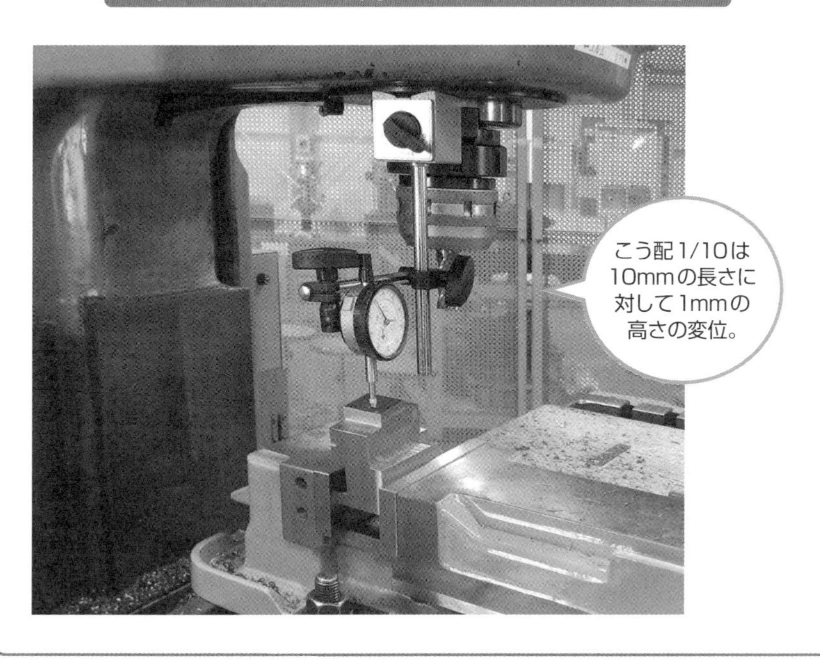

部品②：こう配の仕上げ加工

こう配部は、はめあいになっていますから、部品②のこう配を先に仕上げておき、部品①の加工で、はめあい具合をデプスマイクロメータで確認しながら仕上げていきます。こう配は1／10ですから、はめあい部の段差1mmにつき、仕上げ代は0.1mmです。

こう配のはめあいの段差の測定

段差を測定し、削り代を計算して求める。

部品①と部品②をこう配部ではめ合わせ

部品①（下）と部品②（上）をはめ合わせ、完成した状態。

9-5 1級実技試験問題の加工手順

技能検定1級へのチャレンジでは、機械の性能と使用工具に合わせて、ベストな加工手順を組み立てることが、合格への第一歩です。

1級実技試験問題の加工手順

1級実技試験問題の全加工手順の一例を次ページ以下に示します。

材料の状態から完成まで、部品①と部品②を合わせて、38の加工手順があります。使用工具、主軸回転数、送り速度などの加工データは、一例です。実際に使用される工具や使用するフライス盤の機種によって変わります。この加工手順をもとに、検定試験に使う工具とフライス盤の性能（主軸回転数の段）に基づいて、適切な手順を組み立てて、検定試験にチャレンジしてみましょう。

1級の課題では、2つの部品の材料は六面体として同じ形状ですから、部品①と部品②を交互に加工できるような手順を組み立てます。最後に部品①のこう配部を仕上げるように加工手順を組むことがポイントです。

COLUMN 1枚刃エンドミル

1枚刃エンドミルは、その名のとおり刃数が1枚のエンドミルです。エンドミルは、刃数が少ないほど、切れ刃のすくい角が大きくなり、チップポケットが大きくなります。1枚刃エンドミルは、鋼材の加工に用いられることはありませんが、すくい角が大きいという特性を活かし、アルミサッシなどの軽金属の加工に用いられています。

▼1枚刃エンドミル

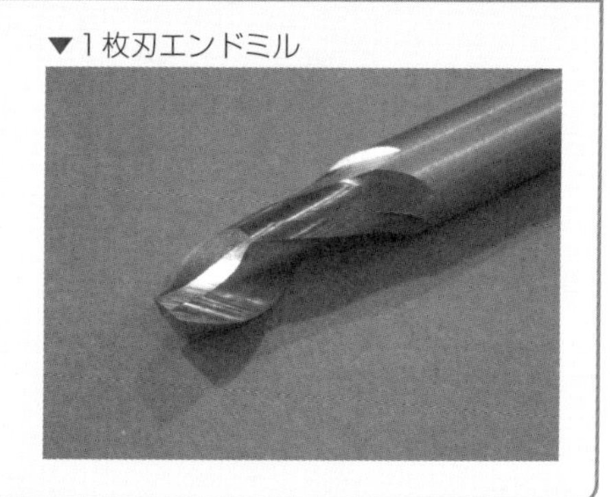

立てフライス盤・技能検定1級の実技課題の加工手順①

1

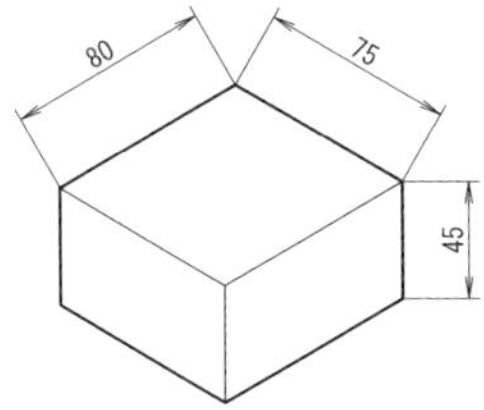

部品①、部品②
材料：SS400

2

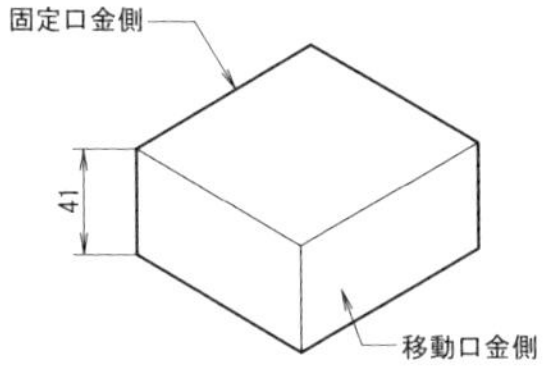

固定口金側
移動口金側

部品①　A面
部品②　a面
荒削り

正面フライス
N＝530min⁻¹
F＝350mm／min

3

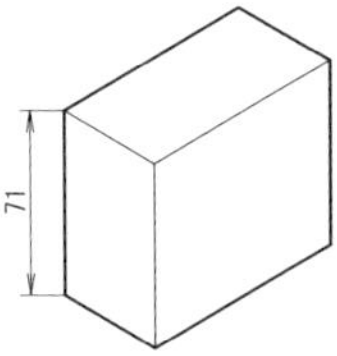

部品①　B・D面
部品②　b・d面
荒削り

正面フライス
N＝530min⁻¹
F＝350mm／min

4

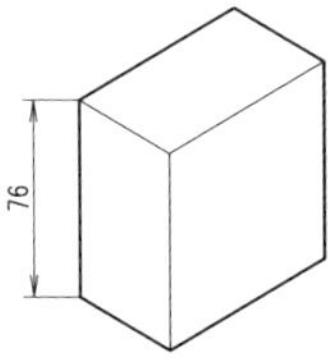

部品①　C・F面
部品②　c・f面
荒削り

正面フライス
N＝530min⁻¹
F＝350mm／min

5

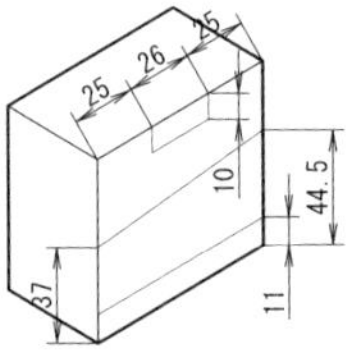

部品①　A面
けがき

6

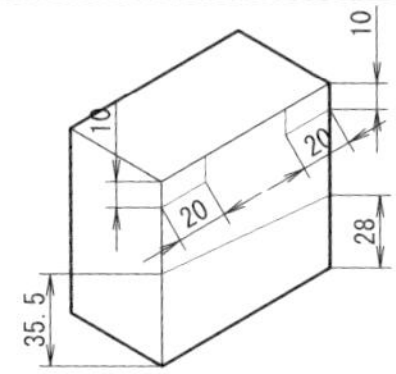

部品②　e面
けがき

7

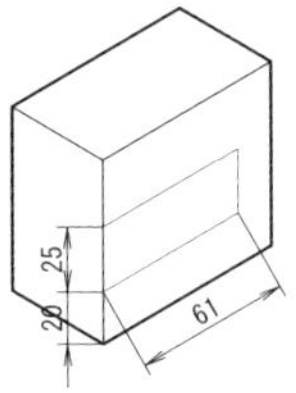

部品①　E面
けがき

8

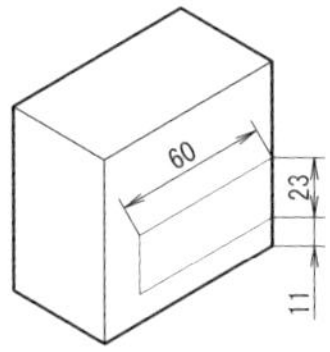

部品②　a面
けがき

9

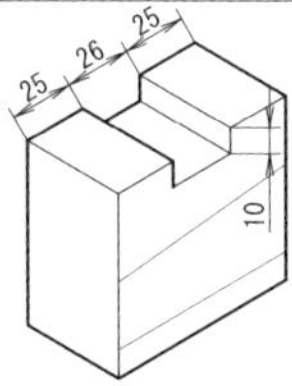

部品①　D面
あり溝部 荒削り

荒削りエンドミル
N＝390min⁻¹
F＝160mm／min

10

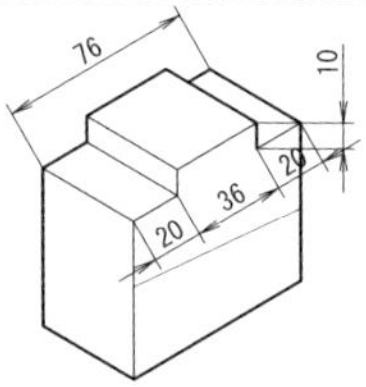

部品②　d面
あり部 荒削り

荒削りエンドミル
N＝390min⁻¹
F＝160mm／min

立てフライス盤・技能検定1級の実技課題の加工手順②

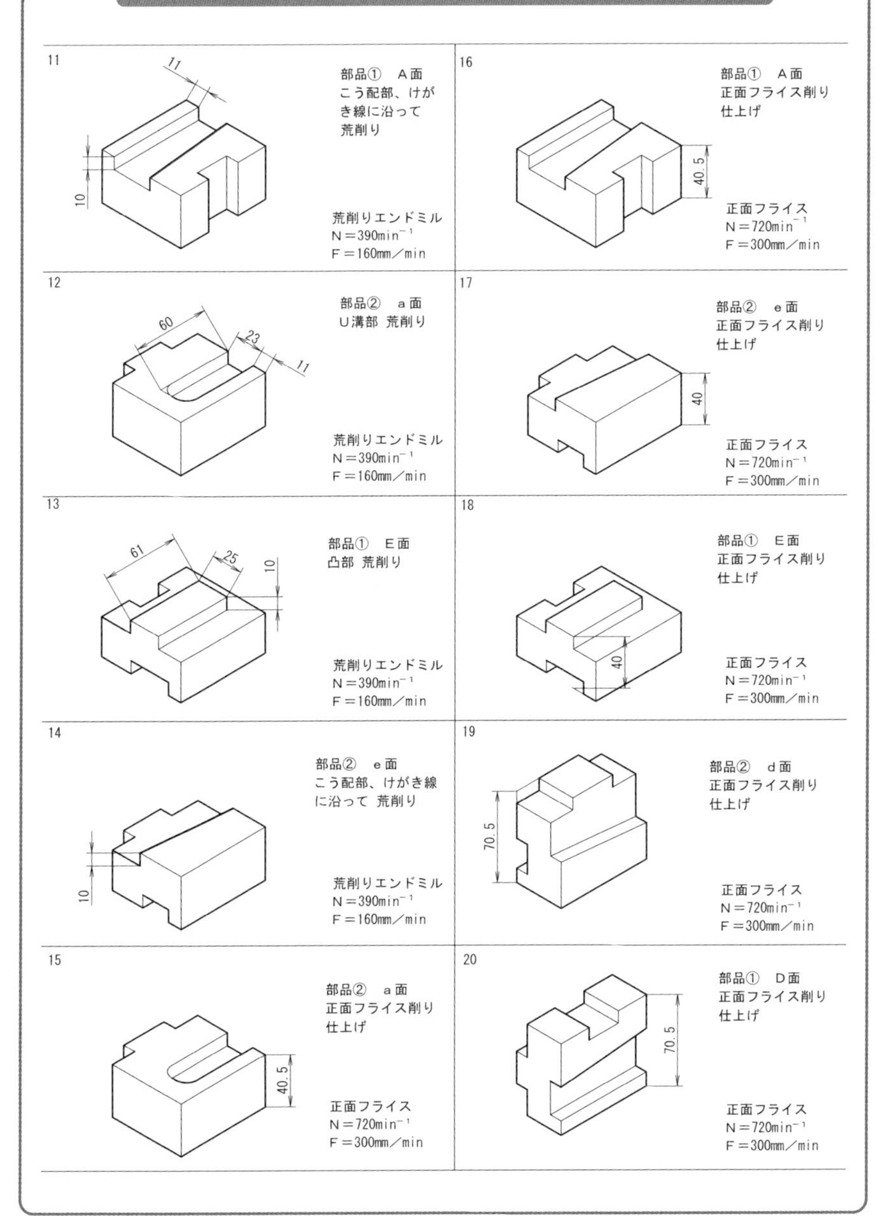

立てフライス盤・技能検定1級の実技課題の加工手順③

No.	加工内容	工具・条件
21	部品② b面 正面フライス削り 仕上げ (図中寸法: 70)	正面フライス N＝720min^{-1} F＝300mm／min
22	部品① B面 正面フライス削り 仕上げ (図中寸法: 70)	正面フライス N＝720min^{-1} F＝300mm／min
23	部品② f面 正面フライス削り 仕上げ (図中寸法: 75.5)	正面フライス N＝720min^{-1} F＝300mm／min
24	部品① F面 正面フライス削り 仕上げ (図中寸法: 75.5)	正面フライス N＝720min^{-1} F＝300mm／min
25	部品② c面 正面フライス削り 仕上げ (図中寸法: 75)	正面フライス N＝720min^{-1} F＝300mm／min
26	部品① C面 正面フライス削り 仕上げ (図中寸法: 75)	正面フライス N＝720min^{-1} F＝300mm／min
27	部品① D面 あり溝部 仕上げ削り (図中寸法: 24, 27, 24, 9.8)	4枚刃エンドミル N＝530min^{-1} F＝180mm／min
28	部品② d面 あり溝部 仕上げ削り (図中寸法: 9.8, 20.23, 35, 20.23)	4枚刃エンドミル N＝530min^{-1} F＝180mm／min
29	部品① E面 凸部仕上げ削り R部送りは別表 (本文227ページ) 参照	4枚刃エンドミル N＝530min^{-1} F＝180mm／min
30	部品② a面 U溝部仕上げ削り (図中寸法: 10, 24, 10)	4枚刃エンドミル N＝530min^{-1} F＝180mm／min

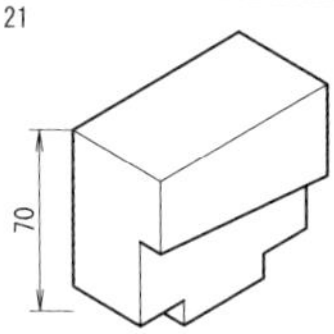

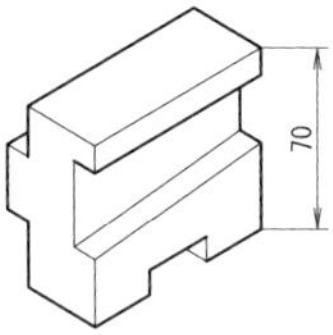

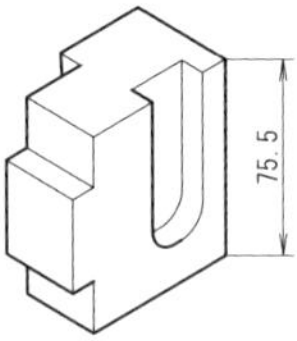

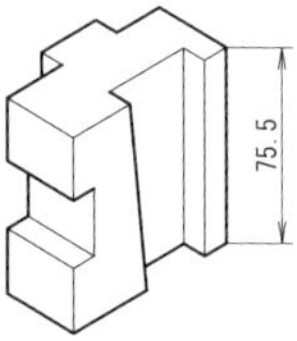

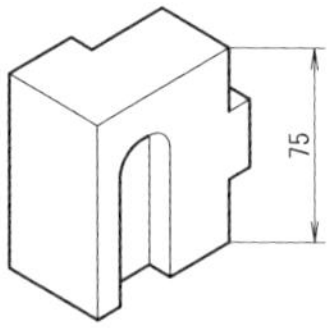

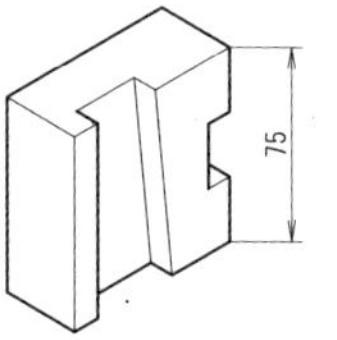

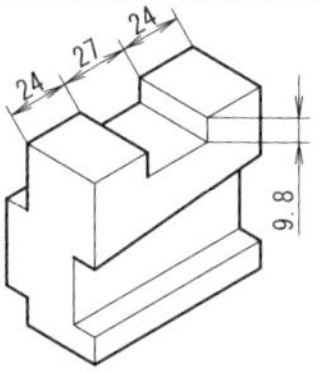

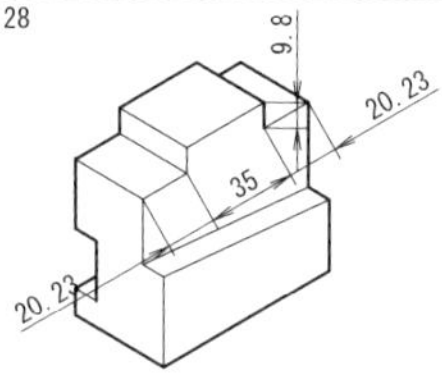

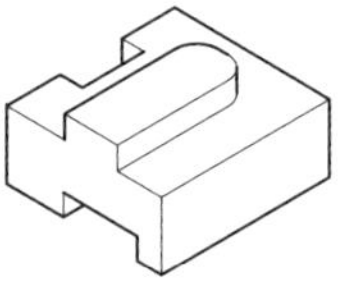

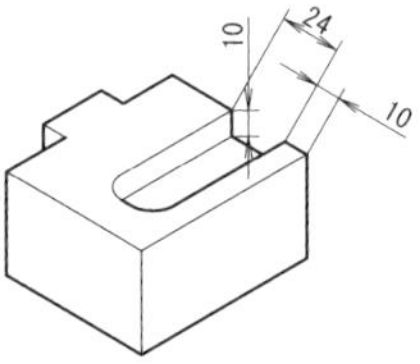

立てフライス盤・技能検定1級の実技課題の加工手順④

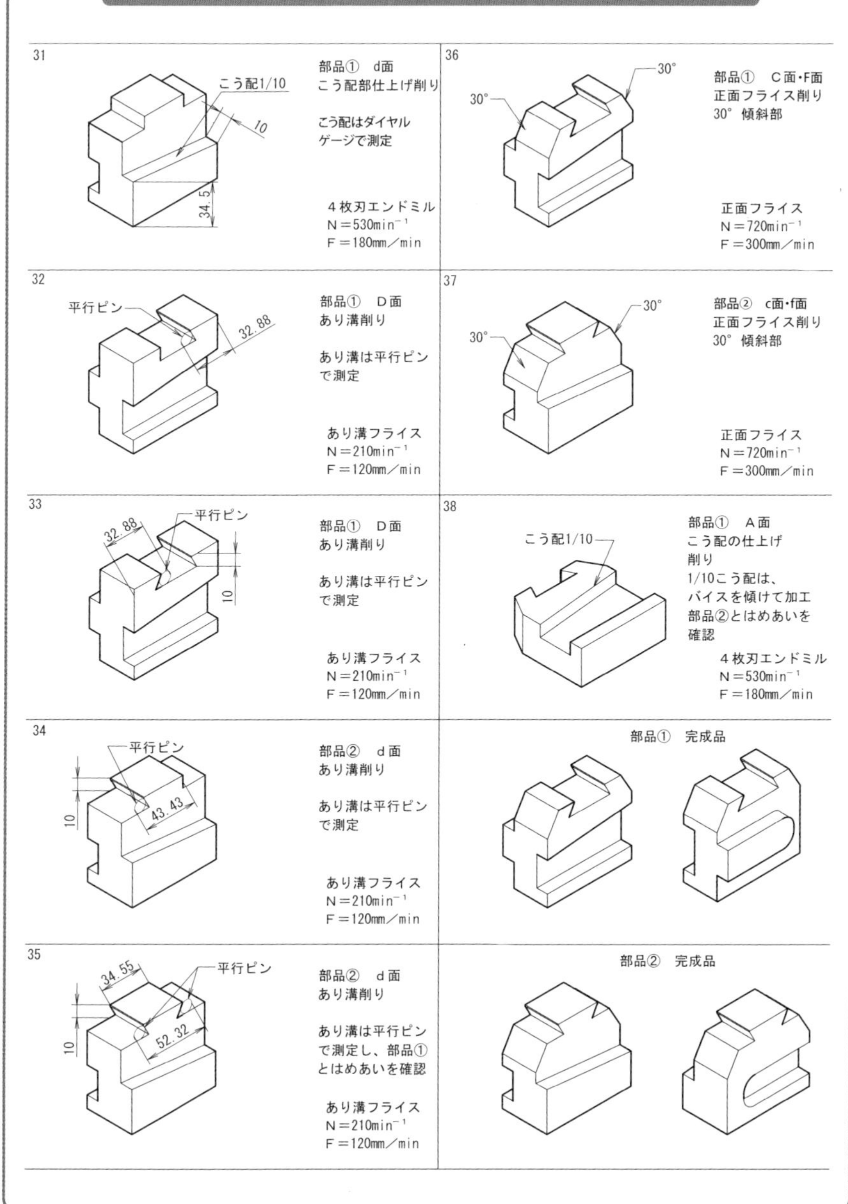

索引

あ行

か行

さ行

た行

な行

は行

ま行

や行

ら行

わ行

アルファベット

数字

・著者紹介

石田　正治（いしだ　しょうじ）

1949年、豊橋市生まれ。1968年、株式会社大隈鐵工所研究試作課で旋盤工として勤務。1972年、名城大学理工学部機械工学科卒業後、2年間ドイツに留学。帰国後、県立学校機械科の教員となる。名古屋工業大学非常勤講師、現在、名古屋芸術大学非常勤講師などを務める。
1990年、技術教育のための教材開発と産業遺産研究の功績により中日教育賞受賞。
1994年、全国からくり作品コンテストに「指南車」を出品し、グランプリを受賞。
2002年、名古屋大学大学院前期課程修了、教育修士。

【主な著作】
『スターリングエンジンの製作 －実習、熱機関の授業を楽しく－』(社)全国工業高等学校長協会、1991年刊
『日本の機械工学を創った人々』共著、オーム社、1994年刊
『ものづくり再発見』中部産業遺産研究会編、共著、アグネ技術センター、2000年刊
『図解入門　現場で役立つ旋盤加工の基本と実技［第2版］』秀和システム、2020年刊

編集協力：株式会社エディトリアルハウス
イラスト：まえだ　たつひこ

図解入門 現場で役立つ
フライス盤の基本と実技［第2版］

発行日　2020年 9月25日　第1版第1刷
　　　　2024年10月21日　第1版第2刷

著　者　石田　正治

発行者　斉藤　和邦
発行所　株式会社　秀和システム
〒135-0016
東京都江東区東陽2-4-2　新宮ビル2F
Tel 03-6264-3105（販売）Fax 03-6264-3094
印刷所　三松堂印刷株式会社　Printed in Japan

ISBN978-4-7980-6288-4 C3053